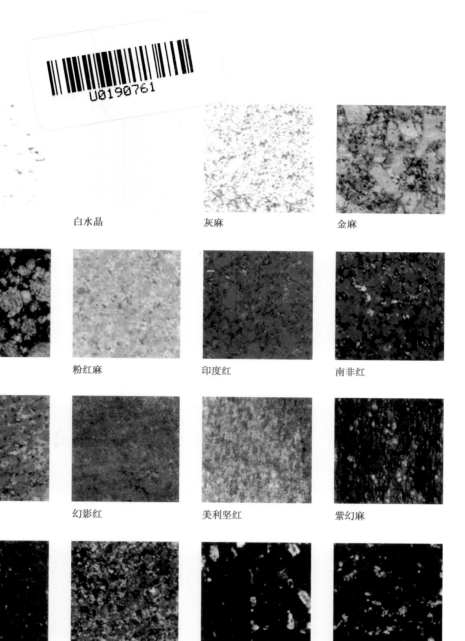

美国白麻	白水晶	灰麻	金麻
咖啡麻	粉红麻	印度红	南非红
中国红	幻影红	美利坚红	紫幻麻
紫晶	红紫晶	绿钻	蓝钻
黑绿麻	巴拿马黑	蒙古黑	金砂黑

图 1.9　天然花岗石的常用品种

大花白	爵士白	雕刻白	红线玉
新米黄	旧米黄	西班牙米黄	银线米黄
金花米黄	木纹石	挪威红	桔皮红
珊瑚红	万寿红	紫罗红	咖啡网纹
大花绿	中青绿	黑白根	黑金花

图 1.10　天然大理石的常用品种

图 1.11　天然板岩的常用品种

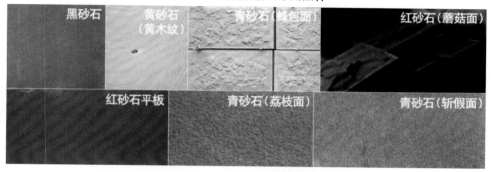

图 1.12　天然砂岩的常用品种

图 1.13　石灰华的常用品种

图 1.14　砾石与卵石的常用做法

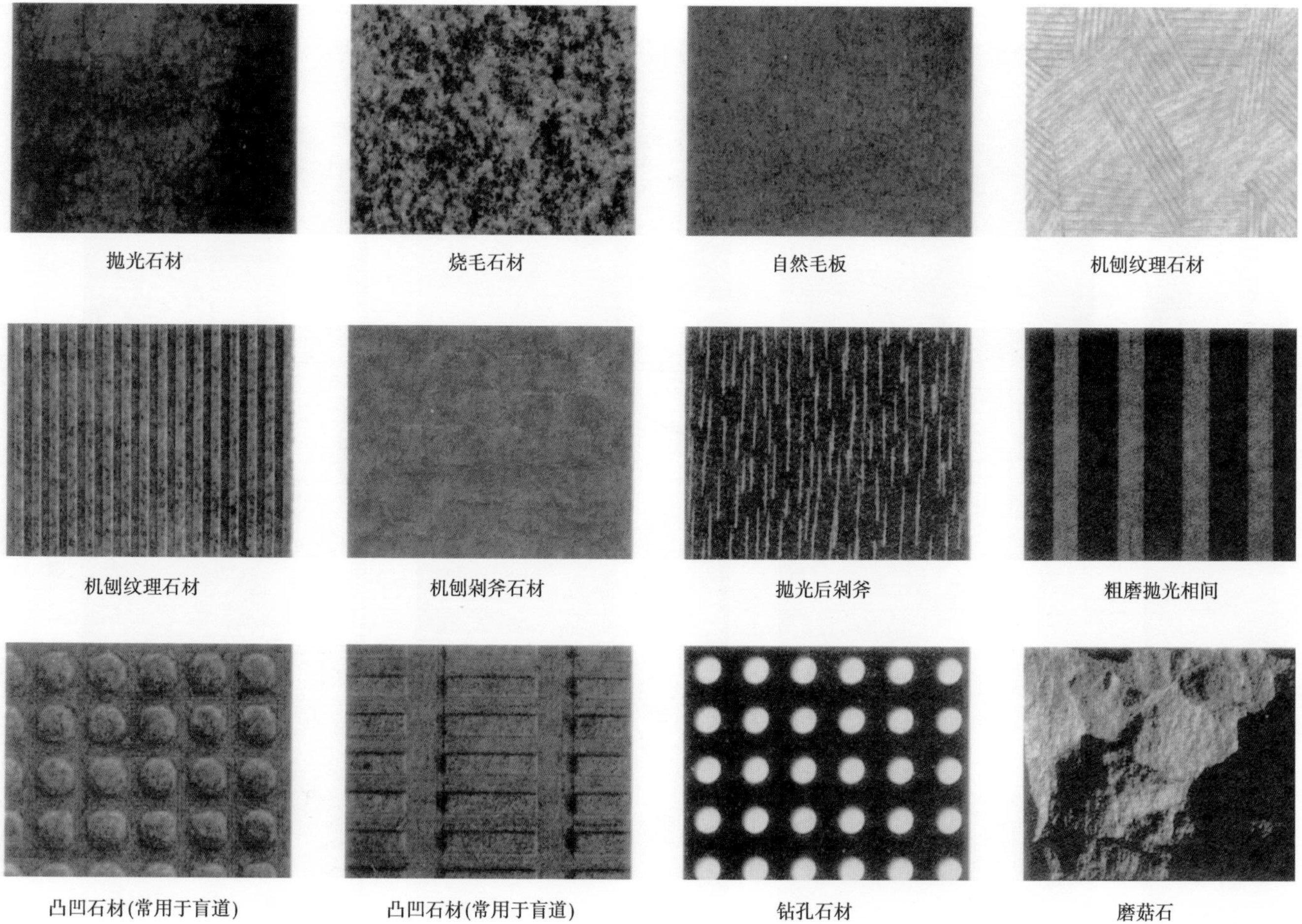

机刨纹理石材

粗磨抛光相间

磨菇石

自然毛板

抛光后剁斧

钻孔石材

烧毛石材

机刨剁斧石材

凸凹石材(常用于盲道)

抛光石材

机刨纹理石材

凸凹石材(常用于盲道)

图1.15 石材表面加工处理的常用做法

太湖石

英德石

灵璧石

黄蜡石

图 1.16 中国四大园林名石的常用做法

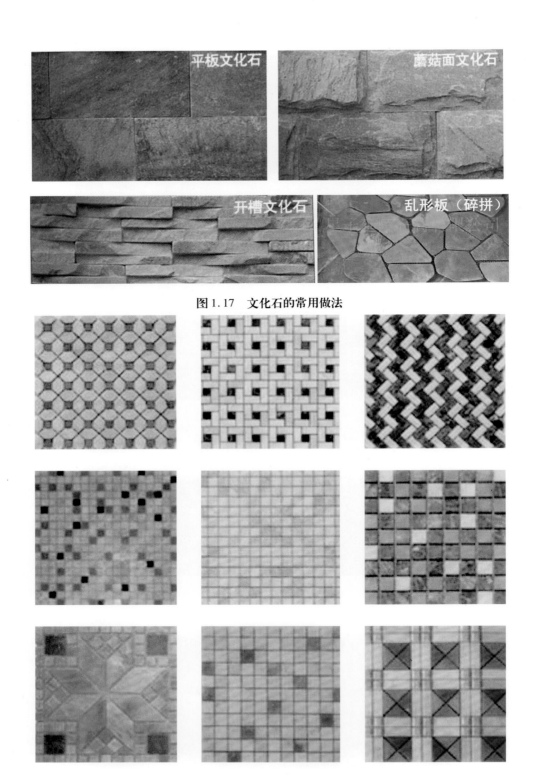

图 1.17　文化石的常用做法

图 1.26　常用陶瓷锦砖的拼花图案

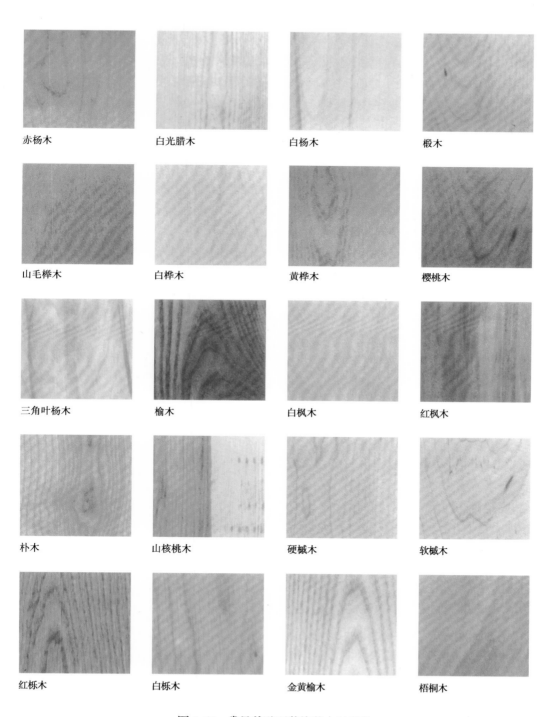

图 1.62　常见的贴面装饰薄木材种类

鹅掌楸木　　　　胡桃木　　　　杨柳木　　　　水松木

黄花松木　　　　白松木　　　　橡木　　　　泰国柚木

美国柚木　　　　紫檀木　　　　花梨木　　　　红木

鸡翅木　　　　雀眼木　　　　红影木　　　　白影木

沙比利木　　　　巴西中珠木　　　　马都拿木　　　　珍珠树瘤木

图 1.62　常见的贴面装饰薄木材种类（续）

高等院校风景园林类专业系列教材·应用类

园林建筑材料与构造

第2版

YUANLIN JIANZHU CAILIAO YU GOUZAO

主编 徐德秀

副主编 粟志坤 段晓鹃 张家洋

主审 马青

重庆大学出版社

内容提要

本书是高等院校风景园林类专业系列教材之一,主要包括三部分共六章内容:园林建筑材料、园林建筑构造和中国传统园林建筑构造。其中园林建筑材料部分分别介绍了石材、砖及砌块、建筑陶瓷与玻璃、金属材料、木材、胶凝材料、混凝土、砂浆、建筑防水材料、建筑涂料和塑料等常用材料;园林建筑构造部分分别以景墙、现代亭廊架、楼梯、台阶与坡道等项目化的形式讲述了园林建筑的基础、墙体或柱、楼地面、楼梯、门窗洞口、屋顶等构件的构造原理与方法;中国传统园林建筑构造部分则对传统木结构的组成、传统凉亭和游廊进行了介绍。每章都附有本章小结、思考题及实训环节。本书配有教学课件,可扫描封底二维码查看,并在电脑上进入重庆大学出版社社官网下载。书中还有 38 个视频微课、27 个园林建筑材料识别彩色图片文件,共 65 个二维码,可扫码学习。

本书定位于培养高素质的技能型人才,密切结合新材料、新技术的应用,内容生动、通俗易懂,具有较强的实用性。本书既可作为高等院校风景园林专业、园林专业、环境艺术专业及其他相关专业的教材,也可供在职培训或相关工程技术人员参考。

图书在版编目(CIP)数据

园林建筑材料与构造 / 徐德秀主编. -- 2 版. -- 重庆 : 重庆大学出版社,2022.8(2023.8 重印)
高等院校风景园林类专业系列教材
ISBN 978-7-5689-1454-3

Ⅰ. ①园… Ⅱ. ①徐… Ⅲ. ①园林建筑—建筑材料—高等学校—教材②园林建筑—建筑构造—高等学校—教材
Ⅳ. ①TU986.4

中国版本图书馆 CIP 数据核字(2022)第 072063 号

园林建筑材料与构造
(第 2 版)

主　编　徐德秀
副主编　粟志坤　段晓鹃　张家洋
主　审　马　青
策划编辑　何　明

责任编辑:何　明　　版式设计:黄俊棚　莫　西　何　明
责任校对:谢　芳　　责任印制:赵　晟
*
重庆大学出版社出版发行
出版人:陈晓阳
社址:重庆市沙坪坝区大学城西路 21 号
邮编:401331
电话:(023)88617190　88617185(中小学)
传真:(023)88617186　88617166
网址:http://www.cqup.com.cn
邮箱:fxk@cqup.com.cn(营销中心)
全国新华书店经销
重庆长虹印务有限公司印刷
*
开本:787mm×1092mm　1/16　印张:14.75　字数:381 千　插页:16 开 4 页
2019 年 8 月第 1 版　2022 年 8 月第 2 版　2023 年 8 月第 4 次印刷
印数:7 001—12 000
ISBN 978-7-5689-1454-3　定价:49.00 元

· 编委会 ·

·编写人员·

主　　编　　徐德秀　　深圳职业技术大学

副主编　　粟志坤　　广西农业职业技术大学

　　　　　　段晓鹃　　四川建筑职业技术学院

　　　　　　张家洋　　新乡学院

参　　编　　李振华　　新乡学院

　　　　　　陈月霞　　山东农业工程学院

主　　审　　马　青　　沈阳建筑大学

PREFACE / 前言

园林建筑材料与构造课程是风景园林类专业的一门重要的专业课程,它综合性强,是以应用性为主的课程。本书是按照教育部高等院校教育的要求和风景园林类专业人才培养规划,以及国家现行建筑材料标准与园林建筑设计规范编写而成的。

本次修订增加了 65 个二维码,含 38 个微课视频、27 个园林建筑材料识别彩色图片文件。

本书的内容包括三部分:园林建筑材料、园林建筑构造和中国传统园林建筑构造。

1. 园林建筑材料部分

在简单介绍了材料的基本性质和分类方式后,详细介绍了石材、砖及砌块、建筑陶瓷与玻璃、金属材料、木材、胶凝材料、混凝土、砂浆、建筑防水材料、建筑涂料和塑料等十余种材料的性能及应用,重点介绍了常用材料品种的应用场所与方法,内容广泛,实用性强。每节内容之后的实践环节更是强调学生的自主学习能力,实训部分训练学生对园林建筑材料应用优劣的分析能力。本次修订增加了每种材料的大量彩色图片,并做成二维码,扫码即可学习,可帮助学生识别材料。

2. 园林建筑构造部分

采用项目化教学,以园林建筑结构类型划分为基础,设置了景墙,现代亭廊架,楼梯、台阶与坡道 3 个项目,每个项目集中解决建筑构造六大构件中的一个或几个构件。

(1)景墙 主要介绍砌体结构景墙各组成部分的构造方法,内容包括基础、墙体的砌筑、过梁、压顶、勒脚、散水与明沟等;

（2）现代亭廊架　主要介绍钢筋混凝土结构亭廊架各组成部分的构造方法，内容包括基础、楼板、地面、坡屋顶和平屋顶等的构造方法，并介绍了钢筋混凝土结构施工图的绘制方法；

（3）楼梯、台阶与坡道　主要介绍钢筋混凝土结构楼梯各组成部分的构造方法，内容包括楼梯的分类与主要尺度、楼梯细部处理方法、台阶与坡道的构造方法，并重点讲解了楼梯的构造计算方法。

以上3个专题都围绕实训项目展开，有利于学生对构造方法进行合理选择、灵活应用，增强解决实际问题的能力。

3. 中国传统园林建筑构造部分

本部分主要是作为现代园林建筑构造知识的辅助材料，主要目标是让学生了解中国传统园林建筑构造的基本组成和做法，能够识读相关图纸，并丰富学生对建筑小品构件的认知度。在简单介绍了中国传统园林建筑的结构形式和构造组成后，重点介绍了传统凉亭和游廊的基本构造，内容包括木构架做法和屋面构造做法。实训部分强调的是学生对中国传统园林建筑木构架构造组成及名称的规范化认知。

本书由徐德秀任主编，负责全书的统稿工作，沈阳建筑大学建筑城规学院马青教授担任主审。具体编写分工如下：第1章、第3章、微课视频、园林建筑材料识别彩色图片文件，徐德秀；第2章、第4章，徐德秀、段晓鹃、粟志坤；第3章，徐德秀、粟志坤、张家洋；第5章，徐德秀、粟志坤、李振华、张家洋；第6章，徐德秀、陈月霞。另外，李伟、黄璇凤、何佩妍、马鑫红、林仰、黄演婷、王娜、高婕等为本书的编写做了大量的资料收集与整理工作，在此表示感谢！

本书的内容综合性强，偏重于实践能力的培养，实训中各课题的目的明确，实为有一定价值的教学与培训用书。然而，由于编者水平有限，书中难免有不足之处，欢迎读者提出宝贵意见和建议，以便进一步修订完善。

编　者

2022 年 5 月

CONTENTS 目录

上篇　园林建筑材料

下篇 园林建筑构造

上篇
园林建筑材料

1 园林建筑材料的识别与应用

[学习目标]

通过本章的学习,了解园林建筑材料的基本性质,掌握常用园林建筑材料的类别、性能、外观形态和适用场所,初步了解施工方法。

[项目引入]

参观园林环境,了解不同园林建筑材料的各种应用方法。

[讲课指引]

阶段 1　学生在教师讲授本章之前完成的内容

查阅相关书籍或网络,自学"各种园林建筑材料的相关性能"等内容。

阶段 2　学生跟随教师的课程进度完成的内容

(1)教师利用材料样品授课,同时参观公园、居住区等园林环境,带领学生到现场认知各种园林建筑材料,了解其性能特点、适用场所、外观形态及规格尺寸等;

(2)学生对各种园林建筑材料应用实景拍照,分析同种材料不同的应用方法。

阶段 3　最后成稿

选择代表性的园林建筑材料应用实景照片,分析材料应用恰当与否。

1.1　园林建筑材料总述

1.1.1　园林工程基本建筑材料的定义及分类

园林工程基本建筑材料是指构成园林建筑物或构筑物的基础、梁、板、柱、墙体、屋面、地面以及室内外景观装饰工程所用的材料。

基本建筑材料通常按照化学成分的不同进行分类,可分为无机材料、有机材料和复合材料,见表1.1。建筑有机材料如图1.1所示,建筑无机材料与复合材料如图1.2所示。

1.1.2　建筑材料的基本性能

由于不同的建筑材料所处环境及建(构)筑物部位的不同,在使用中对材料的技术性能要求也就不同。如结构材料应具有一定的力学性能;屋面材料应具有一定的防水、保温、隔热等性能;地面材料应具有较高的强度、耐磨、防滑等性能;墙体材料应具有一定的强度及保温、隔热等性能。掌握建筑材料的基本性能是正确选择与合理使用建筑材料的基础。

表 1.1　建筑材料按化学成分分类

分类			举例
无机材料	金属材料		铁、钢、不锈钢、铝和铜及其合金
	非金属材料	天然石材	砂、石子、砌筑石材、装饰石材
		烧土制品	砖、瓦、陶瓷、琉璃制品
		玻璃及熔融制品	玻璃、玻璃纤维、矿棉、岩棉
		胶凝材料	石灰、石膏、水泥
		混凝土及硅酸盐制品	混凝土、硅酸盐制品
有机材料	植物材料		竹材、木材、植物纤维及其制品
	沥青材料		石油沥青、煤沥青、沥青制品
	合成高分子材料		塑料、涂料、胶黏剂、合成高分子防水材料
复合材料	无机非金属材料与有机材料复合		玻璃纤维增强塑料、聚合物混凝土、沥青混凝土
	金属材料与无机非金属材料复合		钢筋混凝土、钢纤维增强混凝土
	金属材料与有机材料复合		彩色夹芯复合钢板、塑钢门窗材料

图 1.1　建筑有机材料

图 1.2　建筑无机材料与复合材料

1.1.2.1　建筑材料的物理性质

建筑材料的物理性质包括与质量有关的性质,如密度、表观密度、堆密度、密实度、孔隙率、填充率、空隙率等;与水有关的性质,如亲水性、吸水性、耐水性、抗渗性、抗冻性等;与热有关的性质,如导热性、热容量、比热容、温度变形性等。

1)材料的密度、表观密度与堆密度

(1)密度　密度是指材料在绝对密实状态下单位体积的质量,按式(1.1)计算:

$$\rho = \frac{m}{V} \tag{1.1}$$

式中　ρ——材料的密度,g/cm³ 或 kg/m³;

m——材料在干燥状态下的质量,g 或 kg;

V——材料在绝对密实状态下的体积,cm³ 或 m³。

绝对密实状态下的体积是指不包括孔隙在内的体积。除了钢材、玻璃等少数接近于绝对密实的材料外,绝大多数材料都有一些孔隙,如砖、石材等块状材料。在测定有孔隙的材料密度

时,应把材料磨成细粉以排除其内部孔隙,经干燥至恒重后,用密度瓶(李氏瓶)测定其实际体积,该体积即可视为材料绝对密实状态下的体积。材料磨得愈细,测定的密度值愈精确。

(2)表观密度 表观密度也称为体积密度。表观密度是指材料在自然状态下单位体积的质量,按式(1.2)计算:

$$\rho_0 = \frac{m}{V_0} \tag{1.2}$$

式中 ρ_0——表观密度,g/cm^3 或 kg/m^3;

m——材料的质量,g 或 kg;

V_0——材料在自然状态下的体积,cm^3 或 m^3。

材料在自然状态下的体积是指材料的实体积与材料内所含全部孔隙体积之和。外形规则的材料,其测定很简便,只要测得材料的质量和体积,即可算得表观密度。不规则材料的体积要采用排水法求得,但材料表面应预先涂上蜡,以防水分渗入材料内部而影响测定值。

(3)堆密度 堆密度是指散粒材料在自然堆积状态下单位体积的质量,按式(1.3)计算:

$$\rho'_0 = \frac{m}{V'_0} \tag{1.3}$$

式中 ρ'_0——堆密度,g/cm^3 或 kg/m^3;

m——材料的质量,g 或 kg;

V'_0——材料的堆积体积,cm^3 或 m^3。

散粒材料在自然状态下的体积,是指既包含颗粒内部的孔隙,又包含颗粒之间空隙在内的总体积。测定散粒材料的堆密度时,材料的质量是指在一定容积的容器内的材料质量,其堆积体积是指所用容器的容积。若以捣实体积计算时,则称为紧密堆密度。

常用建筑材料的密度、表观密度、堆密度及孔隙率见表1.2。

表1.2 常用建筑材料的密度、表观密度、堆密度及孔隙率

材料名称	密度/$(g \cdot cm^{-3})$	表观密度/$(kg \cdot m^{-3})$	堆密度/$(kg \cdot m^{-3})$	孔隙率/%
钢材	7.8~7.9	7 850	—	0
花岗岩	2.7~3.0	2 500~2 900	—	0.5~3.0
石灰岩	2.4~2.6	1 800~2 600	1 400~1 700(碎石)	—
砂	2.5~2.6	—	1 500~1 700	—
黏土	2.5~2.7	—	1 600~1 800	—
烧结普通砖	2.6~2.7	1 600~1 900	—	20~40
烧结空心砖	2.5~2.7	1 000~1 480	—	—
红松木	1.55~1.60	400~600	—	55~75

2)材料的密实度、孔隙率、空隙率

(1)密实度 D 密实度是指材料的固体物质部分的体积占总体积的比例,说明材料体积内被固体物质所充填的程度,反映了材料的致密程度,按式(1.4)计算:

$$D = \frac{V}{V_0} \times 100\% = \frac{\rho_0}{\rho} \times 100\% \tag{1.4}$$

（2）孔隙率 P 孔隙率是指材料体积内孔隙体积（V_p）占材料总体积（V_0）的百分率,按式（1.5）计算：

$$P = \frac{V_p}{V_0} \times 100\% = \frac{V_0 - V}{V_0} \times 100\% = \left(1 - \frac{\rho_0}{\rho}\right) \times 100\% \tag{1.5}$$

按孔隙的特征,材料的孔隙可分为开口孔隙和闭口孔隙两种,二者孔隙率之和等于材料的总孔隙率。不同的孔隙对材料的性能影响各不相同。一般而言,孔隙率较小,且连通孔较少的材料,其吸水性较小,强度较高,抗冻性和抗渗性较好。工程中对需要保温隔热的建筑物或部位,要求其所用材料的孔隙率要较大。相反,对要求高强或不透水的建筑物或部位,则其所用的材料孔隙率应很小。

孔隙率与密实度的关系为：

$$P + D = 1 \tag{1.6}$$

（3）空隙率 P' 空隙率是指散粒材料在某容器的堆积体积中,颗粒之间的空隙体积（V_a）占堆积体积的百分率,以 P' 表示,按式（1.7）计算：

$$P' = \frac{V_a}{V'_0} \times 100\% = \frac{V'_0 - V}{V'_0} \times 100\% = \left(1 - \frac{\rho'_0}{\rho_0}\right) \times 100\% \tag{1.7}$$

3）材料的亲水性与憎水性

亲水性是指材料能被水润湿的性质。材料产生亲水性的原因是其与水接触时,材料与水分子之间的亲和力大于水分子之间的内聚力所致。当材料与水接触,材料与水分子之间的亲和力小于水分子之间的内聚力时,材料则表现为憎水性。

材料被水润湿的情况可用润湿边角 θ 来表示。当材料与水接触时,在材料、水、空气三相的交界点,沿水滴表面做切线,此切线与材料和水接触面的夹角 θ 称为润湿边角。

θ 角越小,表明材料越易被水润湿。当 $\theta < 90°$ 时,如图1.3（a）所示,材料表面吸附水,材料能被水润湿而表现出亲水性,这种材料称为亲水性材料；当 $\theta > 90°$ 时,如图1.3（b）所示,材料表面不吸附水,这种材料称为憎水性材料；当 $\theta = 0°$ 时,表明材料完全被水润湿。

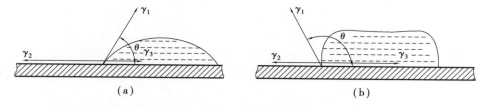

图1.3   材料的润湿示意图

（a）亲水性材料；（b）憎水性材料

4）材料的吸水性与吸湿性

（1）吸水性   材料在水中能吸收水分的性质称为吸水性。材料的吸水性用吸水率表示,有质量吸水率与体积吸水率两种表示方法。

①质量吸水率是指材料在吸水饱和时,内部所吸水分的质量占材料干燥质量的百分率,按式（1.8）计算：

$$W_{质} = \frac{m_{湿} - m_{干}}{m_{干}} \times 100\% \tag{1.8}$$

式中 $W_{质}$——材料的质量吸水率,%；

$m_湿$——材料在吸水饱和状态下的质量,g;

$m_干$——材料在干燥状态下的质量,g。

②体积吸水率是指材料在吸水饱和时,内部所吸水分的体积占干燥材料自然体积的百分率,按式(1.9)计算:

$$W_体 = \frac{m_吸 - m_干}{V_干} \cdot \frac{1}{\rho_W} \times 100\% \tag{1.9}$$

式中 $W_体$——材料的体积吸水率,%;

$m_吸$——材料在吸水饱和后的质量,g;

$m_干$——材料在干燥状态下的质量,g;

$V_干$——干燥材料在自然状态下的体积,cm^3;

ρ_W——水的密度,g/cm^3。

(2)吸湿性 材料在潮湿空气中吸收水分的性质称为吸湿性。材料的吸湿性用含水率表示。含水率是指材料内部所含水的质量占材料干燥质量的百分率,按式(1.10)计算:

$$W_含 = \frac{m_含 - m_干}{m_干} \times 100\% \tag{1.10}$$

式中 $W_含$——材料的含水率,%;

$m_含$——材料含水时的质量,g;

$m_干$——材料干燥至恒重时的质量,g。

5)材料的耐水性

材料长期在水作用下不破坏,强度也不显著降低的性质称为耐水性。材料的耐水性用软化系数表示,按式(1.11)计算:

$$K_软 = \frac{f_饱}{f_干} \tag{1.11}$$

式中 $K_软$——材料的软化系数;

$f_饱$——材料在饱水状态下的抗压强度,MPa;

$f_干$——材料在干燥状态下的抗压强度,MPa。

软化系数大于0.80的材料,通常认为是耐水材料。

6)材料的抗渗性

材料抵抗压力水渗透的性质称为抗渗性。材料的抗渗性通常用渗透系数 K 表示。渗透系数的物理意义是:一定厚度的材料,在一定水压力下,在单位时间内透过单位面积的水量,按式(1.12)计算:

$$K = \frac{Wd}{Ath} \tag{1.12}$$

式中 K——渗透系数,cm/h;

W——透过材料试件的水量,cm^3;

t——透水时间,h;

A——透水面积,cm^2;

h——静水压力水头,cm;

d——试件厚度,cm。

K 值越大,表示材料渗透的水量越多,即抗渗性越差。

材料的抗渗性通常用抗渗等级表示。抗渗等级是以规定的试件,在标准试验方法下所能承受的最大静水压力来确定,以符号 Pn 表示,其中 n 为该材料所能承受的最大水压力的 10 倍的 MPa 数,如 $P4$,$P6$,$P8$,$P10$,$P12$ 等,分别表示材料能承受 0.4,0.6,0.8,1.0,1.2 MPa 的水压而不渗水。材料的抗渗性与其孔隙率和孔隙特征有关。

7)材料的抗冻性

材料在吸水饱和状态下,能经受多次冻融循环作用而不破坏,也不严重降低强度的性质称为材料的抗冻性。

材料的抗冻性用抗冻等级表示。抗冻等级是以规定的试件,在规定试验条件下,测得其强度降低不超过 25%,且质量损失不超过 5% 时所能承受的最多的循环次数来表示。抗冻等级用符号 Fn 表示,其中 n 即为最大冻融循环次数,如 $F25$,$F50$ 等。材料抗冻标号的选择,是根据结构物的种类、使用条件、气候条件等决定的。

8)材料的导热性

当材料两侧存在温度差时,热量从材料的一侧传递至材料另一侧的性质称为材料的导热性。导热性大小可以用导热系数 λ 表示,其计算式为:

$$\lambda = \frac{Qd}{At(T_1 - T_2)} \tag{1.13}$$

式中　λ——导热系数,W/(m·K);

　　　Q——传导的热量,J;

　　　d——材料的厚度,m;

　　　A——传热面积,m²:

　　　$T_1 - T_2$——材料两侧的温度差,K;

　　　t——传热时间,s。

导热系数是评定建筑材料料保温隔热性能的重要指标,导热系数愈小,材料的保温隔热性能愈好。通常把 $\lambda < 0.23$ W/(m·K)的材料称为绝热材料。一般非金属材料的绝热性优于金属材料;材料的表观密度小、孔隙率大、闭口孔多、孔分布均匀、孔尺寸小、材料含水率小时,则表现出导热性差、绝热性好。通常所说的材料导热系数是指干燥状态下的导热系数。当材料吸水或受潮时,导热系数会显著增大,绝热性明显变差。

1.1.2.2　建筑材料的力学性质

1)材料的强度

(1)材料的强度　材料在外力作用下抵抗破坏的能力称为材料的强度。

根据外力作用形式的不同,材料的强度有抗压强度、抗拉强度、抗弯强度及抗剪强度等,均以材料受外力破坏时单位面积上所承受的力的大小来表示。材料的这些强度是通过静力试验来测定的,故总称为静力强度。材料的静力强度是通过标准试件的破坏试验而测得,必须严格按照国家规定的试验方法进行。材料的强度是大多数材料划分等级的依据。表 1.3 列出了材料的抗压、抗拉、抗剪和抗弯强度的计算公式。

表1.3　材料的抗压、抗拉、抗剪、抗弯强度计算公式

强度类别	受力作用示意图	强度计算式	附　注
抗压强度 f_c/MPa		$f_c = \dfrac{F}{A}$	
抗拉强度 f_t/MPa		$f_t = \dfrac{F}{A}$	F——破坏荷载,N; A——受荷面积,mm^2
抗剪强度 f_v/MPa		$f_v = \dfrac{F}{A}$	
抗弯强度 f_{tm}/MPa		$f_{tm} = \dfrac{3Fl}{2bh^2}$	F——破坏荷载,N; l——跨度,mm; b——断面宽度,mm; h——断面高度,mm

表1.4　常用建筑材料的强度

单位:MPa

材　　料	抗压强度	抗拉强度	抗弯强度
花岗岩	100~250	5~8	10~14
烧结普通砖	7.5~30	—	1.8~4.0
普通混凝土	7.5~60	1~4	—
松木(顺纹)	30~50	80~120	60~100
建筑钢材	235~1 600	235~1 600	—

（2）材料的等级　大部分建筑材料根据其极限强度的大小,可划分为若干不同的强度等级。如烧结普通砖按抗压强度分为5个等级:MU30,MU25,MU20,MU15,MU10;硅酸盐水泥按抗压和抗拉强度分为6个等级:42.5、42.5R、52.5、52.5R、62.5、62.5R;混凝土按其抗压强度分为14个等级:C15,C20,C25,C30,C35,C40,C45,C50,C55,C60,C65,C70,C75,C80;碳素结构钢按其抗拉强度分为5个等级:Q195,Q215,Q235,Q255,Q275。常用建筑材料的强度见表1.4。

（3）材料的比强度　比强度是按单位质量计算的材料强度,其值等于材料强度与其表观密度之比。对于不同强度的材料进行比较,可采用比强度这个指标。比强度是衡量材料轻质高强性能的重要指标。优质的结构材料,必须具有较高的比强度。几种主要材料的比强度见表1.5。由表1.5可知,玻璃钢和木材是轻质高强的高效能材料,而普通混凝土为质量大而强度较低的材料。

表1.5　钢材、木材和混凝土的强度比较

材　料	表观密度 ρ_o/(kg · m^{-3})	抗压强度 f_c/MPa	比强度 f_c/ρ_o
低碳钢	7 860	415	0.053
松木	500	34.3（顺纹）	0.069
普通混凝土	2 400	29.4	0.012

2）材料的弹性与塑性

（1）弹性　材料在外力作用下产生变形，当外力取消后，材料变形即可消失并能完全恢复原来形状的性质称为弹性。材料的这种当外力取消后瞬间内即可完全消失的变形称为弹性变形。弹性变形属于可逆变形，其数值大小与外力成正比，其比例系数 E 称为材料的弹性模量。材料在弹性变形范围内，弹性模量 E 为常数，其值等于应力 σ 与应变 ε 的比值，即

$$E = \frac{\sigma}{\varepsilon} \tag{1.14}$$

式中　σ——材料的应力，MPa；

　　　ε——材料的应变；

　　　E——材料的弹性模量，MPa。

弹性模量是衡量材料抵抗变形能力的一个指标。E 值越大，材料越不易变形，即刚度好。弹性模量是结构设计时的重要参数。常用建筑材料的弹性模量值见表1.6。

表1.6　常用建筑材料的弹性模量值

材　料	低碳钢	普通混凝土	烧结普通砖	木材	花岗石	石灰石	玄武石
弹性模量/(×10^4)MPa	21	1.45 ~ 360	0.6 ~ 1.2	0.6 ~ 1.2	200 ~ 600	600 ~ 1 000	100 ~ 800

（2）塑性　材料在外力作用下产生变形，如果取消外力，仍保持变形后的形状尺寸，并且不产生裂缝的性质称为塑性。这种不能恢复的变形称为塑性变形。塑性变形为不可逆变形，是永久变形。

实际上，纯弹性变形的材料是没有的，通常一些材料在受力不大时，仅产生弹性变形；受力超过一定极限后，即产生塑性变形。有些材料在受力时，如建筑钢材，当所受外力小于弹性极限时，仅产生弹性变形；而外力大于弹性极限后，则除了弹性变形外，还产生塑性变形。有些材料在受力后，弹性变形和塑性变形同时产生，当外力取消后，弹性变形会恢复，而塑性变形不能消失，如混凝土。

3）材料的脆性和韧性

（1）脆性　脆性是指材料在外力达到一定程度时，突然发生破坏，并无明显塑性变形的性质。具有这种性质的材料称为脆性材料。大部分无机非金属材料均属于脆性材料，如天然石材、烧结普通砖、陶瓷、普通混凝土等。脆性材料抵抗变形或冲击振动荷载的能力差，所以仅用于承受静压力作用的结构或构件，如柱子等。

（2）韧性　韧性是指材料在冲击或动力荷载作用下，能吸收较大能量而不破坏的性质。低碳钢、低合金钢、木材、钢筋混凝土、橡胶、玻璃钢等都属于韧性材料。在工程中，对于要求承受

冲击和振动荷载作用的结构,如桥梁、路面及有抗震要求的结构,要求所用材料具有较高的冲击韧性。

4)材料的硬度和耐磨性

(1)硬度 硬度是指材料表面的坚硬程度,是材料抵抗其他物体刻划、压入其表面的能力。硬度通常用刻痕法和压痕法来测定和表示。通常硬度大的材料耐磨性较强,不易加工。

(2)耐磨性 耐磨性是指材料表面抵抗磨损的能力,通常用磨损率表示。磨损率表示一定尺寸的试件,在一定压力作用下,在磨损实验机上磨一定次数后,试件每单位面积上的质量损失。

1.1.2.3 建筑材料的耐久性

(1)耐久性的概念 材料的耐久性是指材料长期抵抗各种内外破坏、腐蚀介质的作用,保持其原有性质的能力。耐久性是材料的一种综合性质,一般包括耐水性、抗渗性、抗冻性、抗风化性、抗老化性、耐腐蚀性、耐磨性等。

(2)影响材料耐久性的主要因素

①内部因素是影响材料耐久性的根本原因。内部因素主要包括材料的组成、结构与性质。

②外部因素是影响材料耐久性的主要因素,主要有:

a. 物理作用,包括材料的干湿变化、温度变化及冻融变化等。

b. 化学作用,包括酸、碱、盐等物质的水溶液及气体对材料产生的侵蚀作用。侵蚀作用会使材料产生质的变化而破坏。

c. 机械作用,包括冲击、疲劳荷载,各种气体、液体及固体引起的磨损与磨耗等。

d. 生物作用,是指昆虫、菌类等对材料所产生的蛀蚀、腐朽等破坏作用。

钢材易受氧化而锈蚀。无机非金属材料常因氧化、风化、碳化、溶蚀、冻融、热应力、干湿交替作用而破坏。有机材料因腐烂、虫蛀、老化而变质。

1.2 石材

石材主要指天然石材和人造石材。我国园林工程中,石材应用比较广泛,主要用于砌筑墙体、基础以及面层装饰等。

天然石材微课

1.2.1 天然石材

天然石材是指采自天然岩石,未经加工或经加工石材的总称。

1)天然石材的特点

(1)天然石材的优点

①天然石材蕴藏量丰富、分布广泛,便于就地取材;

②石材结构紧密,抗压强度大;

③天然石材耐磨性好,吸水性小,耐冻性也强,使用年限可达百年以上,而且装饰性好。

(2)天然石材的缺点

①自重大,用于房屋建筑会增加建筑物的自重;

②硬度大,给开采和加工带来困难;

③质脆,耐火性差,当温度超过800℃时,会造成体积膨胀而导致石材开裂,失去强度。

2）岩石的形成与分类

　　岩石是由各种不同的地质作用所形成的天然矿物的集合体,创造岩石的自然过程多样而复杂,通常可分为 3 大类,即沉积岩、变质岩和火成岩(或称岩浆岩)。

　　(1)沉积岩　顾名思义,沉积岩是沉积物长时间积聚、压实和胶结的结果。各种沉积岩按照沉积物的来源和性质分类。沉积岩的成分和强度十分多样化,取决于沉积物的来源和岩石的结构构造。例如,黏土沉积物演变成页岩;沙沉积物演变成砂岩;石灰石的造岩成分通常来自海洋和湖泊生物的外壳。

　　沉积岩不会在压力下变得更硬,被加热后也不会变形,并且是最软的石头。与其他岩石相比,沉积岩因为硬度小、吸水性强,也就容易吸附水中的杂质,所以更容易被污染;如果长期暴露在污染和酸雨条件下,就更容易变色。

　　(2)变质岩　变质岩中"变质"一词的意思是"改变形式"。在变质岩的形成过程中,热量和压力相结合,使岩石变得更硬,其结构变得更紧密。改变之前的岩石被称为"原岩",可以是三类岩石的任何一种或几种。大理石是园林中最常使用的变质岩,高温和高压的神奇作用将石灰石这种沉积岩变成了大理石。

　　(3)火成岩　火成岩这个名字暗示着热量和火焰。火成岩实际上是冷却的岩浆——在极高温度下融化、液化的岩石。火成岩包括地球上一些最紧密、最坚硬、最防水的岩石,在园林中应用最多的是花岗岩。而玄武岩因为其少见的黑色或暗灰色的色彩,也被用于户外铺装。

3）天然石材的分类

毛石识别

　　天然石材根据用途可分为砌筑用石材和饰面石材。

　　(1)砌筑用石材　砌筑用石材是指用于砌筑工程的石材,主要有毛石、料石等。

　　①毛石:毛石为形状不规则的天然石块。建筑用毛石一般要求中部厚度不小于 150 mm,长度为 300~400 mm,质量为 20~30 kg,抗压强度应在 10 MPa 以上,软化系数应大于 0.80。毛石主要用于砌筑基础、勒脚、墙身、挡土墙、堤岸及护坡等(图 1.4)。

图 1.4　从远古时代开始,天然形态的石头就被收　　　图 1.5　两千年前的手工石制品和建筑材料,
集起来,并被堆砌成耐用的墙或其他结构　　　　　　　依然保留着当初的结构和手工痕迹

　　②料石:料石为经加工形状比较规则的六面体石材。按表面加工的平整度分为毛料石(叠砌面凹凸深度不大于 25 mm)、粗料石(凹凸深度不大于 20 mm)、半细料石(凹凸深度不大于 15 mm)、细料石(凹凸深度不大于 10 mm)。料石主要用于砌筑基础、石拱、台阶、勒脚、墙体等(图 1.5)。

　　(2)饰面石材　天然饰面石材是指从天然岩体中开采出来,并经加工形成的块状或板状,用于建筑表面装饰或保护作用的石材,主要有花岗石、大理石、板岩、砂岩等。

①花岗石:花岗石为典型的火成岩,其矿物组成为长石、石英及少量暗色矿物和云母或角闪石、辉石凳;花岗石为全晶质结构,其化学成分主要是 SiO_2(含量67%~75%)及少量的 Al_2O_3,CaO,MgO 和 Fe_2O_3,是酸性岩石、硬石材。花岗石耐火性较差,当燃烧温度达到 573 ℃和 870 ℃时会发生晶体转变,导致石材爆裂,强度下降。某些花岗石含有对人体健康有危害的微量放射性元素,对这类花岗石应避免用于室内(图1.6—图1.8)。

花岗石微课

图1.6　小型的花岗岩铺装单元,为设计师提供了花岗岩的强度和更细致的纹理

花岗石识别

图1.7　时间、车辆行人和天气给古老的花岗岩圆角石块路面带来的只有个性和历史感

图1.8　这个繁忙的城市广场被建筑群包围,三种颜色的花岗岩地砖切割得十分精确,它们组成的重复样式是周围建筑的有益补充

花岗石外观常呈整体均粒状结构,具有色泽和深浅不同的斑点状花纹。

天然花岗石的常用品种如图1.9(见文前彩页)所示。

②大理石:大理石是一种变质岩,具有致密的隐晶结构,硬度中等,耐磨性次于花岗石。大理石的主要化学成分是以 $MgCO_3$、$CaCO_3$ 为主的碳酸盐类,为碱性岩石,抗风化性能与耐酸性能较差,除少数杂质含量少、性能稳定的大理石(如汉白玉、艾叶青等)外,磨光大理石板材一般不宜用于建筑物的外立面、其他露天部位的室外装修以及

大理石识别

与酸有接触的地面装饰工程,否则受酸侵蚀导致表面失去光泽,甚至起粉出现斑点等,影响装饰效果。

大理石有纯色和花斑两大系列,其中的花斑系列为斑驳状纹理,品种多、色泽鲜艳、材质细腻。

天然大理石的常用品种如图 1.10(见文前彩页)所示。

③板岩:板岩是一种高品质、晶粒细腻的变质岩,其原岩是页岩。板岩的结构呈页片状,就是明显的水平劈裂节理,由此产生的薄而光滑的板岩片有很多景观用途,其中最恰当的用途是建造墙壁、顶盖和铺装,色彩包括黑、蓝、绿、灰、紫、红等,较高的密度和细腻的颗粒使板岩拥有极佳的防水性,天然的片状构造还能在一定程度上起到防滑作用。板岩材质较软,容易风化,可采用简单工艺凿割成薄板或条形材,具有古朴韵味,是理想的建筑装饰材料。

天然板岩的常用品种如图 1.11(见文前彩页)所示。

板岩识别

④砂岩:砂岩属于沉积岩,是一种由石英颗粒和其他矿物质天然黏结并压实而成的砂质岩石,成分包括沙粒大小的晶粒(含量大于 50%),以及由黏土、SiO_2、碳酸盐和氧化铁组成的胶结物。许多 19 世纪所谓的褐砂石住宅(当时有钱人居住的联排式多层公寓)都用砂岩装饰外立面,也是因石材而得名的。砂岩的色彩范围是由银灰色或浅黄色至各种深浅的粉红和棕红色,按颜色分为黑砂岩、青砂岩、黄砂岩和红砂岩等,其中黑砂岩最硬,青砂岩次之,黄砂岩、红砂岩最软。由于砂岩具有良好的雕刻性,被广泛用于圆雕、浮雕壁画、雕刻花板、艺术花盆、雕塑喷泉等。目前世界上已被开采利用的有澳洲砂岩、印度砂岩、西班牙砂岩、中国砂岩等,其中色彩、花纹最受园林建筑设计师所欢迎的则是澳洲砂岩。

砂岩识别

　　天然砂岩的常用品种如图 1.12(见文前彩页)所示。

　　⑤石灰岩:石灰岩是沉积岩中最重要的一种,主要是由方解石组成的石灰质岩石,往往含有化石。石灰岩的密度小于变质岩和火成岩,吸水性却更强。路面下面的土壤中含有地下水,会被毛细作用输送到路面材料表面,导致产生明显的污染和变色。石灰岩的耐久性一般低于砂岩,颜色可由纯白色至米黄色和峰黄色。由于比较柔软,石灰石比较适宜用在细节和装饰部分。石灰岩是烧制石灰和水泥的主要材料,也是配置混凝土的骨料。石灰岩还可以用来砌筑基础、勒脚、墙体、挡土墙等。石灰岩中的湖石和英石是砌筑假山的主要材料。

石灰华识别

　　⑥石灰华:石灰华又名孔石、洞石,是一种独特的沉积岩,是石灰石的近亲,由温泉的方解石沉积而成。因水流从沉积的废石灰渣堆中流出,溶解石灰渣中的钙,重新堆积而成。因为形成过程中很多气泡被困在岩石里,所以形成了明显的纹理和有麻坑的表面。石灰华有多种颜色,从米色、黄色、玫瑰红到正红色,它也是少数几个有白色选项的天然石材之一。

　　石灰华的常用品种如图 1.13(见文前彩页)所示。

砾石识别

　　⑦砾石与卵石:砾石是经流水冲击磨去棱角的岩石碎块。砾石的色彩从浅到米黄色、银色,深到黄褐色、棕褐色的范围内变化。砾石是自然的铺装材料,目前在现代园林景观中应用广泛,一般用于连接各个景观、构筑物,或者是连接规则的整形与修剪植物之间,由它铺成的小路不仅干爽、稳固、坚实,而且还为植物提供了最理想的掩映效果。砾石具有极强的透水性,即使被水淋湿也不会太滑,所以就步行交通而言,砾石无疑是一种较好的选择。

卵石识别

　　卵石分为天然卵石、机制卵石两类,通常用来铺小路或小溪底面,与石板、砖块混合铺设,形成较好的艺术效果,也可作为树穴、下水道的覆盖物。天然卵石是指风化岩石经水流长期冲刷搬运而成的,粒径为 60～200 mm 的无棱角的天然粒料;大于 200 mm 的称漂石。鹅卵石、雨花石都是天然卵石。机制卵石是指把石材碎料经过机器打磨边缘加工形成的卵石,海峡石、洗石米都是机制卵石。

　　砂砾,有白砂砾、灰砂砾、黄砂砾等,常被用在枯山水庭院中替代水。

　　砾石与卵石的常用做法如图 1.14(见文前彩页)所示。

4)天然石材的表面加工处理

　　(1)抛光　将从大块石料上锯切下来的板材通过粗磨、细磨、抛光等工序使板材具有良好的光滑度及较高的反射光线能力。

　　(2)亚光　亚光是指将石材表面研磨,使其具有良好的光滑度,有细微光泽但反射光线较少。

　　(3)烧毛　烧毛是指用火焰喷射器灼烧锯切下来的板材表面,利用组成石材的不同矿物颗粒热膨胀系数的差异,使其表面一定厚度的表皮脱落,形成整体平整但局部轻微凹凸起伏的表面。烧毛石材反射光线少,视觉柔和。

(4)机刨纹理　机刨纹理是指通过专用刨石机器将板面加工成凹凸纹理状的方法。

(5)剁斧　现代剁斧石常指人工制造出的不规则纹理状的石材。剁斧石一般用手工工具加工,如花锤、斧子、錾子、凿子等,通过捶打、凿打、劈剁、整修、打磨等办法将毛坯加工出所需的特殊质感,其表面可以是网纹面、锤纹面、岩礁面、隆凸面等多种形式。

(6)喷砂　喷砂是指用砂和水的高压射流将砂子喷到石材上,形成有光泽但不光滑的表面。

(7)其他特殊加工　除上述基本方法外,还有一些根据设计意图产生的特殊加工方法,如在抛光石材上局部烧毛作出光面毛面相接的效果,在石材上钻孔产生类似于穿孔铝板似透非透的特殊效果等。对于砂岩及板岩,由于其表面的天然纹理,一般外露面为自然劈开或磨平,显示出自然本色而无须再加工,背面则可直接锯平,也可采用自然劈开状态;大理石具有优美的纹理,一般均采用抛光、亚光的表面处理以显示出其花纹,而不会采用烧毛工艺隐藏其优点;而花岗岩因为大部分品种均无美丽的花纹则可采用上述所有方法。

石材表面加工处理的常用做法如图1.15(见文前彩页)所示。

5)中国四大园林名石

太湖石识别

(1)太湖石　太湖石是一种石灰岩的石块,因主产于太湖而得名。太湖石纹理纵横,脉络起隐,石面上边多坳坎,称为"弹子窝",扣之有微声,还很自然地形成沟、缝、穴、洞。有时窝洞相套,玲珑剔透,蔚为奇观,有如天然的雕塑品,观赏价值比较高,常被用做特置石峰以体现奇秀险怪之势,著名的如苏州留园的冠云峰。

(2)英德石　英德石同属石灰岩,因主产于广东省英德县一带而得名。英德石通常为青灰色,有的间有白色脉络,称灰英,也有白英、黑英、浅绿英等数种,但均罕见。英德石形状瘦骨铮铮,嶙峋剔透,多皱折的棱角,清奇俏丽。石体多皴皱,少窝洞,质稍润,坚而脆,扣之有声,在园林中多用于山石小景。

英德石识别

(3)灵璧石　灵璧石也同属石灰岩,因主产于安徽省灵璧县一带而得名。灵璧石产于土中,被赤泥渍满,须刮洗方显本色。其石灰色而甚为清润,质地也脆,用手弹有共鸣声。石面有坳坎的变化,石形亦千变万化,但其很少有宛转回折之势。这种山石可掇山石小品,更多的情况下作为盆景石赏玩。

灵璧石识别

黄蜡石识别

(4)黄蜡石　黄蜡石属于变质岩的一种,主要产于我国南方各地。黄蜡石有灰白、浅黄、深黄等色,有蜡状光泽,圆润光滑,质感似蜡。石形圆浑如大卵石状,但并不为卵形、圆形或长圆形,而多为抹圆角有涡状凹陷的各种异形块状,也有呈长条状的。黄蜡石以石形变化大而无破损、无灰砂、表面滑若凝脂、石质晶莹润泽者为上品,即石形要"皱、透、溜、哗"。黄蜡石在园林中适宜与植物一起组成小景。

中国四大园林名石的常用做法如图1.16(见文前彩页)所示。

1.2.2　人造石材

1)定义

人造石材一般是指人造大理石和人造花岗石,属于水泥混凝土或聚酯混凝土的范畴。人造石材是以大理石碎料、石英砂、石粉等集料,拌和树脂、聚酯等聚合物或水泥黏结剂,经过真空强力拌和振动、加压成型、打磨抛光以及切割等工序制成的板材。

2）人造石材的分类

（1）复合型人造石材　复合型人造石材采用的胶黏剂中,既有无机材料,又有有机高分子材料。复合型人造石材的制作工艺是先用水泥、石粉等制成水泥砂浆的坯体,然后将坯体浸于有机单体中,使其在一定条件下聚合而成。现以板材为例,底层用性能稳定而价廉的无机材料,面层用聚酯和大理石粉,无机胶结材料可用快硬水泥、普通硅酸盐水泥、粉煤灰水泥、铝酸盐水泥、矿渣水泥以及熟石膏等。有机单体可用苯乙烯、甲基丙烯酸甲酯、脂酸乙烯、丙烯腈、丁二烯等。这些单体可单独使用,也可组合使用。复合型人造石材制品的造价较低,在受温差影响后聚酯面易产生剥落或开裂。

（2）烧结型人造石材　烧结型人造石材的生产方法与陶瓷工艺相仿,将长石、石英、辉绿石、方解石等粉料和赤铁矿粉,以及一定量的高岭土共同混合,石粉占60%,黏土占40%,采用混浆法制备坯料,用半干压法成型,再在窑炉中以1 000 ℃左右的高温焙烧而成。烧结型人造石材的装饰性好,性能稳定,由于需要高温焙烧,因而造价高。

（3）水泥型人造石材　水泥型人造石材是以各种水泥为胶结材料,砂、天然碎石粒为粗细集料,经配制、搅拌、加压蒸养、磨光和抛光后制成的人造石材。在配制过程中混入色料,可制成彩色水泥石。水泥型石材的生产取材方便,价格低廉,但其装饰性较差。水磨石和各类花阶砖即属此类。

水磨石识别

3）人造石材常用品种

（1）聚酯型人造石材　聚酯型人造石材是以不饱和聚酯树脂为胶结料而生产的聚酯合成石,属于树脂型人造石材。聚酯合成石常可以制作成饰面用的人造大理石板材、人造花岗岩板材和人造玉石板材,人造玛瑙石卫生洁具（浴缸、洗脸盆、坐便器等）和墙地砖,还可用来制作人造大理石壁画等工艺品。

（2）仿花岗岩水磨石砖　仿花岗岩水磨石砖属于水泥型人造石材,是使用颗粒较小的碎石米,加入各种颜色的色料,采用压制、粗磨、打蜡、磨光等生产工艺制成。砖面的颜色、纹理和天然花岗岩十分相似,光泽度较高,装饰效果好,多用于宾馆、饭店、办公楼等的内外墙和地面装饰。

（3）仿黑色大理石　仿黑色大理石属于烧结型人造石材,主要是以钢渣和废玻璃为原料,加入水玻璃、外加剂、水混合成型,烧结而成。具有利用废料、节电降耗、工艺简单的特点,多用于内外墙、地面、台面装饰铺贴。

（4）透光大理石　透光大理石属于复合型人造石材,是将加工成5 mm以下具有透光性的薄型石材和玻璃相复合。芯层为丁醛膜,在140 ~ 150 ℃热压30 min而成。具有可以使光线变柔和的特点,多用于制作成采光天棚以及外墙装饰。

1.2.3　石材应用的常见问题

1）锈斑与吐黄现象

天然石材内部的铁被侵入石材表面的空气中的二氧化碳和水接触氧化,透过石材毛细孔排出,从而形成黄斑。这种情况可用强力清洗剂加以清除,而不能用双氧水或腐蚀性强酸。防止锈斑再生最有效的方法是除锈后即作防护处理,可以杜绝水分再渗入石材内部导致锈斑再生。

2）污染斑

污染斑主要是因为包装、存放和运输不合理,遇到下雨或与外界水分接触,包装材料渗出物的污染所致。或者是加工过程中表面附有金属物质或在锯割过程中表面残留有铁屑,如果未冲洗干净,长期存放,金属物质或铁屑在空气中形成的铁锈就会附于石材表面。

3) 色斑及水斑现象

色斑及水斑现象最容易发生在白色浅色石材上。由于这一类石材是中酸性岩浆岩,结晶程度较高,且晶体之间的微裂隙丰富,吸水率较高,各种金属矿物含量也较高。在应用过程中,遇到水分子氧化就会产生此现象。

4) 白华斑

白华斑的成因是在铺砌时,水泥砂浆在同化过程中,透过石材毛细孔将砂浆中的色素排出石材表面,形成色斑。或者水泥中的碱性物质被水分子带入石材内,与石材中的金属类矿物质发生化学反应,生成矾类、盐类或氢氧化钙的结晶体,主要存在于岩石的节理间与接缝间。白华斑可用强力清洗剂清除,白华斑清除的关键措施是防止水分的再渗入,可以从石材表面做防护处理及加强填缝部分的防水功能来着手。

石材防护中主要采用石材防护剂,即将一些防护剂采取刷、喷、涂、滚、淋和浸泡等方法,使其均匀分布在石材表面或渗透到石材内部形成一种保护,使石材具有防水、防污、耐酸碱、抗老化、抗冻融、抗生物侵蚀等功能,提高石材的使用寿命和装饰性能。

【相关知识】

◆ 文化石

文化石不是专指哪一种石材,而是对一种用石料实施特定的建筑装饰风格的雅称。这种风格一般在酒吧、茶馆、娱乐休闲场所、家居等室内外墙面和地面、吧台立面、门牌,以及园林装饰中采用,尤其是在室内运用,可起到一种返璞归真、重归大自然的感觉。

文化石可分为天然文化石和人造文化石两种。

天然文化石包括从天然岩体中开采出来的具有特殊的片理层状结构的板岩、砂岩、碳酸岩、石英岩、片麻岩等,以及鹅卵石、化石等种类。它们具有耐酸、耐寒、吸水率低、不易风化等特点,是一种自然防水、会呼吸的环保石材。

人造文化石是以无机材料(如耐碱玻璃纤维、低碱水泥等)配制并经过挤压、铸制、烧烤等工艺而成。其表现风格参照天然文化石。人造文化石有仿蘑菇石、剁斧石、条石、鹅卵石等多个品种,具有质轻、坚韧、耐候性强、防水、防火、安装简单等特点。

文化石的常用做法如图 1.17(见文前彩页)所示。

【实践一下】

1. 参观石材加工场或商店。

(1)调查园林工程用天然石材的种类和可供选择的表面处理方法;

(2)调查可供选择的合成石材产品。

2. 参观公园或广场。

(1)调查石材的使用方法,包括应用场所、基本尺寸、面层处理方法、拼接图案等;

(2)调查石材使用过程中经常出现的问题,思考产生的原因。

砖及砌块微课

1.3 砖及砌块

用于墙体砌筑的材料是建筑工程中最重要的材料之一,主要有砖、砌块和板材三类。

1.3.1　砖

凡是以黏土、工业废渣和地方性材料为主要原料,以不同的生产工艺制成的,在建筑中用于砌筑墙体或铺装的砖统称为砖。

1)砖的分类

按照生产工艺分为烧结砖和非烧结砖。经焙烧制成的砖为烧结砖,经碳化或蒸汽(压)养护硬化而成的砖属于非烧结砖。

按所用原材料分为黏土砖(N)、页岩砖(Y)、煤矸石砖(M)、粉煤灰砖(F)、建筑渣土砖(Z)、淤泥砖(U)、污泥砖(W)、固体废弃物砖(G)。由于烧结黏土砖主要以毁田取土烧制,加上其自重大、施工效率低及抗震性能差等缺点,已不能适应建筑发展的需要。住房和城乡建设部已做出禁止使用烧结黏土砖的相关规定。

按照孔洞率的大小分为实心砖(没有孔洞或孔洞率小于15%)、多孔砖(孔洞率不小于15%,孔洞的尺寸小而数量多)和空心砖(孔洞率大于35%,孔洞的尺寸大而数量少)。

按照使用用途分为砌筑用砖和铺装用砖。建筑物中直立的砖结构受到的影响主要是暴风雨天气中垂直表面短时间内被水流冲刷,道路平面的砖结构则会受到积水、积雪、结冰、冻融循环、除冰剂、车辆泄露的化学物质、持续的交通荷载等不利因素的影响,所以铺装用砖必须强度大、紧密。

2)砌筑用砖

(1)烧结普通砖　烧结普通砖是指以黏土、页岩、煤矸石或粉煤灰为主要原料经成型、焙烧而成的实心或孔洞率不大于15%的砖。根据原料不同,可以分为烧结黏土砖、烧结页岩砖、烧结煤矸石砖、烧结粉煤灰砖等。因焙烧方法不同有青砖和红砖之分,出窑后自行冷却者为红砖,若在出窑前浇水闷干者为青砖。

烧结普通砖为直角六面体,标准尺寸为240 mm×115 mm×53 mm(图1.18)。加上砌筑灰缝厚度10 mm,则4块砖的长度、8块砖的宽度和16块砖的厚度均为1 m,1 m³的砖砌体需用512块砖。烧结普通砖的表观密度因原材料及生产方式不同而异,一般为1 600~1 800 kg/m³。吸水率与砖的烧结程度有关,一般为8%~16%。根据抗压强度的大小,烧结普通砖分为MU30,MU25,MU20,MU15,MU10五个等级。

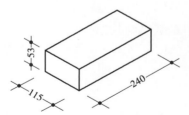
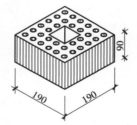
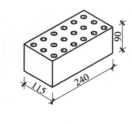

砖的识别

图1.18　烧结普通砖的规格　　　　　图1.19　烧结多孔砖的规格

烧结普通砖具有强度较高、耐久性好、隔热、隔声、价格低廉等优点,主要用来砌筑建筑物的内外墙、柱、拱、窑炉、烟囱、沟道及基础等。其缺点是自重大、尺寸小、施工效率低、抗震性能差及生产能耗高等,所以我国正在实施的砌体材料改革,是以轻质、大尺寸、多功能的地方性材料及工业废渣制成的砌块和板材来取代烧结普通砖。

(2)烧结多孔砖　烧结多孔砖是指以黏土、页岩、煤矸石或粉煤灰为主要原料,经焙烧而成的孔洞率大于等于15%,孔的尺寸小而数量多的砖。烧结多孔砖为直角六面体,尺寸有两种:

190 mm×190 mm×90 mm(M 型)和 240 mm×115 mm×90 mm(P 型)(图 1.19)。烧结多孔砖的孔洞垂直于大面,砌筑时要求孔洞方向垂直于承压面,主要用于多层建筑物的承重墙体和高层框架建筑的填充墙和分隔墙。根据抗压强度分为 MU30,MU25,MU20,MU15,MU10 五个等级。

(3)烧结空心砖　烧结空心砖是指以黏土、页岩、煤矸石或粉煤灰为主要原料,经焙烧而成的孔洞率大于等于 35%,孔的尺寸大而数量少的砖(图 1.20)。烧结多孔砖为直角六面体,尺寸有两种:190 mm×190 mm×90 mm 和 240 mm×180 mm×115 mm。烧结多孔砖的孔洞应垂直于顶面,砌筑时要求孔洞方向平行于承压面。因为孔洞大、强度低,主要用于砌筑非承重墙体或框架结构的填充墙。根据抗压强度分为 MU10,MU7.5,MU5,MU3.5,MU2.5 五个等级。

烧结多孔砖和烧结空心砖与烧结普通砖相比,具有自重减轻 1/3 左右,节约黏土 20% ~ 30%,节约燃料 10% ~20%,烧成率高,造价降低 20%,绝热和隔声性能提高等优点。

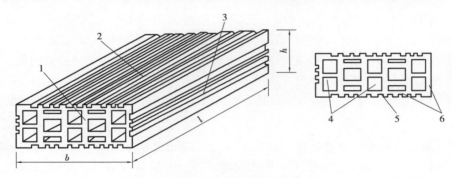

图 1.20　烧结空心砖

1—顶面;2—大面;3—条面;4—肋;5—凹线槽;6—外壁;l—长度;b—宽度;h—高度

(4)蒸压砖　蒸压砖属硅酸盐制品,是以石灰和含硅材料(砂子、粉煤灰、煤矸石、炉渣和页岩等)加水拌和、成型、蒸养或蒸压而制成的。其规格尺寸与烧结普通砖相同,即 240 mm×115 mm×53 mm,所以蒸压砖可以直接代替实心黏土砖,是国家大力发展、应用的新型墙体材料。目前使用的主要有蒸压粉煤灰砖、蒸压灰砂砖和蒸压煤渣砖,其中蒸压灰砂砖是用石灰和天然砂为主要原料制成的。灰砂砖表面光滑平整,使用时应注意提高砖与砂浆之间的黏合力;耐水性良好,但抗流水冲刷的能力较弱,适用于长期潮湿但不受冲刷的环境;MU10 的灰砂砖只可用于防潮层以上的建筑部位,MU15 及其以上的灰砂砖可用于基础及其他建筑部位;不得用于环境温度长期高于 200 ℃、急冷急热和酸性介质侵蚀的建筑部位。蒸压粉煤灰砖是以粉煤灰和石灰为主要原料,其性能与灰砂砖相似,在我国应用较多。

3)铺装用砖

在中国古典园林的花街铺地中,青砖就是重要的材料之一。将烧结普通砖(红砖或青砖)条面朝上铺装的做法能够营造一种自然古朴的风格,适合在幽静的庭院环境中铺砌路面。但是由于受到积水、积雪、结冰、冻融循环、除冰剂、车辆泄露的化学物质、持续的交通荷载等不利因素的影响,烧结普通砖强度会减弱。

目前,一种新型的环保材料——"透水砖"被大量应用于市政道路及居住区、公园、广场等人行道路上。

(1)透水砖的起源　透水砖起源于荷兰,在荷兰人围海造城的过程中,为了使地面不再下沉,荷兰人制造了一种尺寸为 100 mm×200 mm×60 mm 的小型路面砖铺设在街道路面上,并使砖与砖之间预留了 2 mm 的缝隙。这样下雨时雨水会从砖之间的缝隙中渗入地下,这就是后来很有名的荷兰砖。之后美国舒布洛科公司发明了一种砖体本身具有很强吸水功能的路面砖。当砖体吸满水时水分就会向地下排去,但是这种砖的排水速度很慢,在暴雨天气这种砖几乎帮不上什么忙,这种砖也称为舒布洛科路面砖。20 世纪 90 年代中国出现了舒布洛科砖。北京市政部门的技术人员根据舒布洛科砖的原理发明了一种砖体本身布满透水孔洞、渗水性很好的路面砖,雨水会从砖体中的微小孔洞中流向地下。后来为了加强砖体的抗压和抗折强度,技术人员用碎石作为原料加入水泥和胶性外加剂使其透水速度和强度都能满足城市路面的需要,目前这种砖大量应用于市政路面上。

(2)透水砖的性能与分类　透水砖是以无机非金属材料为主要原料,经成型等工艺处理后制成,具有较强水渗透性能的铺地砖。根据透水砖生产工艺不同,分为烧结透水砖和免烧透水砖。原材料成型后经高温烧制而成的透水砖称为烧结透水砖,原材料成型后不经高温烧制而成的透水砖称为免烧透水砖(见(GB/T 25993—2010)《透水路面砖和透水路面板》),其基本尺寸见表 1.7。抗压强度等级 Cc30,Cc35,Cc40,Cc50,Cc60 五级。透水砖主要以工艺固体废料、生活垃圾和建筑垃圾为主要原料,节约资源,环保性能好,同时还具有强度高、耐磨性好、透水性好、表面质感好、颜色丰富和防滑功能强等特点。

表 1.7　透水砖的规格尺寸

单位:mm

边长	100,150,200,250,300,400,500
厚度	40,50,60,80,100,120

(3)透水砖的分类　按照原材料的不同,透水砖可以分为普通透水砖、聚合物纤维混凝土透水砖、彩石复合混凝土透水砖、彩石环氧通体透水砖、混凝土透水砖等。

①普通透水砖:材质为普通碎石的多孔混凝土材料经压制成形,用于一般街区人行步道、广场,造价低廉、透水性较差。其中最常见的是一种尺寸为 25 mm×25 mm×5 mm 的彩色水泥方砖。

②聚合物纤维混凝土透水砖:材质为花岗石骨料,高强水泥和水泥聚合物增强剂,并掺和聚丙烯纤维,送料配比严密,搅拌后经压制成形,主要用于市政、重要工程和住宅小区的人行步道、广场、停车场等场地的铺装。

③彩石复合混凝土透水砖:材质面层为天然彩色花岗岩、大理石与改性环氧树脂胶合,再与底层聚合物纤维多孔混凝土经压制复合成形,此产品面层华丽,色彩天然,有与石材一般的质感,与混凝土复合后,强度高于石材且成本略高于混凝土透水砖,且价格是石材地砖的 1/2,是一种经济、高档的铺地产品,主要用于豪华商业区、大型广场、酒店停车场和高档别墅小区等场所。

④彩石环氧通体透水砖:材质骨料为天然彩石与进口改性环氧树脂胶合,经特殊工艺加工成型,此产品可预制,还可以现场浇制,并可拼出各种艺术图形和色彩线条,给人们一种赏心悦目的感受,主要用于园林景观工程和高档别墅小区。

⑤混凝土透水砖:材质为河沙、水泥、水,再添加一定比例的透水剂而制成的混凝土制品。此产品与树脂透水砖、陶瓷透水砖、缝隙透水砖相比,生产成本低,制作流程简单、易操作,广泛用于高速路、飞机场跑道、车行道、人行道、广场及园林建筑等范围。

(4)砖铺装类型　砖铺装分为 4 种,其名称取决于两个因素:是否有砂浆砌缝和基础层的类型。有砂浆砌缝的被称为刚性铺装系统,所有的刚性铺装系统都必须配套使用刚性混凝土基础。无砂浆砌缝的铺装被称为柔性铺装系统。在柔性铺装系统中,砖块之间是由手工紧合在一起的,所以水流可以渗透下去。柔性铺装系统可以与多种基础配套使用,基础类型取决于寿命、稳定性和强度要求。对于高密度交通条件下的交通设施,宜使用柔性铺装加上刚性(混凝土)基础;对于住宅区步行路面,柔性铺装加上骨料和砂建造的基础就能够满足要求;介于这两者之间的情况,一般使用半刚性(沥青混凝土)基础(图1.21)。4种砖铺装都必须在砖铺装层和基础层之间铺设找平层。刚性铺装不能够与柔性或半刚性基础配套使用。

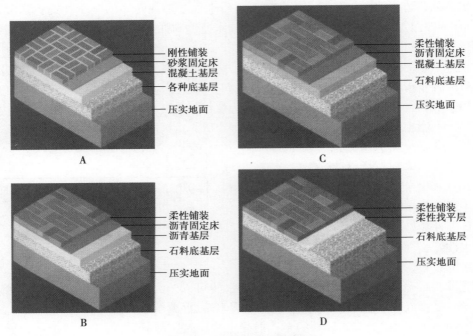

图1.21　砖铺装的4种类型

刚性铺装系统功能的前提是创造了防渗水的膜。其表面所有流水都由沟渠排走,或汇集到地形低洼的沼泽或盆地中。在砂浆砌缝破坏之前,刚性系统可以很好地工作。而砂浆破坏之后,水会渗过面层,并积蓄下来,其冻融变化会对整个铺装系统的整体性造成毁灭性的打击。使用在不当地点的,以及会存留积水的刚性铺装都同样容易被损坏。刚性路面是作为一个整体膨胀和收缩的,所以必须仔细计算,并采取相应措施,以应对系统内部的胀缩变化,以及和其他刚性结构的相互影响,如建筑、墙或路缘石。

柔性铺装的砖块之间没有砂浆或其他任何胶结材料,每块砖可以单独移动,柔性铺装路面上的水流能够渗透到铺装层下面并被排走。对于柔性铺装和不透水基础的组合,排水过程必须在地面和不透水基础层表面同时进行,从而最大限度地减少水的滞留。柔性铺装与柔性基础的组合有独特的优点,有利于水流直接穿过整个系统汇入地下。

(5)砖铺装样式　承载车型交通的柔性铺装很容易产生位移,尤其是沿着砖块长边方向的、连续的接缝,以及沿车行方向的接缝,所以应将连续的接缝垂直于交通方向(图1.22)。

图1.22　将车辆交通路段的砖铺装的最长接缝与交通方向垂直可以增强稳定性

而对于露台、园路等只需承担人性交通的铺装,接缝方向就不是主要影响因素了。脚踩产生的压力不足以引起砖块显著的位移,所以在这种情况下,影响选择的主要因素是视觉特性和美观程度。

通常砖铺装的样式有直形、整齐排列形、人字形、芦席花形等,如图1.23所示。

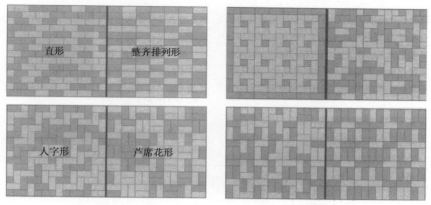

图 1.23　砖铺装形式

人字形铺装中连续接缝的长度都没有超过一块砖的长度加上一块砖的宽度,砖块互相咬合得很紧,铺装的稳定性较好。整齐排列形铺装的稳定性最差,砖块之间的咬合度也最弱,因为两个方向上都是贯通的连续接缝。而芦席花形铺装只是整齐排列形的一个变种而已。在实际使用时,可以把各种样式旋转45°,这样既可以增加视觉趣味,还能避免接缝方向与交通方向平行。但是因为要对铺装四周的砖块进行切割,所以会增加工作量,浪费材料。

1.3.2　砌块

砌块是利用混凝土、工业废料(炉渣、粉煤灰等)或地方材料制成的人造块材,外形尺寸比砖大,具有设备简单和砌筑速度快的优点,符合建筑工业化发展中墙体改革的要求。

1)砌块的分类

按照尺寸和质量的大小不同分为小型砌块、中型砌块和大型砌块。砌块系列中主规格的高度为 115～380 mm 的称为小型砌块,高度为 380～980 mm 的称为中型砌块,高度大于 980 mm 的称为大型砌块。实际施工中以中、小型砌块居多。

按照外观形状分为实心砌块(无孔洞或空心率小于25%)和空心砌块(空心率大于25%)。空心砌块有单排方孔、单排圆孔和多排扁孔3种形式,其中多排扁孔对保温较有利。

按照材质不同分为混凝土砌块、轻集料混凝土砌块和硅酸盐砌块。

2)蒸压加气混凝土砌块

蒸压加气混凝土砌块是以钙质材料(水泥、石灰等)、硅质材料(砂、矿渣、粉煤灰等)以及加气剂(铝粉等),经配料、搅拌、浇注、发气、切割和蒸压养护而形成的多孔轻质块体材料。

蒸压加气混凝土砌块的主要技术性质如下:

(1)规格尺寸　砌块的尺寸规格见表1.8。

表 1.8　砌块的尺寸规格

长度 L/mm	宽度 B/mm	高度 H/mm
600	100　120　125 150　180　200 240　250　300	200　240　250　300

注:如需要其他规格,可由供求双方协商解决。

表 1.9　加气混凝土砌块的强度等级

强度级别	立方体抗压强度/MPa	
	平均值不小于	单组最小值不小于
A1.5	1.5	1.2
A2.0	2.0	1.7
A2.5	2.5	2.1
A3.5	3.5	3.0
A5.0	5.0	4.2

(2)砌块的强度等级与干密度等级　根据国家标准《蒸压加气混凝土砌块》(GB/T 11968—2020),砌块按抗压强度分为 A1.5,A2.0,A2.5,A3.5,A5.0 五个强度等级,见表 1.9;按尺寸偏差分为 Ⅰ 型和 Ⅱ 型,Ⅰ 型适用于薄灰缝砌筑,Ⅱ 型适用于厚灰缝砌筑。

蒸压加气混凝土砌块质量小,具有保温、隔热、隔声性能好,抗震性强,热导率低,传热速度慢,耐火性好,易于加工,施工方便等特点,是应用较多的轻质墙体材料之一(图 1.24),适用于低层建筑的承重墙、多层建筑的间隔墙和高层框架结构的填充墙,作为保温隔热材料也可用于复合墙板和屋面结构中。在无可靠的防护措施时,该类砌块不得用于水中、高湿度、有碱化学物质侵蚀等环境,也不得用于建筑物的基础和温度长期高于 80 ℃ 的建筑部位。

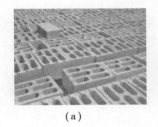  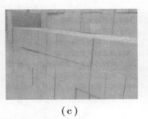 

(a)　　　　　　　(b)　　　　　　　(c)　　　　　　　(d)

图 1.24　蒸压加气混凝土砌块

(a)陶粒砌块;(b)混凝土空心砌块;(c)加气混凝土砌块;(d)轻质石膏砌块

3)混凝土空心砌块

混凝土空心砌块主要是以普通混凝土拌和物为原料,经成型、养护而成的空心砌块墙材。其有承重砌块和非承重砌块两类,为减轻自重,非承重砌块可用炉渣或其他轻质集料配制,常用的混凝土砌块外形如图 1.25 所示。

(1)普通混凝土小型砌块　根据国家标准《普通混凝土小型砌块》(GB/T 8239—2014),普通混凝土小型砌块的外型宜为直角六面体,主规格尺寸为长度 390 mm,宽度 90,120,140,190,240,290 mm,高度 90,140,190 mm。按空心率可分为空心砌块(空心率≥25%)和实心砌块(空心率<25%);按使用时砌筑墙体的结构和受力情况,分为承重结构用砌块、非承重结构用砌块。其抗压强度分为 MU5.0,MU7.5,MU10,MU15,MU20,MU25,MU30,MU35,MU40 九个等级。

该类小型砌块的优点是自重轻、热工性能好、抗震性能好、砌筑方便、墙面平整度好、施工效率高等,不仅可以用于非承重墙,较高强度等级的砌块也可用于多层建筑的承重墙。可充分利

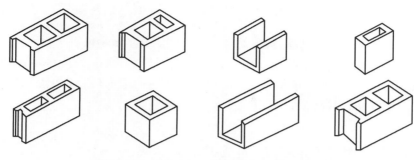

图 1.25　几种混凝土空心砌块外形示意图

用我国各种丰富的天然轻集料资源和一些工业废渣为原料,降低砌块生产成本和减少环境污染,具有良好的社会和经济双重效益。其缺点为块体易产生收缩变形、易破损、不便砍削加工等。

(2)轻集料混凝土小型空心砌块　这是以陶粒、膨胀珍珠岩、浮石、火山渣、煤渣、自燃煤矸石等各种轻粗细集料和水泥按照一定比例配制的,经搅拌、成型、养护而成的空心率大于 25% 的轻质混凝土小型砌块,是一种轻质高强,能取代普通黏土砖的很有发展前景的一种墙体材料,既可用于承重墙,也可用于承重兼保温或专门保温的墙体,更适合用于高层建筑的填充墙和内隔墙。

空心砌块堆放时孔洞口应朝下。砌块应上下皮交叉,垂直堆放,顶面两皮叠成阶梯形,堆高一般不超过 3 m。

【相关知识】

◆　花街铺地

中国古典园林中的"花街铺地",是化腐朽为神奇的妙构,用的是卵石、碎砖、碎瓷片等废料,组合成图案精美、色彩丰富的地纹。纯用砖瓦组成席纹、人字纹、间方、斗纹;用砖瓦为图案界线,镶以各色卵石及碎瓦片,可组成六角、套六角、套六方、套八方等图案;以碎瓦、石片、卵石混合砌的有海棠、十字灯景;冰裂纹等的卵石与瓷片混砌的有套线、球门、芝花等;以色彩鲜艳的瓷片铺成动植物图案,如"暗八仙""五福(五蝙蝠)捧寿(松鹤)""六(鹿)合(鹤)同(桐树)春"。有的以地面铺地为环境背景,创造出图案之外的意境和韵味。

【实践一下】

1. 经过广泛研究,选定一种砖墙结构,绘制轴测图。

2. 选择一个芦席花形或人字形的铺装样式(也可以设计一个独一无二的样式)。

(1)以 1 : 10 的比例绘制一张平面图;

(2)以同样的比例绘制一张铺装结构大样图,并且指出基础的类型是刚性、半刚性,还是柔性的。

1.4　建筑陶瓷与玻璃

烧土制品是以黏土为主要原料,经成型、干燥、高温焙烧而制得的产品。建筑工程中常用的墙体材料、屋面材料、装饰材料和卫生洁具等都离不开烧土制品,如烧结黏土砖、建筑陶瓷等。

建筑陶瓷微课　　建筑陶瓷识别

1.4.1　建筑陶瓷

凡是用于建筑工程的陶瓷制品,称建筑陶瓷。陶瓷制品主要是以黏土、长石、石英为基本原料,经配料、制坯、干燥、焙烧而制成的成品。建筑陶瓷具有强度高、性能稳定、耐腐蚀性好、耐磨、防水、防火、易清洗及装饰性好等优点。应用较多的有内墙面砖(釉面砖)、外墙面砖、地面砖、陶瓷锦砖、琉璃制品、陶瓷壁画及卫生陶瓷等。

1)陶瓷的分类

陶瓷制品根据结构特点可分为陶质、瓷质和炻质3大类。

(1)陶质制品　陶质制品为多孔结构,吸水率较大,断面粗糙无光,敲击时声音粗哑,有无釉(釉是指附着于陶瓷坯体表面的连续玻璃质层,具有与玻璃相类似的某些物理与化学性质)和施釉两种。陶质品根据原料土杂质的含量不同,分为粗陶和精陶。粗陶不施釉,建筑上常用的烧结黏土砖就是最普通的粗陶制品。精陶一般经素烧和釉烧两次烧成,通常呈白色或象牙色,吸水率为9%～22%,建筑饰面用的釉面砖以及卫生陶瓷和彩陶属于此类。

(2)瓷质制品　瓷质制品结构致密,基本上不吸水,色洁白,具有半透明性,其表面通常均施有釉层。瓷质制品按其原料化学成分和制作工艺的不同,分为粗瓷和细瓷。瓷质制品多为日用餐具、茶具、陈设瓷、电瓷及美术用品等。

(3)炻质制品　炻质制品介于陶瓷制品和瓷质品之间,也称半瓷。其构造比陶质致密,吸水率较小,但不如瓷器那么洁白,其坯体带有颜色,且无半透明性。炻器有粗炻器和细炻器两种。粗炻器吸水率为4%～8%,细炻器吸水率小于2%。建筑饰面用的外墙砖、地砖和陶瓷锦砖均属于粗炻器。细炻器如日用器皿、化工及电器工业用陶瓷等。

2)常用建筑陶瓷制品

(1)釉面内墙砖　内墙面砖是用瓷土或优质陶土经低温烧制而成,内墙面砖都上釉,故称釉面砖。釉面砖由多孔坯体和表面釉层组成。釉是由石英、长石、高岭土等为主要原料,再配以其他成分研制成浆体喷涂于陶瓷坯体的表面,经高温焙烧后在坯体表面形成的一层淡玻璃质层。对陶瓷施釉后,陶瓷表面平滑、光亮、不吸湿、不透气,并美化了坯体表面,改善了坯体的表面性能,提高了机械强度。

内墙面砖色彩稳定、表面光洁,易于清洗,故多用于厨房、卫生间、浴室、实验室、医院等的墙面、台面及各种清洗槽之中。通常釉面砖不宜用于室外,因其为多孔精陶坯体,吸水率较大,吸水后将产生湿胀,而其表面釉层的湿胀性很小,若用于室外,经常受到大气湿度影响及日晒雨淋作用,当砖坯体产生的湿胀应力超过了釉层本身的抗拉强度时,就会导致釉层发生裂纹或剥落,严重影响建筑物的饰面效果。

釉面内墙砖通常为矩形,常用规格较多,长宽尺寸一般为100～300 mm,厚度为3～5 mm。

(2)陶瓷墙地砖　陶瓷墙地砖是用于建筑物外墙和室内外地面的炻质饰面砖的总称。陶瓷墙地砖是以优质陶土原料加入其他材料配成生料,经半干压成形后于1 100 ℃左右焙烧而成。与釉面内墙砖相比,它增加了坯体的厚度和强度,降低了吸水率。

陶瓷墙地砖的表面质感多种多样,通过配料和改变制作工艺,可制成平面、麻面、毛面、抛光面、磨光面、纹点面、仿花岗石表面、压花浮雕表面、无光釉面、金属光泽面、防滑面、耐磨面等,以及丝网印刷、套花图案、单色、多色等多种制品。

用于外墙面的陶瓷墙地砖的吸水率不大于8%,常用规格为150 mm × 75 mm,200 mm ×

100 mm 等；用于地面的陶瓷墙地砖的常用规格为 300 mm × 300 mm，400 mm × 400 mm，600 mm × 600 mm，800 mm × 800 mm 等，其厚度为 8 ~ 12 mm。

陶瓷墙地砖的常用品种有通体砖、广场砖、抛光砖、玻化砖、劈离砖等。

①通体砖：通体砖属于耐磨砖，又称无釉砖，正面和反面的材质和色泽一致。通体砖表面不施釉，装饰效果古香古色、高雅别致、纯朴自然。通体砖有很多种分类，根据通体砖的原料配比，一般分为纯色通体砖、混色通体砖、颗粒布料通体砖；根据面状分为平面、波纹面、劈开砖面、石纹面等；根据成型方法分为挤出成型和干压成型等。

通体砖规格非常多，小规格有外墙砖，中规格有广场砖，大规格有抛光砖等，常用的主要规格（长×宽×厚）有 45 mm × 45 mm × 5 mm，45 mm × 95 mm × 5 mm，108 mm × 108 mm × 13 mm，200 mm × 200 mm × 13 mm，300 mm × 300 mm × 5 mm，400 mm × 400 mm × 6 mm，500 mm × 500 mm × 6 mm，600 mm × 600 mm × 8 mm，800 mm × 800 mm × 10 mm 等。

②广场砖：广场砖属于耐磨砖的一种，主要用于休闲广场、市政工程、园林绿化、屋顶美观、花园阳台、商场超市、学校医院等人流量大的公共场合。其砖体色彩简单，砖面体积小，多采用凹凸面的形式。具有防滑、耐磨、修补方便的特点。

广场砖主要规格有 100 mm × 100 mm，108 mm × 108 mm，150 mm × 150 mm，190 mm × 190 mm，100 mm × 200 mm，200 mm × 200 mm，150 mm × 300 mm，150 mm × 315 mm，300 mm × 300 mm，315 mm × 315 mm，315 mm × 525 mm 等尺寸。主要颜色有白色、白色带黑点、粉红色、果绿色、斑点绿、黄色、斑点黄、灰色、浅斑点灰、深斑点灰、浅蓝色、深蓝色、紫砂红、紫砂棕、紫砂黑、黑色、红棕色等。

③抛光砖：抛光砖是通体砖坯体的表面经过打磨而成的一种光亮的砖，属通体砖的一种。相对通体砖而言，抛光砖表面要光洁得多。抛光砖坚硬耐磨，适合在除洗手间、厨房以外的多数室内空间中使用，比如用于阳台、外墙装饰等。在运用渗花技术的基础上，抛光砖可以做出各种仿石、仿木效果。抛光砖可广泛用于各种工程及家庭的地面和墙面，常用规格是 400 mm × 400 mm，500 mm × 500 mm，600 mm × 600 mm，800 mm × 800 mm，900 mm × 900 mm，1 000 mm × 1 000 mm。

④劈离砖：劈离砖又名劈开砖或劈裂砖，是一种用于内外墙或地面装饰的建筑装饰瓷砖，它以长石、石英、高岭土等陶瓷原料经干法或湿法粉碎混合后制成具有较好可塑性的湿坯料，用真空螺旋挤出机挤压成双面以扁薄的筋条相连的中空砖坯，再经切割、干燥，然后在 1 100 ℃ 以上高温下烧成，以手工或机械方法将其沿筋条的薄弱连接部位劈开而成两片。

（3）陶瓷锦砖　陶瓷锦砖俗称"马赛克"，如图 1.26（见文前彩页）所示是以彩色石子或玻璃等小块材料镶嵌呈一定图案的细工艺品。陶瓷锦砖是由边长不大于 40 mm，具有多种色彩和不同形状的小块砖，镶拼组成各种花色图案的陶瓷制品。陶瓷锦砖采用优质瓷土烧制成方形、长方形、六角形等薄片状小块瓷砖后，再通过铺贴盒将其按设计图案反贴在牛皮纸上，称作一联，规格为 35 mm × 35 mm 或 40 mm × 40 mm，厚度为 4 ~ 5 mm。成联后的锦砖具有色泽明净、图案美观、质地坚实、抗压强度高、耐污染、耐腐蚀、耐水、抗火、抗冻、不吸水、不滑、易清洗等特点，并且坚固耐用，造价低。

陶瓷锦砖色彩丰富、图案美观，单块元素小巧玲珑，可拼成风格迥异的图案，因此适用于喷泉、游泳池、酒吧、体育馆和公园等处的装饰。同时由于其耐磨、吸水率小、抗压强度高、易清洗等特点，也用于室内卫生间、浴室、阳台、餐厅和客厅的地面装饰。此外，陶瓷锦砖也用于大型公共活动场馆的陶瓷壁画。

常用建筑陶瓷锦砖的拼花图案如图 1.26（见文前彩页）所示。

(4)琉璃制品 琉璃制品是我国陶瓷宝库中的古老珍品,它是以难熔黏土做原料,经配料、成形、干燥、素烧,表面涂以琉璃釉料后,再经烧制而成。

琉璃制品常见的颜色有金、黄、蓝、青等。琉璃制品表明光滑、色彩绚丽、造型古朴、坚实耐用,富有民族特色。其主要产品有琉璃瓦(图1.27)、琉璃砖、琉璃兽、琉璃花窗及栏杆等装饰制品,还有琉璃桌、绣墩、鱼缸、花盆、花瓶等陈设工艺品。琉璃制品主要用于建筑屋面材料,如板瓦、筒瓦、滴水、勾头以及飞禽走兽等用作檐头和屋脊的装饰物(图1.28)。

图1.27 琉璃瓦　　　　　　　　　　图1.28 屋脊装饰物

建筑玻璃微课

建筑玻璃识别

琉璃瓦因价格贵、自重大,主要用于具有民族色彩的宫殿式房屋及少数纪念性建筑物上,此外,还常用于建造园林中的亭、台、楼、阁、围墙,以增加园林的景色。

1.4.2　建筑玻璃

在各种材料之中,玻璃是既能有效地利用透光性,又能调节、分隔空间的唯一材料。近代建筑越来越多地采用玻璃及其制品,玻璃及其制品由原来的装饰及采光,发展到用以控制光线、调节热量、改善环境,乃至跨进结构材料的行列。

玻璃是以石英(SiO_2)、纯碱(Na_2CO_3)、长石、石灰石($CaCO_3$)等主要原料经 1 500~1 650 ℃高温熔融、成形并过冷而成的固体。它与其他陶瓷不同,是无定形非结晶体的均质同向性材料。玻璃的化学成分复杂,其主要成分有 SiO_2(含72%左右)、Na_2O(含15%左右)和 CaO(含9%左右)等。

1)普通玻璃的性质

普通玻璃呈透明状,具有极高的透光性,普通的清洁玻璃的透光率在82%以上。其具有电绝缘性,化学稳定性好,抗盐和抗酸侵蚀能力强。但在冲击力作用下易破碎,其热稳定性差,急冷急热时易破碎。其表观密度大,为 2 450~2 550 kg/m³;导热系数较大,为 0.75 W/(m·K)。

2)玻璃制品的主要品种

(1)普通平板玻璃 普通平板玻璃也称为单光玻璃、净片玻璃,简称玻璃,属于钠玻璃类,是未经研磨加工的平板玻璃。它主要装配于门窗,起透光、挡风和保温作用。使用中,要求其具有较好的透明度且表面平整无缺陷。普通平板玻璃是建筑玻璃中生产量最大、使用最多的一种,厚度有 2,3,4,5,6,8,10,12,15,19 mm 10 种规格。

(2)装饰平板玻璃

①磨光玻璃:磨光玻璃又称为镜面玻璃,是用平板玻璃经过机械研磨和抛光后的玻璃,分单面磨光和双面磨光两种。它具有表面平整光滑且有光泽,物像透过玻璃不变形的优点,其透光率大于84%。双面磨光玻璃还要求两面平行,厚度一般为 5~6 mm。磨光玻璃常用来安装大型高级门窗、橱窗或制镜子。磨光玻璃加工费时、不经济,出现浮法玻璃后,磨光玻璃用量大为

减少。

②彩色玻璃:彩色玻璃又称为有色玻璃或颜色玻璃。它分透明和不透明两种。透明彩色玻璃是在原料中加入一定的金属氧化物使玻璃带色。不透明彩色玻璃是在一定形状的平板玻璃一面,喷以色釉,经过烘烤而成。它具有耐腐蚀、抗冲刷、易清洗并可拼成图案、花纹等优点,适用于门窗及对光有特殊要求的采光部位和外墙面装饰。

③磨砂玻璃:磨砂玻璃又称为毛玻璃。磨砂玻璃是用机械喷砂、手工研磨或氢氟酸溶蚀等方法将普通平板玻璃表面处理成均匀毛面。其表面粗糙,使光线产生漫射,只有透光性而不能透视,并能使室内光线柔和而不刺目。

④花纹玻璃:花纹玻璃根据加工方法的不同,可分为压花玻璃和喷花玻璃两种。

压花玻璃又称为滚花玻璃,是在玻璃硬化前,经过刻有花纹的滚筒,在玻璃单面或双面压上深浅不同的各种花纹图案。由于花纹凹凸不平使光线漫射而失去透视性,因而它透光不透视,可同时起到窗帘的作用。压花玻璃兼具使用功能和装饰效果,因而广泛应用于宾馆、大厦、办公楼等现代建筑的装修工程中。压花玻璃的厚度常为 2～6 mm。

喷花玻璃又称为胶花玻璃,是在平板玻璃表面上贴以花纹图案,抹以护面层,经喷砂处理而成。其适合门窗装饰、采光之用。

⑤镭射玻璃:镭射玻璃又称为光栅玻璃,是以玻璃为基材,经特殊工艺处理,玻璃表面出现全息或者其他光栅。镭射玻璃在光源的照射下能产生物理衍射的七彩光。镭射玻璃的各种花型产品宽度一般不超过 500 mm,长度一般不超过 1 800 mm。所有图案产品宽度不超过 1 100 mm,长度一般不超过 1 800 mm。圆柱产品每块弧长不超过 1 500 mm,长度不超过 1 700 mm。镭射玻璃的主要特点是具有优良的抗老化性能,适用于酒店、宾馆及各种商业、文化、娱乐设施装饰。

⑥冰花玻璃:冰花玻璃是将原片玻璃进行特殊处理,在玻璃表面形成酷似自然冰花的纹理。冰花玻璃的冰花纹理对光线有漫反射作用,因而冰花玻璃透光不透视,可避免强光引起的眩目,光线柔和,适用于建筑门窗、隔断、屏风等。

⑦玻璃马赛克:玻璃马赛克(图1.29)是指以玻璃为基料并含有未熔解的微小晶体(主要是石英)的乳浊制品,其颜色有红、黄、蓝、白、黑等几十种。玻璃马赛克是一种小规格的彩色釉面玻璃,一般尺寸为 20 mm×20 mm,30 mm×30 mm,40 mm×40 mm,厚 4～6 mm。该类玻璃一般包括透明、半透明、不透明三类,还有带金色、银色斑点或条纹的。玻璃马赛克具有色调柔和、朴实典雅、美观大方、化学稳定性好、冷热稳定性好等特点。它一面光滑,另一面带有槽纹,与水泥砂浆黏结好,施工方便,适用于宾馆、医院、办公楼、礼堂、住宅等建筑的外墙饰面。

(3)安全玻璃　安全玻璃包括物理钢化玻璃、夹丝玻璃、夹层玻璃。其主要特点是力学强度较高,抗冲击能力较好,并有防火的功能。被击碎时,碎块不会飞溅伤人。

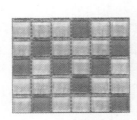
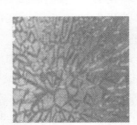

图1.29　玻璃马赛克　　　图1.30　破碎的安全玻璃　　　图1.31　玻璃幕墙

①物理钢化玻璃:物理钢化玻璃是安全玻璃,它是将普通平板玻璃在加热炉中加热到接近

软化点温度(650 ℃左右),使之通过本身的形变来消除内部应力,然后移出加热炉,立即用多用喷嘴向玻璃两面喷吹冷空气,使之迅速且均匀地冷却,当冷却到室温后,形成了高强度的钢化玻璃。钢化玻璃的特点为强度高,抗冲击性好,热稳定性高,安全性高。钢化玻璃的安全性主要是指整块玻璃具有很高的预应力,一旦破碎,呈现网状裂纹,碎片小且无尖锐棱角,不易伤人(图1.30)。钢化玻璃在建筑上主要用作高层的门窗、隔墙与幕墙(图1.31)。

②夹丝玻璃:夹丝玻璃(图1.32)是将预先编织好的钢丝网压入已软化的红热玻璃中制成的。其抗折强度高、防火性能好,破碎时即使有许多裂缝,其碎片仍能附着在钢丝上,不致四处飞溅而伤人。夹丝玻璃主要用于厂房天窗、各种采光屋顶和防火门窗等。

③夹层玻璃:夹层玻璃是两片或多片平板玻璃之间嵌夹透明塑料(聚乙烯醇缩丁醛)薄衬片,经加热、加压、黏合而成的平面或曲面的复合玻璃制品(图1.33)。夹层玻璃抗冲击性和抗穿透性好,玻璃破碎时不裂成分离的碎片,只有辐射状的裂纹和少量玻璃碎屑,碎片仍粘贴在膜片上,不致伤人。夹层玻璃在建筑上主要用于有特殊安全要求的门窗、隔墙、工业厂房的天窗等。

(4)保温绝热玻璃　保温绝热玻璃包括吸热玻璃、放射玻璃、玻璃空心砖等。它们在建筑上主要起装饰作用,并具有良好的保温绝热功能。保温绝热玻璃除用于一般门窗外,常用作幕墙玻璃。

①吸热玻璃:吸热玻璃既能吸收大量红外线辐射,又能保持良好的透光率。根据玻璃生产的方法分为本体着色法和表面喷涂法(镀膜法)两种。吸热玻璃有灰色、茶色、蓝色、绿色等颜色,主要用于建筑外墙的门窗、车船的风挡玻璃等。

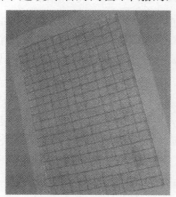

图1.32　夹丝玻璃

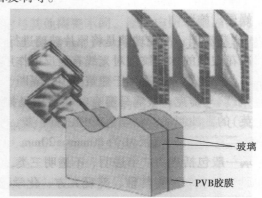

玻璃

PVB胶膜

图1.33　夹层玻璃构造

②热反射玻璃:热反射玻璃既具有较高的热反射能力,又能保持良好的透光性能,又被称为镀膜玻璃或镜面玻璃。热反射玻璃是在玻璃表面用热解、蒸发、化学处理等方法喷涂金、银、铜、镍、铬、铁等金属或金属氧化物薄膜而成。热反射玻璃反射率高达30%以上,装饰性好,具有单向透像作用,被越来越多地用作高层建筑的幕墙。

③中空玻璃:中空玻璃(图1.34)由两片或多片平板玻璃构成,用边框隔开,四周边缘部分用密封胶密封,玻璃层间充有干燥气体。构成中空玻璃的玻璃采用平板原片,有普通玻璃、吸热玻璃、热反射玻璃等。中空玻璃的特性是保温绝热,节能性好,隔声性优良,并能有效地防止结露。中空玻璃主要用于需要采暖、装空调,防止噪声、结露及需求无直接光和特殊光线的建筑上,如住宅、饭店、宾馆、办公楼、学校、医院、商店等。

④玻璃空心砖:玻璃空心砖(图1.35)一般是由两块压铸成凹形的玻璃经熔接或胶接成整

块的空心砖。砖面可为光滑平面,也可在内外压铸多种花纹。砖内腔可为空气,也可填充玻璃棉等。玻璃空心砖绝热、隔声,光线柔和优美,可用来砌筑透光墙壁、隔断、门厅、通道等。

图1.34 中空玻璃

图1.35 玻璃空心砖

【相关知识】

◆ 微晶玻璃复合板材

微晶玻璃复合板材也称为微晶石,是将一层厚度为 3~5 mm 的微晶玻璃复合在陶瓷玻化石的表面,经二次烧结后完全融为一体的产品。微晶玻璃陶瓷复合板厚度在 13~18 mm,光泽度大于95。它以晶莹剔透、雍容华贵、自然生长而又变化各异的仿石纹理、色彩鲜明的层次、鬼斧神工的外观装饰效果,不受污染、易于清洗、内在优良的物化性能,以及比石材更强的耐风化性、耐气候性而受到国内外高端建材市场的青睐。

与天然石相比更具理化优势:微晶石是在与花岗岩形成条件相似的高温状态下,通过特殊的工艺烧结而成,质地均匀,密度大,硬度高,抗压、抗弯、耐冲击等性能优于天然石材,经久耐磨,不易受损,没有天然石材常见的细碎裂纹。

微晶石的制作工艺,可以根据使用需要生产出丰富多彩的色调系列(尤以水晶白、米黄、浅灰、白麻 4 个色系最为时尚、流行),同时,又能弥补天然石材色差大的缺陷,产品广泛用于宾馆、写字楼、车站机场等室内外装饰,更适宜家庭的高级装修,如墙面、地面、饰板、家具、台盆面板等。

【实践一下】

1.参观建筑材料市场或是家庭装修用品商店。

(1)调查建筑陶瓷的种类和适宜场所;

(2)调查玻璃的种类和适宜场所。

2.参观居住区、公园或广场。

(1)调查建筑陶瓷的使用方法,包括陶瓷种类、应用场所、基本尺寸等;

(2)调查玻璃的使用方法,包括玻璃种类、应用场所、基本尺寸等。

金属材料微课

金属材料识别

1.5 金属材料

金属材料通常分为黑色金属和有色金属两大类。黑色金属主要指铁、铁合金、铬和锰;有色金属指除铁、铁合金、铬、锰以外的金属,如铝、铜、锌及其合金。

1.5.1 铁与铁合金

1)铁

铁是一种高强度、高密度的金属,用于建造人工环境中最耐久的部分。铸铁经常用作井盖、水渠算子等地面开口的覆盖物,承担繁重的交通负荷。铺装区域的树池算子也是我们熟悉的铸铁用途。铸铁,顾名思义,就是将熔融状态的铁灌注到模具中,然后让其冷却(图1.36—图1.38)。

图1.36 铸铁排水沟箅子

图1.37 树池箅子

图1.38 锻铁构件

树池箅子能够兼顾给树木浇水和高密度城市交通的要求。在选择箅子的时候要考虑树干的生长。图1.37中的这款箅子还给射灯留下了位置。

锻铁是将加热的铁块锻造塑形而成的。现在很多看起来是锻铁的构件(图1.38)实际都是用注模的方法制成的。

2)钢

钢是由生铁冶炼而成。理论上凡含碳量为2%以下,有害杂质较少的铁碳合金称为钢。生铁也是一种铁碳合金,其中碳的含量为2.06%~6.67%。生铁硬而脆,无塑性和韧性,不能进行焊接、锻造、轧制等加工。钢材材质均匀,抗拉、抗压、抗弯、抗剪强度都很高,具有一定的塑性和韧性,常温下能承受较大的冲击和振动荷载,具有良好的加工性,可以锻造、锻压、焊接、铆接或螺栓连接,便于装配,但其易锈蚀、维修费用大、耐火性差。

园林工程中所用的钢材包括各种型钢、钢板和钢筋混凝土中的各种钢筋与钢丝。工程上一般将直径为6~10 mm的称为钢筋,将直径为2.5~5 mm的称为钢丝。

(1)钢的分类 钢按照脱氧程度不同可分为沸腾钢、镇静钢和半镇静。沸腾钢脱氧不完全,钢组织不够致密,气泡多,成分不均匀,质量差,但成品率高,成本低。镇静钢脱氧彻底,组织致密,化学成分均匀,机械性好,质量较好,但成本较高。半镇静钢脱氧程度介于前面两者之间。

钢按照化学成分分为碳素钢和合金钢两大类。其中碳素钢有低碳钢(含碳量<0.25%)、中碳钢(含碳量0.25%~0.60%)、高碳钢(含碳量>0.60%)三类;合金钢有低合金钢(合金元素含量<5%)、中合金钢(合金元素含量5%~10%)、高合金钢(合金元素含量>10%)三类。

(2)常用建筑钢材

①碳素结构钢:碳素结构钢是普通碳素结构钢的简称。其在各类钢中产量最大,用途最广,多轧制成钢板、钢带、型钢等。普通碳素结构钢的牌号由代表屈服点的字母Q、屈服点数值(有195,215,235,255,275 MPa五种)、质量等级符号(有A,B,C,D四个等级)、脱氧方法(F表示沸腾钢、b表示半镇静钢、Z表示镇静钢、TZ表示特殊镇静钢)四部分组成,如Q215-A·F表示屈服点为215 MPa的A级沸腾钢。

钢材屈服点数值越大,含碳量越高,强度、硬度越高,塑性、韧性越低。Q195、Q215钢的塑性高,容易冷弯和焊接,但强度较低,多用于受荷载较小的焊接结构中,以及制作铆钉、地脚螺栓等。Q235 钢既有较高的强度,又有良好的塑性和韧性,易于焊接,焊接力学性能稳定,由于有良好的综合性能,有利于冷弯加工,所以被广泛应用于建筑结构中,作为钢结构屋架、闸门、管道、桥梁及钢筋混凝土结构中的钢筋等。Q255、Q275 钢屈服强度较高,但塑性、韧性和可焊性较差,可用于钢筋混凝土结构中配筋和钢结构构件,以及制作螺栓等。

②低合金结构钢:低合金结构钢是在碳素结构钢的基础上,添加少量的一种或几种合金元素(总量小于5%)的结构钢。在满足钢的塑性、韧性和工艺性能要求的条件下,使钢具有更高的强度和耐腐蚀、耐磨损等优良性质。低合金结构钢有 5 个牌号,其牌号表示方法由屈服点字母、屈服点数值(有 295,345,390,420,460 MPa 五种)、质量等级符号(有 A,B,C,D,E

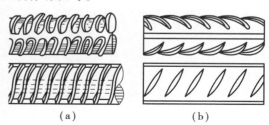

图 1.39　热轧带肋钢筋的外形
(a)等高肋;(b)月牙肋

五个等级)三部分组成。低合金结构钢广泛用于大跨度、高荷载的预应力钢筋混凝土结构中。

③热轧钢筋:热轧钢筋是指经热轧成形并自然冷却的钢筋,主要有光圆钢筋和带肋钢筋两类。规定热轧直条光圆钢筋的牌号为 HPB235;热轧带肋钢筋的牌号由 HRB 和屈服点最小值表示。热轧带肋钢筋有 HRB300,HRB400,HRB500 三个牌号。带肋钢筋通常表面有两条纵肋和沿长度方向均匀分布的横肋。按横肋的纵截面形状分为月牙肋钢筋和等高肋钢筋(图 1.39)。HRB300、HRB400 广泛用作大、中型钢筋混凝土结构的受力钢筋。热轧钢筋按力学性质可分为Ⅰ级、Ⅱ级、Ⅲ级、Ⅳ级(表1.10)。Ⅰ级是用 Q235 热轧带肋钢筋的外形轧制而成,为低强度钢筋,塑性好、焊接性好;Ⅱ级、Ⅲ级钢筋是用普通低合金镇静钢或半镇静钢轧制而成;Ⅳ级钢筋是用中碳低合金镇静钢轧制而成,强度高,综合性能好。带肋钢筋如图 1.40 所示。

表 1.10　热轧钢筋类型

表面形状	钢筋级别		强度等级代号	公称直径/mm
光圆	Ⅰ级		R235	8～20
月牙肋	Ⅱ级		RI335	8～25/28～40
	Ⅲ级	热轧	RIA00	8～25/28～40
		余热处理	KIA00	8～25/28～41
等高肋	Ⅳ级		RL540	10～25/28～32

注:①K 表示余热处理带肋钢筋(热轧后立即穿水进行表面控制冷却)。
②《钢筋混凝土用钢 第 2 部分:热轧带肋钢筋》(GB/T 1499.2—2018),取消了 335 MPa Ⅱ级钢筋。

图 1.40　带肋钢筋

图 1.41　线材(盘条)

④低碳热轧圆盘条:低碳热轧圆盘条是由屈服强度较低的碳素结构钢热轧制成的盘条,又称线材(图1.41),是目前用量最大、使用最广的线材。按用途分为供拉丝用盘条(代号L)、建筑和其他一般用盘条(代号J)两种。盘条公称直径有5.5,6.0,6.5,7.0,8.0,9.0,10.0,11.0,12.0,13.0,14.0 mm等。

⑤冷拉钢筋:钢筋在经冷拉并产生一定的塑性变形后,其屈服强度、硬度提高,而塑性、韧性有所降低,这种现象称为冷加工强化。在常温下对热轧钢筋进行强力拉伸,使之超过屈服强度,然后卸去荷载的加工方法,称为钢筋冷拉。冷拉钢筋的强度、硬度和脆性会随放置时间而增加,这种现象称为冷加工时效。冷拉Ⅰ级钢筋适用于普通钢筋混凝土结构中的受力钢筋;冷拉Ⅲ、Ⅳ级钢筋可用作预应力钢筋混凝土结构的预应力钢筋。对承受冲击和振动荷载的结构不允许使用冷拉钢筋。

⑥钢丝:

a.冷拔低碳钢丝:冷拔低碳钢丝是用直径6~10 mm的钢筋,在拔丝机上以强力拉拔的方式通过一定孔径的拔丝模孔,将原钢筋冷拔成比原直径小的钢丝。经过冷拔后的钢丝强度大幅提高,而塑性显著降低,不显屈服阶段,属于硬钢类钢丝。其用于中小型预应力构件、焊接骨架、焊接网、箍筋和构造钢筋等。

图1.42 钢绞线

b.碳素钢丝:碳素钢丝是高强度钢丝,按加工状态分为冷拉钢丝(代号L)、矫直回火钢丝(代号J)两种。矫直回火钢丝是拉拔后的钢丝经过矫直回火处理,消除冷拔过程中产生的应力,提高其屈服强度和弹性,按外形可分为光圆钢丝和刻痕钢丝。

⑦钢绞线:钢绞线由冷拉光圆钢丝制成,如图1.42所示。一般是用7根钢丝在绞线机上以一根钢丝为中心,其余6根围绕进行螺旋绞合,再经低温回火制成。常见的有7Φ4,7Φ3,7Φ5钢绞线。钢绞线具有强度高、与混凝土黏结好、断面面积大、使用根数少、在结构中排列方便、易于锚固等优点,主要用于大跨度、大荷载的预应力物件、薄腹梁等构件,还可用于岩土锚固。

⑧型钢:型钢是由钢锭在加热条件下加工而成的不同截面的钢材,有圆钢、方钢、扁钢、六角钢、角钢、槽钢、工字钢等,如图1.43、图1.44所示。钢结构构件一般应直接选用各种型钢,构件之间可直接连接或附以连接钢板进行连接,连接方式有铆接、螺栓接和焊接。

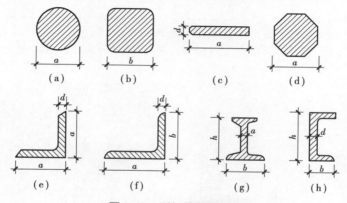

(a)   (b)   (c)   (d)

(e)   (f)   (g)   (h)

图1.43 型钢的断面形状

(a)圆钢;(b)方钢;(c)扁钢;(d)六角钢;(e)等边角钢;(f)不等边角钢;(g)工字钢;(h)槽钢

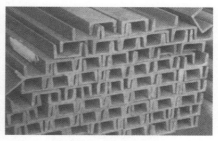

（3）建筑钢材制品的识别与应用 建筑工程中常用的钢材制品主要有不锈钢钢板、彩色不锈钢板、彩色涂层钢板、彩色压型钢板、轻钢龙骨等。

①不锈钢钢板：当钢中含有铬（Cr）元素时，钢材的耐腐蚀性大大提高，这就是所谓的不锈钢。铬含量越高，钢的抗腐蚀性越好。装饰用不锈钢板主要是厚度小于 4 mm 的薄板，用量最多的是厚度小于 2 mm 的板材。常用的是平面钢板和凹凸钢板两类，前者通常是经研磨、抛光等工

图 1.44   型钢

序制成，后者是在正常的研磨、抛光之后再经压、雕刻、特殊研磨等工序制成。平面钢板分为镜面板（板面反射率 >90%）、有光板（板面反射率 >70%）、亚光板（板面反射率 <50%）三类。凹凸钢板分为浮雕板、浅浮雕花纹板和网纹板三类。不锈钢薄板可用作内外墙饰面、幕墙、隔墙、屋面等面层。

②彩色不锈钢板：彩色不锈钢板是指在不锈钢钢板上再进行技术和艺术加工，使其成为各种色彩绚丽的装饰板。其颜色有蓝、灰、紫、红、青、绿、金黄、茶色等（图 1.45）。彩色不锈钢板不

图 1.45   彩色不锈钢板

仅具有良好的抗腐蚀性、耐磨、耐高温等特点，而且其面层色彩经久不褪，常用作厅堂墙板、顶棚、电梯厢板、外墙饰面等。

③彩色涂层钢板：彩色涂层钢板的涂层分为有机、无机和复合涂层三大类。其中有机涂层钢板可以制成不同的颜色和花纹，称为彩色涂层钢板（图 1.46）。这种钢板的原板为热轧钢板和镀锌钢板，常用的有机涂层为聚氯乙烯、聚丙烯酸酯、环氧树脂、醇酸树脂等。彩色涂层钢板具有耐污染性强、洗涤后表面光泽、色泽不变、热稳定性好、装饰效果好、易加工、耐久性好等优点，可用作外墙板、壁板、屋面板等。

④彩色压型钢板：彩色压型钢板是以镀锌钢板为基材，经成形轧制，并敷以各种耐腐蚀涂层与彩色烤漆而成的装饰板材（图 1.47）。其性能和用途与彩色涂层钢板相同。

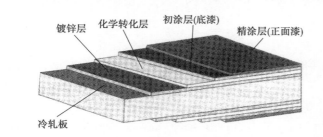

图 1.46   彩色涂层钢板

图 1.47   彩色压型钢板

⑤轻钢龙骨：轻钢龙骨是用冷轧钢板、镀锌钢板或彩色涂层钢板经轧制而成的薄壁型钢，用于装配各类型的石膏板、吸声板等，用作室内隔墙和吊顶的龙骨支架（图 1.48、图 1.49）。其具有强度高、防火、耐潮、便于施工等特点。

3）钢材锈蚀及防止

黑色金属，如铁和钢的显著特点之一是它们有腐蚀或生锈的倾向，严峻的户外环境更促进了钢铁的腐蚀和氧化。

图 1.48　室内吊顶轻钢龙骨

图 1.49　室内隔墙轻钢龙骨

（1）钢材锈蚀原因　钢材的锈蚀是指钢材表面与周围介质发生作用而引起破坏的现象,分为化学锈蚀和电化学锈蚀两类。化学锈蚀是指钢材与周围介质（如氧气、二氧化碳、二氧化硫和水等）发生化学反应,生成疏松的氧化物而产生的锈蚀;电化学锈蚀是指钢材与电解质溶液接触而产生电流,形成微电池而引起的锈蚀。钢材锈蚀后,受力面积减小,承载能力下降。在钢筋混凝土中,因锈蚀引起钢筋混凝土开裂。

（2）钢筋混凝土中钢筋锈蚀　普通混凝土为强碱性环境,pH 值为 12.5 左右,埋入混凝土中的钢筋处于碱性介质环境,而形成碱性钢筋保护膜,只要混凝土表面没有缺陷,里面的钢筋是不会锈蚀的。但应注意,如果制作的混凝土构件不密实,环境中的水和空气能进入混凝土内部,或者混凝土保护层厚度小或发生了严重的碳化,使混凝土失去了碱性保护作用,特别是混凝土内氯离子含量过大,使钢筋表面的保护膜被氧化,也会发生钢筋锈蚀现象。

加气混凝土碱度较低,混凝土多孔,外界的水和空气易深入内部,电化学腐蚀严重,故加气混凝土中的钢筋在使用前必须进行防腐处理。轻骨料混凝土和粉煤灰混凝土的护筋性能良好,钢筋不会发生锈蚀。

综上所述,对于普通混凝土、轻骨料混凝土和粉煤灰混凝土,为了防止钢筋锈蚀,施工中应确保混凝土的密实度以及钢筋保护层的厚度。在二氧化碳浓度高的工业区采用硅酸盐水泥或普通水泥,限制含氯盐外加剂的掺量,并使用钢筋防锈剂（如亚硝酸钠）;预应力混凝土应禁止使用含氯盐的骨料和外加剂;对于加气混凝土等,可以在钢筋表面涂环氧树脂或镀锌等方法来防止。

（3）钢材锈蚀的防止　钢材的锈蚀既有内因（材质）,又有外因（环境介质作用）,因此要防止或减少钢材的锈蚀必须从钢材本身的易腐蚀性、隔离环境中的侵蚀性介质或改变钢材表面状况方面入手。

①表面刷漆:表面刷漆是钢结构防止锈蚀的常用方法。刷漆通常有底漆、中间漆和面漆三道。底漆要求有较好的附着力和防锈能力,常用的有红丹、环氧富锌漆、云母氧化铁和铁红环氧底漆等。中间漆为防锈漆,常用的有红丹、铁红等。面漆要求有较好的牢度和耐候性能,保护底漆不受损伤或风化,常用的涂料有灰铅、醇酸磁漆和酚醛磁漆等。

钢材表面涂刷漆时,一般为一道底漆、一道中间漆和两道面漆,要求高时可再增加一道中间漆或面漆。使用防锈涂料时,应注意钢构件表面的除锈,注意底漆、中间漆和面漆的匹配。

②表面镀金属:用耐腐蚀性好的金属,以电镀或喷镀的方法覆盖在钢材的表面,提高钢材的耐腐蚀能力。常用的方法有镀锌（如白铁皮）、镀锡（如马口铁）、镀铜和镀铬等。

③采用耐候钢:耐候钢即耐大气腐蚀钢。耐候钢是在碳素钢和低合金钢中加入少量的铜、铬、镍、钼等合金元素而制成。耐候钢既有致密的表面防腐保护,又有良好的焊接性能,其强度

级别与常用碳素钢和低合金钢一致,技术指标相近。

1.5.2　铝与铝合金

1)铝及铝合金的性质

铝属于有色金属中的轻金属,银白色,密度为 2.7 g/cm³,熔点为 660 ℃。铝导电性能良好,化学性质活泼,耐腐蚀性强,便于铸造加工,可染色。铝极有韧性,无磁性,有很好的传导性,对热和光反射好,有防氧化作用。在铝中加入镁、铜、锰、锌等元素可组成铝合金。铝合金既提高了铝的强度和硬度,同时又保持了铝的轻质、耐腐蚀、易加工等优良性能。

铝大量用于户外家具,包括长椅、矮柱、旗杆及格栅等。铝的表面质感和颜色,根据表面处理的光滑度不同,可以从反光的银色一直到亚光的灰色。高抛光的铝表面是最光洁的金属表面之一(图 1.50、图 1.51)。

图 1.50　铝是一种抗腐蚀、耐用的金属,十分适用于城市环境

图 1.51　这家研究机构的环境设计立意是"探索",这些造型新颖的铝制座椅很好地与它相契合

2)常用铝合金装饰制品

(1)铝合金门窗　铝合金门窗是采用经表面处理的铝合金型材加工制作成的门窗构件,它具有质轻、密封性好、色调美观、耐腐蚀、使用维修方便、便于进行工业化生产的特点。

铝合金门窗的种类按照结构与开闭方式的不同分为推拉门窗、平开门窗、固定窗、悬挂窗、回转窗、百叶窗;铝合金门

图 1.52　铝合金门窗示意图

还有弹簧门、自动门、旋转门、卷闸门等。铝合金门窗示意如图1.52所示。

(2)铝合金装饰板　铝合金装饰板具有质轻、耐久性好、施工方便、装饰华丽等优点,适用于公共建筑的室内外装饰,颜色有本色、古铜色、金黄色、茶色等。铝合金装饰板有铝合金花纹板、铝合金压型板和铝合金冲孔平板等。

(3)其他铝合金装饰制品

①铝合金吊顶材料:铝合金吊顶材料有质轻、不锈蚀、美观、防火、安装方便等优点,适用于较高的室内吊顶。全套部件包括铝龙骨、铝平顶筋、铝顶棚以及相应的配套吊挂件。

②铝和铝合金箔:铝箔是纯铝或铝合金加工成的 6.3 ~ 0.2 μm 厚的薄片制品。铝和铝合金箔不仅是优良的装饰材料,还具有防潮、绝热的功能。

1.5.3　铜与铜合金

铜是我国历史上使用较早、用途较广的一种有色金属。在古建筑装饰中，铜材是一种高档的装饰材料，多用于宫廷、寺庙、纪念性建筑以及商店招牌等。在现代建筑中，铜仍是高级装饰材料，可使建筑物显得光彩耀目、富丽堂皇。

1) 铜的特性与应用

铜属于有色重金属，密度为 8.92 g/cm^3。纯铜由于表面氧化生成的氧化铜薄膜呈紫红色，故常称紫铜。纯铜具有较高的导电性、导热性、耐蚀性及良好的延展性、塑性，可碾压成极薄的板（紫铜片），拉成很细的丝（铜线材），它既是一种古老的建筑材料，又是一种良好的导电材料。

在现代建筑装饰中，铜材仍是一种集古朴和华贵于一身的高级装饰材料，可用于扶手、栏杆、防滑条等其他细部需要装饰点缀的部位。在寺庙建筑中，还可用铜包柱，使建筑物光彩照人、光亮耐久，并烘托出华丽、神秘的氛围。除此之外，园林景观的小品设计中，铜材也有着广泛的应用。

2) 铜合金的特性与应用

纯铜由于强度不高，不宜制作结构材料，由于纯铜的价格贵，工程中更广泛使用的是铜合金（即在铜中掺入锌、锡等元素形成的铜合金）。铜合金既保持了铜的良好塑性和高抗蚀性，又改善了纯铜的强度、硬度等机械性能。常用的铜合金有黄铜（铜锌合金）、青铜（铜锡合金）等（图 1.53）。

图 1.53　这个有些荒诞的青铜铸件不但是一个　　　　图 1.54　青铜井盖篦子很好地
游戏设施，还含有与众不同的景观元素　　　　　　诠释了美学与实用的结合

长久以来，青铜都以其丰富的外表美化着我们的人造环境。青铜一直被认为是适合铸造室外雕塑的金属。在景观中，它的用途与铸铁相似，如树池篦子、水槽、排水渠盖、井盖、矮柱、灯柱，以及固定装置。不过，青铜的美观性、强度和耐久性是有代价的，青铜铸件在景观要素价格范围中处于上限位置（图 1.54）。

青铜是一种合金，主要元素为铜，其他的金属元素则有多种选择，但锡是最常用的。

铝、硅和锰也可以与铜一起构成青铜合金。像纯铜一样，青铜的氧化仅仅发生在表面，被氧化的表面形成一个防止内部被氧化的保护屏障。因此，青铜承受室外环境压力的能力在各种金属中比较优异。青铜的氧化结果——铜绿，也是各种金属氧化效果中最受欢迎的。

1.5.4　金属紧固件和加固件

由于其耐用性和强度，金属常常在景观中扮演幕后的辅助角色。例如钢筋增加了现浇混凝土的强度;钉子、螺丝、螺栓将木材组件连接在一起;金属连接件将砖块和混凝土块连接成一个整体。

1)钉子

室外用的钉子应为镀锌钉(最常见、最实惠的选择)或不锈钢钉,以抑制生锈。另外与普通钉子不同,它们的杆不能是平滑的。钉杆平滑的钉子容易松动,当用来固定水平的构件时,会伸出一个个钉头,是个危险又棘手的问题。环纹杆或螺纹杆有助于防止钉子由于交通荷载或冻融循环的影响而产生松动现象。室外用钉子通常有一个宽大的钉帽,上面是细密的网格状的纹路,被称为"格子帽"。这种粗糙的表面可以增大摩擦,以减少钉锤在敲击时的打滑情况(图1.55)。另外,钉帽占钉子整体比例太小的话,就不太可能长期将室外的软木组件紧钉在一起(图1.56)。

图1.55　螺纹杆能够防止钉子
从木材中退出来

图1.56　格子或棋盘纹路的钉帽
使钉子更容易钉进木材中

2)螺丝

在固定软木方面,螺丝比钉子更好用,但其施工也更耗时、耗资。简单地将螺丝定义一下,就是钉杆上带有凹凸的螺旋纹的金属紧固件,通常(但不是在所有情况下)有一个锥形的尖端。其锐利的螺纹直接嵌入木材中,与螺栓加螺母的套装紧固件有所不同。像钉子一样,螺丝也有头部,其作用是与螺丝刀相配合,将螺丝旋转推入木组件中。最常见的室外用螺丝是十字口的,因为这种螺丝十分容易用电动螺丝刀进行安装。另外还有一种方形头的螺丝也经常用于室外工程。

与钉子相同,螺丝也必须镀锌或用不锈钢制造,以抵御锈蚀。与普通螺丝相比,室外用螺丝的螺纹十分锐利,突起更高,每一圈螺纹之间的间距也更大。这些设计都是为了使螺丝更好地抓住和固定软木。如果螺纹过平、过浅或过密,都会导致螺丝从木材中滑出,从而失去作用。

室外用螺丝,特别是用于固定木板的一类,杆和头的衔接处一般是呈喇叭状逐渐放大的。这种造型的作用类似于刹车,可以减慢电动螺丝刀的转动,防止螺丝被钉进软木太深。喇叭形头部对于使用电动工具的工人来说是十分重要的,因为它使施工变得简单,使工人能够提高效率,更好地使用电动螺丝刀。

3)螺栓与螺母

螺栓-螺母紧固件是将两个或更多木组件紧固在一起的最有效的方法。螺栓与螺丝一样有螺纹,不过二者的螺纹是不一样的。螺栓的螺纹设计是为了和螺母精确匹配,而不是牢固地嵌进木材中。一套匹配的螺母和螺栓几乎是坚不可摧的,它们连接的木结构寿命也非常长。

和钉子、螺丝一样,螺栓也有头部;和前两者不同的是,螺栓没有锥形的尖端。因为螺栓的螺纹要与螺母的螺纹精确匹配,所以螺纹的牙数是一个关键的指标(图1.57)。

螺栓的头部形状多样,最常见的是六角头,是专门为配合扳手设计的。同钉枪、电动螺丝刀

图 1.57　螺栓与垫圈、螺母的组合可以
非常牢固地固定木组件

一样,扳手也可以是电动的。其他常用螺栓有方头螺栓、圆头螺栓、马车螺栓等。马车螺栓的头部是球面的,不会刮伤使用者,但是无法使用扳手。所以,安装这种螺栓时,只能转动螺母把二者拧紧。为方便固定,马车螺栓通常有一个方形的"肩部",就在头部下方,以防止螺栓在洞中旋转造成滑丝或松动。

六角螺栓对使用者来说就不那么友好了,为了最大限度地减小其危险性,应将六角螺栓做埋头处理。埋头处理指的是在螺栓头部再开一个槽,宽度和深度足以容纳螺栓的头部。这样螺栓的头部就不会凸出于木材表面了。

过度拧紧螺栓和螺母,就会损坏软木。所以,同时在螺栓头部和螺母下面加上宽大的垫圈,有助于分散压力,并尽量减少不必要的木材表面挠曲。一些用于室外工程的垫圈在木材一面设计了锯齿,能够在安装过程中抓住木材表面,防止二者之间的相对旋转。

【相关知识】

◆　金属铁艺

随着园林艺术和材料的不断更新,各种艺术形式的装饰风格不断涌现,传统艺术装饰风格的铁艺艺术也被注入了新的内容。铁艺造型丰富、特点鲜明、风格质朴、维护简易、耐磨耐用,与土、木、石、水泥等材料能和谐搭配,如今被广泛应用在园林景观装饰之中。

1.铁艺按材料及加工方法分类

(1)铸铁铁艺　以灰口铸铁为主要材料,铸造为主要工艺,花型多样,装饰性强。

(2)扁铁花　以扁铁为主要材料,冷弯曲为主要工艺,手工操作或用手动机具操作,端头装饰很少。

(3)锻铁铁艺　以低碳钢型材为主要原材料,以表面轧花、机械弯曲、模锻为主要工艺,以手工锻造辅助加工。

2.铁艺按在景观中的用途分类

(1)建筑装饰类　包括大门、门花、窗、窗花、围栏、扶手等。

(2)家具类　包括凳、椅、桌。

(3)灯具类　包括街灯、壁灯等。

(4)小品类　包括花架、花篮、牌架、摆设等。

(5)雕塑类　包括各式铁艺雕塑。

【实践一下】

在学校或附近选定一条大约 1 km 长的线路。

(1)调查线路上所有主要由金属组成或全部由金属组成的景观元素,并进行分类。

(2)尽量辨别它们用的是什么金属。

(3)尽量辨别它们的表面处理方式。

(4)至少找到你列表中的一个项目的生产商,找到它的网站,并且在产品目录中找到这种产品,找到它的说明书。打印含有本产品的那一页目录以及它的说明书。

木材微课

木材识别

1.6　木材

木材主要指天然木材和人造木材。木材在人造环境中已经拥有了不可或缺的地位,主要用来制作木建筑、廊架、花棚、栅栏、平台、娱乐设施、户外家具以及室内家具与地板等。

1.6.1 天然木材

1)木材的结构

从外观看,树木主要分为3部分:树干、树冠和树根。树干是由树皮、形成层、木质部和髓心4个部分组成。木质部是树干最主要的部分,也是木材主要使用的部分。髓心是位于树干中心的柔软薄壁组织,其松软、强度低、易干裂和腐朽。

（1）心材和边材 木质部靠近髓心部分颜色较深,称为心材;靠近外围部分颜色较浅,称为边材。边材含水高于心材,容易翘曲,如图1.58所示。

（2）年轮、春材和夏材 从横切面上看到的深浅相同的同心圆,称为年轮。年轮内侧颜色较浅部分是春天生长的木质,组织疏松,材质较软,称为春材(早材)。年轮外侧

图1.58 木材的构造

颜色较深部分是夏、秋两季生长的,组织致密,材质较硬,称为夏材(晚材)。树木的年轮越均匀、密实,材质越好。夏材所占比例越多,木质强度越高。

2)木材的性质

木材具有轻质高强,弹性、韧性好,耐冲击、振动,保温性好,易着色和油漆,装饰性好,易加工等优点。但其存在内部构造不均匀,易吸水、吸湿,易腐朽、虫蛀,易燃烧,天然瑕疵多,生长缓慢等缺点。

（1）密度和表观密度 木材的密度一般为 $1.48 \sim 1.56 \ \mathrm{g/cm^3}$,表观密度一般为 $400 \sim 600 \ \mathrm{kg/m^3}$ 。木材的表观密度越大,其湿胀干缩变化也越大。

（2）含水率 木材细胞壁内充满吸附水,达到饱和状态,而细胞腔和细胞间隙中没有自由水时的含水量,称为纤维饱和点,一般在 $25\% \sim 35\%$ 。它是木材物理力学性质变化的转折点。

（3）湿胀与干缩 当木材含水率在纤维饱和点以上变化时,木材的体积不发生变化;当木材的含水率在纤维饱和点以下时,随着干燥,体积收缩;反之,干燥木材吸湿后,体积将发生膨胀,直到含水率达到纤维饱和点为止。一般表观密度大、夏材含量多的,胀缩变形大。由于木材构造的不均匀性,造成各方向的胀缩值不同,其中纵向收缩小,径向较大,弦向最大。

（4）吸湿性 木材具有较强的吸湿性,木材在使用时其含水率应接近或稍低于平衡含水率,即木材所含水分与周围空气的湿度达到平衡时的含水率。长江流域一般为 15% 。

（5）力学性质 当含水率在纤维饱和点以下,木材强度随含水率增加而降低。木材的天然疵病会明显降低木材强度。

3)木材的分类

（1）按加工程度和用途分 木材按照加工程度和用途的不同分为原条、原木、锯材和枕木4类(图1.59)。

①原条:指除去皮、根、树梢、树桠等,但尚未加工成材的木料,用于建筑工程的脚手架、建筑用材、家具等。

②原木:指已加工成规定直径和长度的圆木段,用于建筑工程(如屋架、檩、椽等)、桩木、电

 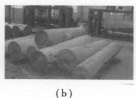 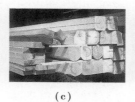 

（a）　　　　　　（b）　　　　　　（c）　　　　　　（d）

图 1.59　木材

（a）原条；（b）原木；（c）锯材；（d）枕木

杆、胶合板等加工用材。

③锯材：指经过锯切加工的木料。截面宽度为厚度的 3 倍或 3 倍以上的称为板材，不足 3 倍的称为枋材。

④枕木：指按枕木断面和长度加工而成的成材，用于铁道工程。

（2）按树叶不同分　树木按树叶形状分为针叶树和阔叶树两大类。木材的微观构造如图 1.60 所示。

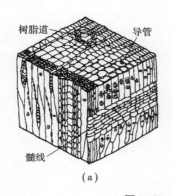 

（a）　　　　　　　　　　　　　（b）

图 1.60　木材的微观构造

（a）软木的显微构造（马尾松）；（b）硬木的显微构造（柞木）

①针叶树：树干通直高大，纹理顺直，材质均匀、较软、易加工，又称为"软木材"。其表观密度和胀缩变形小，耐腐蚀性好，是主要的建筑用材，用于各种承重构件、门窗、地面和装饰工程。常用的树种有红松、马尾松、兴安落叶松、华山松、油松、云杉、冷杉等。

②阔叶树：树干通直部分短，密度大，材质硬，难加工，又称为"硬木材"。其胀缩和翘曲变形大，易开裂，建筑上常用作尺寸小的构件，如制作家具、胶合板等。常用的树种有卜氏杨、红桦、枫杨、青冈栎、香樟、紫椴、水曲柳、泡桐、柳桉等。

1.6.2　人造木材

人造木材就是将木材加工过程中的大量边角、碎料、刨花、木屑等，经过再加工处理，制成各种人造板材，在成本、耐用性和环保性能方面有明显优势，可有效利用木材。常用的人造板材有胶合板、纤维板、刨花板、细木工板、实木复合地板、塑木等。

1）人造板材

（1）胶合板　胶合板是用原木旋切成薄片（厚 1 mm），再按照相邻各层木纤维互相垂直重叠，并且成奇数层经胶粘热压而成［图 1.61（a）］。胶合板最多层数有 15 层，一般常用的是三合板或五合板。其厚度为 2.7,3,3.5,4,5,5.5,6 mm,自 6 mm 起按 1 mm 递增。幅宽规格见表1.11。胶合板面积大,可弯曲,两个方向的强度收缩接近,变形小,不易翘曲,纹理美观,应用十分广泛。

表 1.11　普通胶合板的幅面尺寸　单位:mm

宽　度	长　度				
915	915	1 220	1 830	2 135	—
1 220	—	1 220	1 830	2 135	2 440

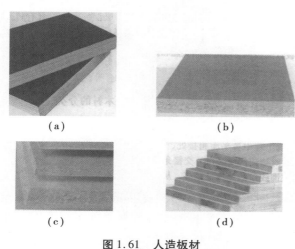

（a）

（b）

（c）

（d）

图 1.61　人造板材

（a）胶合板；（b）纤维板；（c）刨花板；（d）细木工板

（2）纤维板　纤维板是将树皮、刨花、树枝等木材加工的下脚碎料或稻草、秸秆、玉米秆等经破碎、浸泡、研磨成木浆,加入一定胶黏剂经热压成形、干燥处理而成的人造板材［图1.61（b）］。按成形时温度和压力的不同分为硬质纤维板（表观密度大于 800 kg/m^3,）、半硬质纤维板（表观密度 400 ~ 800 kg/m^3）、软质纤维板（表观密度小于 400 kg/m^3）。纤维板常用于家具制作等。

（3）刨花板　刨花板是将木材加工剩余物小径木、木屑等切削成碎片,经过干燥,拌以胶料、硬化剂,在一定温度下压制成的一种人造板［图 1.61（c）］。刨花板强度较低,一般主要用作绝热、吸声材料,用于吊顶、隔墙、家具等。

（4）细木工板　细木工板又称为木芯板,属于特种胶合板,由三层木板粘压。上、下面层为旋切木质单板,芯板是用短小木板条拼接而成［图1.61（d）］。常用规格有 16 mm ×915 mm × 1 830 mm、19 mm ×1 220 mm ×2 440 mm。细木工板具有较大的强度和硬度,轻质,耐久,易加工,常用于家具、门窗套、隔墙、基层骨架等。

（5）贴面装饰板　贴面装饰板是将花纹美丽、材质悦目的珍贵木材经过刨切加工成微薄木,以胶合板为基层再经过干燥、拼缝、涂胶、组坯、热压、裁边、砂尘等工序制成的特殊胶合板。常见的贴面装饰薄木材种类如图1.62（见文前彩页）所示。贴面装饰板常用于吊顶、墙面、家具装饰饰面等。

2）木质地板

木质地板分实木条木地板、实木拼花木地板、实木复合地板、强化复合地板 4 种。

（1）实木条木地板　实木条木地板的条板宽度一般不大于 120 mm,板厚为 20 ~ 30 mm。按条木地板构造分为空铺和实铺两种。地板有单层和双层两种。木条拼缝可做成平头、企口或错口,接缝要相互错开。实木条木地板自重轻、弹性好、脚感舒适,其导热性小,冬暖夏凉,易于清洁,适用于室内地面装饰。实木条木地板如图1.63（a）所示。

（2）实木拼花木地板　实木拼花木地板通过小木板条不同方向的组合,拼出多种图案花纹,常用的有正芦席纹、斜芦席纹、人字纹、清水砖墙纹等。其多选用硬木树材。拼花小木条的尺寸一般为长 250 ~ 300 mm,宽 40 ~ 60 mm,板厚 20 ~ 25 mm,木条一般均带有企口。

（3）实木复合地板　实木复合地板采用两种以上的材料制成,表层采用 5 mm 厚实木,中层由多层胶合板或中密度板构成,底层为防潮平衡层经特制胶高温及高压处理而成。实木复合地板如图1.63(b)所示。

（4）强化复合地板　强化复合地板由三层材料组成,面层由一层三聚氰胺和合成树脂组成,中间层为高密度纤维板,底层为涂漆层或纸板。

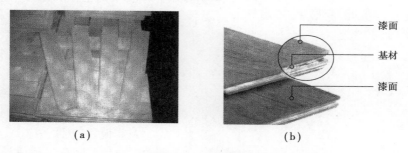

（a）　　　　　　　　　　　　　　（b）

图1.63　木质地板

（a）实木条木地板；（b）实木复合地板

1.6.3　木材的防护

木材是天然有机材料,在受到真菌或昆虫侵害后,其颜色和结构发生变化,变得松软、易碎,最后成为干的或湿的软块,此种状态就称为腐朽。真菌在木材中生存和繁殖除了需要养分外,还必须具备3个必要条件:水分、适宜的温度和空气中的氧气。

木材完全干燥和完全浸入水中都不易腐朽。因此,防止木材腐朽的措施可从以下几个方面入手:或将木材置于通风干燥环境中,或置于水中,或深埋于地下,或表面涂刷油漆。另外,还可采用刷涂、喷淋或浸泡化学防腐剂,以抑制或杀死真菌和虫类,达到防腐目的。对于园林建筑施工而言,有以下两种方法:

1）防腐剂法

防腐剂法指通过涂刷或浸渍防腐剂,使木材含有有毒物质,以起到防腐和杀虫作用。具体分两大类,一种是涂油漆法,即在表面加上一层保护膜,隔绝外界影响。涂油漆能够有效抵抗水分的渗透和紫外线的影响,并能使木材呈现精确的色彩,以配合建筑或自然背景。然而,这种方法不适用于木地板或木踏板,因为木材表面的漆膜不能承受踩踏的破坏。油漆剥落或被磨掉的地方基本就是裸露的木材,容易受到水和昆虫的影响。另一种是浸泡防腐剂法,即防腐剂渗透浸入木材内部,从而达到防腐的目的,并通过使木材表面不透水来延长使用寿命。渗进木材表面之下的防腐剂经常用来处理那些需要负荷交通的木材。防腐剂中还可以加入色素来使木材表面色彩更多样。与油漆不同,防腐剂不是将木材完全遮盖在一层膜之下,而是显露出其自然纹理。经过防腐剂处理的木材称为防腐木。

2）结构预防法

结构预防法又称干燥法,指在设计和施工过程中,使木材构件不受潮湿,并保证良好的通风条件。其方法是在木材和其他材料之间用防潮衬垫（钢件或混凝土件）、不将支节点或其他任何木构件封闭在墙内、木地板下设置通风洞、木屋顶采用山墙通风、设置老虎窗等。

【相关知识】

◆　防腐木

防腐木就是木材经过加工处理后装入密闭的压力防腐罐,用真空压力把防腐药剂压入木材内部,防腐剂渗透进入木材的细胞组织内,与木材纤维紧密结合,从而达到防腐的目的。性能较好的防腐木有俄罗斯樟子松、欧洲赤松、西部红雪松、黄松、云杉、铁杉等,使用时间比较长,可以达到 15～50 年。

早期的防腐木采用的是 CCA-C、B 木材防腐剂,这种防腐剂虽然有一定的毒性,但是由于只在室外使用,因此危害较小。如今,已经出现了 ACQ-D、C、B 木材防腐剂,经过这种防腐剂加工的防腐木栈道,是达到环保标准要求的,其毒性大大降低。

在园林建筑工程中,防腐木被广泛使用,如木屋、木花架、木亭廊、木地板、木栈道。此外,防腐木还可以用来制造成其他户外的用品,如桌椅、秋千、木花箱等。

不过,作为户外用的防腐木,由于热胀冷缩没有经过特殊的控制,因此变形比较严重。在铺设防腐木地板的时候,通常需要留有缝隙,并且像镂空的一样被架起来,可以随时打开,方便清洗或捡拾掉落的东西。

【实践一下】

1. 参观建筑材料市场或家庭装修用品商店。
(1)调查建筑用木材的种类和可供选择的表面处理方法;
(2)调查可供选择的合成木材产品。
2. 参观居住区、公园或广场。
(1)调查木材的使用方法,包括木材种类、应用场所、基本尺寸等;
(2)调查木材与其他材料的结合情况,即细部构造。

胶凝材料微课

1.7　胶凝材料

胶凝材料是能够通过自身的物理化学作用,从浆体变成坚硬的固体,并能把散粒材料(如砂、石)或块状材料(如砖、砌块)胶结为一个整体的材料。

胶凝材料识别

胶凝材料通常分为有机胶凝材料和无机胶凝材料。有机胶凝材料是指以天然或人工合成的高分子化合物为基本组成的一类胶凝材料,如沥青、橡胶等。无机胶凝材料是指以无机氧化物或矿物为主要组成的一类胶凝材料。根据硬化条件和使用特性,无机胶凝材料又可分为气硬性胶凝材料和水硬性胶凝材料。

气硬性胶凝材料只能在空气中硬化并保持和发展强度,如石灰、石膏、水玻璃等。水硬性胶凝材料不仅能在空气中硬化,而且能更好地在水中硬化并保持和继续发展其强度,如各种水泥。气硬性胶凝材料只适用于地上或干燥环境,水硬性胶凝材料既适用于地上,也可用于地下潮湿环境或水中。

1.7.1　石灰

石灰是建筑上使用最早的一种无机气硬性胶凝材料,原料来源广,生产工艺简单,成本低廉,至今在土木工程中仍得到广泛应用。

1)生石灰的原料和生产

石灰最主要的原材料是含碳酸钙的石灰石、白云石、白垩等。石灰石原料在适当温度下煅烧,碳酸钙将分解,释放出 CO_2,得到以 CaO 为主要成分的生石灰(图 1.64)。反应式为

$$CaCO_3 \xrightarrow{900～1\,100\ ℃} CaO + CO_2$$

图 1.64　生石灰

生石灰是一种白色或灰色的块状物质,因石灰原料中常含有一些碳酸镁成分,煅烧后生成

的生石灰中常含有 MgO 成分,通常把 MgO 的含量小于等于 5% 的称为钙质生石灰,MgO 的含量大于 5% 的称为镁质生石灰。同等级的钙质生石灰质量优于镁质生石灰。

2) 生石灰的熟化

石灰的熟化是指生石灰与水发生水化反应,生成 $Ca(OH)_2$ 的水化过程。煅烧良好的生石灰与水接触时反应速度快,生成熟石灰后体积膨胀 1.5 ~ 3.5 倍,放出大量的热量。因此,在石灰熟化过程中,应注意安全,防止烧伤、烫伤。反应式为

$$CaO + H_2O \longrightarrow Ca(OH)_2 + 64 \text{ kJ/mol}$$

工地上熟化石灰常用的方法有石灰浆法和消石灰粉法。

(1)石灰浆法　它是将块状生石灰在化灰池中用过量的水熟化成石灰浆,然后经过筛网进入储灰池。石灰熟化使用前应在化灰池中存放 2 周以上,使过火石灰充分熟化,这个过程称为"陈伏"。"陈伏"期间,石灰浆表面应留有一层水,与空气隔绝,以免石灰碳化。石灰浆在储灰池中沉淀并除去上层水分后称为石灰膏,用于调制抹灰砂浆。

(2)消石灰粉法　它是将生石灰加适量水熟化成消石灰粉,方法是采用分层喷淋法,每层生石灰厚约 50 cm。

还有一种是用球磨机将生石灰磨成细粉,称为磨细生石灰粉。磨细生石灰粉和消石灰粉多用于拌制石灰土、三合土和砌筑砂浆。

3) 石灰的凝结硬化

石灰浆体在空气中的硬化是由下列两个同时进行的过程完成的。

(1)结晶硬化过程　石灰浆在干燥过程中,因游离水分蒸发,$Ca(OH)_2$ 逐渐从过饱和溶液中结晶析出,促进石灰浆硬化。

(2)碳化硬化过程　空气中的 CO_2 遇水生成弱碳酸,再与 $Ca(OH)_2$ 发生化学反应生成 $CaCO_3$ 晶体。生成的碳酸钙自身强度较高。反应式为

$$Ca(OH)_2 + CO_2 + nH_2O \Longrightarrow CaCO_3 + (n+1)H_2O$$

由于空气中的 CO_2 浓度很低,石灰的碳化作用主要发生在与空气接触的表面,而且碳化形成致密的碳酸钙后,阻止 CO_2 向其内部深入,同时也影响到内部水分的蒸发,使氢氧化钙结晶速度减慢。所以,石灰浆体的硬化过程非常缓慢。

4) 石灰的性质

石灰的保水性和可塑性好,硬化慢,强度低,耐水性差,硬化时体积收缩大,故石灰不宜用于潮湿环境及易受水浸泡的部位。石灰浆一般不宜单独使用,通常掺入一定量的骨料(如沙子)或纤维材料(如麻刀、纸筋等)。

5) 石灰的应用

(1)配制砂浆　利用石灰膏或石灰粉配制的石灰砂浆、混合砂浆可用于墙体砌筑或抹面工程,也可掺入纸筋、麻刀等制成石灰浆,用作内墙或顶棚抹面。

(2)拌制灰土和三合土　石灰和黏土按一定比例拌和,成为灰土,或与黏土、砂石、矿渣等填料制成三合土。石灰改善了黏土的可塑性,在夯实或压实下,两者的强度、密实度、耐久性得到改善。因此,灰土和三合土广泛应用于道路工程的垫层和建筑工程的基础。

(3)生产硅酸盐制品　硅酸盐制品是将生石灰粉与含硅材料(石子、粉煤灰、炉渣等)加水拌和,经成形、蒸养或蒸压处理等工序而成,如蒸压灰砂砖、硅酸盐砌块等,主要用作墙体材料。

（4）制作石灰乳涂料　将熟化好的石灰膏或消石灰粉加入过量的水稀释成石灰乳，主要用于室内粉刷。

（5）制作碳化石灰板　将生石灰粉与纤维材料（如玻璃纤维）或轻质骨料（如炉渣）加水搅拌成形，然后用 CO_2 进行人工碳化，可制成轻质的碳化石灰板，它的热导率小，保温绝热性能好，多制成空心板和多孔板，宜作非承重的内墙隔板、天花板等。

1.7.2　石膏

1）石膏的原料、生产及品种

生产石膏的原料主要是天然二水石膏（$CaSO_4 \cdot 2H_2O$），又称为生石膏，经加热、煅烧、磨细即得石膏胶凝材料（图 1.65）。在常压下加热至 107～170 ℃时，煅烧成 β 型半水石膏（$CaSO_4 \cdot \frac{1}{2}H_2O$），即建筑石膏；如果温度升高至 190 ℃，失去全部水分变成无水石膏，称为熟石膏。将生石膏在 125 ℃、0.13 MPa 压力的蒸压锅内蒸炼得到的是 α 型半水石膏，其晶粒较粗，拌制石膏浆体时的需水量较少，因此硬化后强度较高，故称为高强石膏。

图 1.65　石膏

2）建筑石膏的凝结硬化

半水石膏加水后首先进行的是溶解，然后产生水化反应，生成二水石膏（$CaSO_4 \cdot 2H_2O$）。由于二水石膏常温下在水中的溶解度比 β 型半水石膏小得多，因此二水石膏从过饱和溶液中以胶体微粒析出，这样促进了半水石膏不断地溶解和水化，直至完全溶解。在这个过程中，浆体中的游离水分逐渐减少，二水石膏胶体微粒不断增加，浆体稠度增大，可塑性逐渐降低，此时称为"凝结"。随着浆体继续变稠，胶体微粒逐渐凝聚成晶体，晶体逐渐长大、共生并相互交错，使浆体产生强度，并不断增长，这个过程称为"硬化"。实际上，石膏的凝结和硬化是一个连续的、复杂的变化过程。

3）建筑石膏的主要性质

建筑石膏是一种白色粉末状的气硬性胶凝材料，密度为 2.6～2.75 g/cm³，堆密度为 800～1 000 g/cm³。建筑石膏的技术性能见表 1.12。建筑石膏凝结硬化快，一般在加水后 30 min 以内即可完全凝结，在室内自然干燥条件下，1 周左右能完全硬化。为满足施工操作的要求，往往需掺加适量的缓凝剂；硬化时体积微膨胀（膨胀率为 0.05%～0.15%），不出现裂缝，所以可不掺加填料而单独使用，并可很好地填充模型；孔隙率大，表观密度小，强度低，导热性低，吸声性较好。建筑石膏硬化后的主要成分是 $CaSO_4 \cdot 2H_2O$，遇火时，结晶水蒸发，吸收热量，起到阻止火焰蔓延和温度升高的作用，所以石膏

表 1.12　建筑石膏的技术性能

产品等级 技术指标	优等品	一等品	合格品
抗折强度/MPa	≥2.5	≥2.1	≥1.8
抗压强度/MPa	≥4.9	≥3.9	≥2.9
细度（0.2 mm 方孔筛筛余）	≤5.0	≤10.0	≤15.0
初凝时间/min	≤6	≤6	≤6
终凝时间/min	≤30	≤30	≤30

注：1. 指标中有一项不符合者，应予降级或报废。

　　2. 表中强度为 2 h 时的强度值。

具有良好的抗火性。建筑石膏热容量大,吸湿性强,可对室内湿度和温度起到一定的调节作用。石膏硬化体孔隙率高,具有很强的吸湿性和吸水性,并且二水石膏微溶于水,长期浸水会使其强度显著下降,软化系数为 0.2 ~ 0.3。若吸水后受冻,则孔隙内的水分结冰,产生体积膨胀,使石膏体产生崩裂。所以,石膏的耐水性和抗冻性均较差。

4)建筑石膏的应用

（1）室内抹灰及粉刷　建筑石膏是洁白细腻的粉末,用作室内抹灰、粉刷等装修有良好的效果,比石灰洁白、美观。

（2）建筑装饰制品　建筑石膏配以纤维增强材料、胶粘剂等可制成各种石膏装饰制品,也可掺入颜料制成彩色制品。如石膏线条,用于室内墙体构造角线、柱体的装饰。

（3）石膏板材　建筑石膏可与石棉、玻璃纤维、轻质填料等配制成各种石膏板材。目前,我国使用较多的是纸面石膏板、石膏空心条板、纤维石膏板等。石膏板材是一种良好的建筑功能材料,也是我国重点发展的轻质板材之一。

1.7.3　水泥

水泥呈粉末状,与水混合后,经物理化学作用能由可塑性浆体变成坚硬的实体状,并能将散粒状材料胶结成为整体,所以水泥是一种良好的矿物胶凝材料。水泥浆体不但能在空气中硬化,还能在水中硬化,保持并继续增长其强度,故水泥属于水硬性胶凝材料。

水泥是重要的建筑材料之一,应用极为广泛,常用来制造各种形式的混凝土、钢筋混凝土、预应力混凝土构件和建筑物,也常用于配制砂浆,以及用作灌浆材料等。

水泥品种多,按化学成分分为硅酸盐水泥(图 1.66)、铝酸盐水泥(图 1.67)、铁铝酸盐水泥等系列,其中以硅酸盐系列水泥应用最广。

图 1.66　硅酸盐水泥

图 1.67　铝酸盐水泥

硅酸盐系列水泥是以硅酸钙为主要成分的水泥熟料,一定量的混合材料和适量石膏经共同磨细而成。硅酸盐系列水泥按其性能和用途不同,又可分为通用水泥、专用水泥和特性水泥 3 类。

1)硅酸盐水泥的识别与应用

（1）硅酸盐水泥的定义、类型及代号　凡由硅酸盐水泥熟料,掺入 0 ~ 5% 石灰石或粒化高炉矿渣、适量石膏磨细制成的水硬性胶凝材料,称为硅酸盐水泥。硅酸盐水泥又分为两种类型:不掺加混合材料的称为 Ⅰ 型硅酸盐水泥,代号为 P·Ⅰ;在硅酸盐水泥粉磨时掺加不超过质量 5% 的石灰石或粒化高炉矿渣混合材料的称为 Ⅱ 型硅酸盐水泥,代号为 P·Ⅱ。

（2）硅酸盐水泥熟料的矿物质组成　硅酸盐水泥熟料主要由 4 种矿物质组成:硅酸三钙 $(3CaO \cdot SiO_2,简称 C_3S)$、硅酸二钙 $(2CaO \cdot SiO,简称 C_2S)$、铝酸三钙 $(3CaO \cdot Al_2O_3,简称$

C_3A)、铁铝酸四钙($3CaO \cdot Al_2O_3 \cdot Fe_2O_3$,简称为 C_4AF)。前两种矿物称为硅酸盐矿物,一般占总质量的 75% ~82%;后两种矿物称为溶剂矿物,一般占总质量的 18% ~25%。硅酸盐水泥熟料除上述主要组成外,尚含有少量以下成分:游离氧化钙、游离氧化镁、含碱矿物以及玻璃体等。

(3)硅酸盐水泥的水化与凝结硬化　水泥加水拌和后成为既有可塑性又有流动性的水泥浆,同时产生水化,随着水化反应的进行,逐渐失去流动能力达到"初凝"。待完全失去可塑性,开始产生结构强度时,即"终凝"。随着水化、凝结的继续,浆体逐渐转变为具有一定强度的坚硬固体水泥石,即硬化。可见,水化是水泥产生凝结硬化的前提,而凝结硬化则是水泥水化的结果。

(4)硅酸盐水泥的技术性质

①细度:细度是指水泥颗粒的粗细程度,通常采用筛析法测定。筛析法以 80 μm 方孔筛余量表示。

②凝结时间:水泥的凝结时间有初凝和终凝之分。自加水起至水泥浆开始失去塑性,流动性减小所需的时间称为终凝时间。国家标准规定硅酸盐水泥的初凝时间不得少于 45 min,终凝时间不得大于 6.5 h。凡初凝时间不符合规定者为废品,终凝时间不符合规定者为不合格品。

③标准稠度用水量:标准稠度是指水泥净浆达到规定稠度时所需的拌和水量,以占水泥质量的百分率表示。硅酸盐水泥的标准稠度用水量一般在 24% ~30%。磨得越细的水泥,标准稠度用水量越大。

④体积安定性:体积安定性是指水泥在凝结硬化过程中体积变化的均匀性。水泥硬化后产生不均匀的体积变化即体积安定性不良,水泥体积安定性不良会使水泥制品、混凝土构件产生膨胀性裂缝,降低建筑物质量,甚至引起严重的工程事故。因此,水泥的体积安定性检验必须合格,体积安定性不合格的水泥作废品处理。水泥安定性不良的原因是由于其熟料矿物组成中含有过多的游离氧化钙或游离氧化镁,以及水泥粉磨时所掺石膏超量等所致。国家标准规定,水泥中游离氧化镁含量不得超过 5.0%,三氧化硫含量不得超过 3.5%。

⑤强度及强度等级:水泥硬化后,抗压强度高,抗折强度低。抗折强度为抗压强度的1/19 ~1/11。水泥 3 d 和 7 d 强度发展很快,28 d 强度接近最大值,所以要测定 3,7,28 d 的强度值,并以 28 d 的强度划分水泥标号。水泥的强度分为 42.5,42.5R,52.5,52.5R,62.5,62.5R 六个等级。水泥按 3 d 强度又分为普通型和早强型两种类型,其中有代号 R 者为早强型水泥。

⑥密度与堆密度:硅酸盐水泥的密度一般在 3.1 ~3.15 g/cm³。水泥在松散状态时的堆密度一般在 900 ~1 300 kg/m³,紧密堆积状态可达 1 400 ~1 700 kg/m³。

(5)硅酸盐水泥的特性与应用　硅酸盐水泥凝结硬化快,强度高,尤其早期强度高,抗冻性好,水化热大,不耐腐蚀,不耐高温。其适用于重要结构的高强混凝土及预应力混凝土工程、早期强度要求高的工程及冬季施工的工程,以及严寒地区遭受反复冻融的工程、高温环境的工程;不能用于海水和有侵蚀性介质存在的工程和大体积混凝土工程。

2)普通硅酸盐水泥的识别与应用

由硅酸盐水泥熟料加入 6% ~15% 混合材料及适量石膏,经磨细制成的水硬性胶凝材料称为普通硅酸盐水泥(简称普通水泥),代号为 P·O。活性混合材料的最大掺量不得超过 15%,其中允许用不超过水泥质量 5% 的窑灰或不超过水泥质量 10% 的非活性混合材料来代替。掺非活性混合材料时,最大掺量不得超过水泥质量的 10%。普通硅酸盐水泥分为 32.5,32.5R,42.5,42.5R,52.5,52.5R 六个强度。普通水泥的初凝时间不得少于 45 min,终凝时间不得长于 10 h。

普通水泥中绝大部分仍为硅酸盐水泥熟料,其性质与硅酸盐水泥相近。但由于掺入少量混合材料,与硅酸盐水泥相比,早期强度略低,水化热略低,耐腐蚀性略有提高,耐热性稍好,抗冻性、耐磨性、抗碳化性略有降低,应用范围与硅酸盐水泥基本相同。

3)掺大量混合材料的硅酸盐水泥的识别与应用

(1)矿渣硅酸盐水泥　凡由硅酸盐水泥熟料、粒化高炉矿渣和适量石膏磨细制成的水硬性胶凝材料,称为矿渣硅酸盐水泥(简称矿渣水泥),代号为 P·S。水泥中粒化高炉矿渣掺加量按质量百分比为 20% ~70%,允许用火山灰质混合材料、粉煤灰、石灰石、窑灰中的一种来代替部分粒化高炉矿渣,代替数量不得超过水泥质量的 8%,替代后水泥中粉化高炉矿渣不得少于 20%。

由于矿渣水泥中熟料含量相对减少,并且有相当多的氢氧化钙和矿渣组分互相作用,所以与硅酸盐水泥相比,其水化产物中的氢氧化钙含量相对减少,碱度要低些。

矿渣水泥按 3 d 和 28 d 的抗压和抗折强度分 32.5,32.5R,42.5,42.5R,52.5,52.5R 六个强度等级。矿渣水泥密度一般在 2.8 ~3.0 g/cm³,松堆密度为 900 ~1 200 kg/cm³。其 80 μm 方孔筛的筛余不得超过 10.0%,凝结时间一般比硅酸盐水泥要长,标准规定初凝不得少于 45 min,终凝不得大于 10 h。实际初凝一般为 2 ~5 h,终凝 5 ~9 h。

矿渣水泥早期强度低,后期强度增进率大;硬化时对湿度敏感性强,冬季施工时需加强保温措施,但在湿热条件下,矿渣水泥的强度发展很快,故适用于蒸汽养护;水化热低,宜用于大体积混凝土工程中;具有较强的抗溶出性侵蚀及抗硫酸盐侵蚀的能力,适用于有溶出性或硫酸盐侵蚀的水工建筑工程、海港工程及地下工程;抗碳化的能力较差,对钢筋混凝土极为不利,因为当碳化深入达到钢筋的表面时,就会导致钢筋锈蚀,最后使混凝土产生顺筋裂缝;耐热性较强,适用于轧钢、煅烧、热处理、铸造等高温车间以及高炉基础及温度达 300 ~400 ℃的热气体通道等耐热工程。保水性(将一定量的水分保存在浆体中的性能)较差,泌水性较大,要严格控制用水量,加强早期养护;干缩性较大,由于矿渣水泥的泌水性大,形成毛细通道,增加水分的蒸发,干缩易使混凝土表面产生很多微细裂缝,从而降低混凝土的力学性能和耐久性;抗冻性和耐磨性较差,不宜用于严寒地区水位经常变动的部位、受高速夹砂水流冲刷或其他具有耐磨要求的工程。

为了便于识别和使用,我国水泥标准规定,矿渣水泥包装袋侧面印字采用绿色印刷。

(2)火山灰质硅酸盐水泥　由硅酸盐水泥熟料和火山灰质混合材料、适量石膏磨细制成的水硬性胶凝材料称为火山灰质硅酸盐水泥(简称火山灰水泥),代号为 P·P。水泥中,火山灰质混合材料掺量的质量分数为 20% ~50%,其强度等级及各龄期强度要求同矿渣水泥。

火山灰水泥的水化硬化过程、发热量、强度及其增进率、环境温度对凝结硬化的影响、碳化速度等,都与矿渣水泥有相同的特点。火山灰水泥的密度为 2.7 ~3.1 g/cm³。对于细度、凝结时间和体积安定性等的技术要求同普通水泥。

火山灰水泥的抗冻性及耐磨性比矿渣水泥还要差一些,故应避免用于有抗冻及耐磨要求的部位。它在硬化过程中的干缩现象较矿渣水泥还显著,尤其当掺入软质混合材料时更为突出。因此,使用时须特别注意加强养护,使较长时间保持潮湿状态,以避免产生干缩裂缝。对于处在干热环境中施工的工程,不宜使用火山灰水泥。

火山灰水泥的标准稠度用水量比一般水泥都大,泌水性较小。此外,由于火山灰质混合材料在石灰溶液中会产生膨胀现象,使拌制的混凝土较为密实,故抗渗性能高。

(3)粉煤灰硅酸盐水泥　由硅酸盐水泥熟料和粉煤灰、适量石膏磨细制成的水硬性胶凝材料称为粉煤灰硅酸盐水泥(简称粉煤灰水泥),代号为 P·F。水泥中粉煤灰掺量的质量分数为

20%~40%,其强度等级及各龄期强度要求同矿渣水泥。

粉煤灰水泥的细度、凝结时间及体积安定性等技术要求与普通水泥相同。

粉煤灰水泥的水化硬化过程与火山灰水泥基本相同,其性能也与火山灰水泥有很多相似之处。粉煤灰水泥的主要特点是干缩性比较小,甚至比硅酸盐水泥及普通水泥还小,因而抗裂性较好。同时,配制的混凝土和易性较好。这主要是由于粉煤灰的颗粒多呈球形微粒,且较为致密,吸水性较小,因而能有效降低拌和物内的摩擦阻力。按我国水泥标准规定,火山灰水泥和粉煤灰水泥包装袋侧面印字采用黑色印刷。

5种水泥的应用范围见表1.13。

表1.13　5种水泥的应用范围

名称	硅酸盐水泥	普通水泥	矿渣水泥	火山灰水泥	粉煤灰水泥
应用范围	配制地上、地下和水中的混凝土、钢筋混凝土及预应力混凝土结构,包括受循环冻融的结构及早期强度要求较高的工程;配制建筑砂浆	与硅酸盐水泥基本相同	大体积工程;高温车间和有耐热、耐火要求的混凝土结构;蒸汽养护的构件;一般地上、地下和水中的混凝土及钢筋混凝土结构;有抗硫酸盐侵蚀要求的工程;配制建筑砂浆	地下、水中大体积混凝土结构;有抗渗要求的工程;蒸汽养护的工程构件;有抗硫酸盐侵蚀要求的工程;一般混凝土及钢筋混凝土工程;配置建筑砂浆	地上、地下、水中和大体积混凝土工程;蒸汽养护的构件、抗裂性要求较高的构件;抗硫酸盐侵蚀要求的工程;一般混凝土工程;配制筑砂浆
不适用范围	大体积混凝土工程;受化学及海侵蚀的工程;长期受压力水和流动水作用的工程	同硅酸盐水泥	早期强度要求较高的混凝土工程;有抗冻要求的混凝土工程	早期强度要求较高的混凝土工程;有抗冻要求的混凝土工程;干燥环境下的混凝土工程;有耐磨性要求的工程	早期强度要求较高的混凝土工程;有抗冻要求的混凝土;有抗碳化要求的工程

【相关知识】

◆　石灰、石膏、水泥的运输和储存

(1)石灰　生石灰及生石灰粉须在干燥状态下运输和储存,且不宜存放太久。因在存放过程中,生石灰会吸收空气中的水分熟化成消石灰粉并进一步与空气中的 CO_2 作用生成 $CaCO_3$,从而失去胶结能力。长期存放时应在密闭条件下,且应防潮防水。

(2)石膏　建筑石膏在存储时,需要防雨、防潮,存储期一般不宜超过3个月。一般存储3个月后,强度降低30%左右。应分类、分级存储在干燥的仓库内,运输时要采取防水措施。

(3)水泥　水泥在运输与储存时不得受潮和混入杂物,不同品种和强度等级的水泥应分别贮运,不得混杂。

【实践一下】

调查校园内所有建筑物和园林工程中,气硬性胶凝材料的应用情况。

混凝土微课

混凝土识别

1.8　混凝土

由胶凝材料、粗细骨料和水按适当的比例配合、拌和制成混合物,经一定时间后硬化而成的人工石材称为混凝土。它是当今世界上用途最广、用量最大的人造建筑材料。混凝土浇筑如图1.68所示。

图1.68 混凝土浇筑

混凝土可作如下分类:

1)按表观密度分

(1)普通混凝土 其表观密度为2 100~2 500 kg/m³,一般多在2 400 kg/m³左右。它是用普通的天然砂、石作骨料配制而成的,通常简称混凝土,主要用作各种建筑的承重结构材料。

(2)轻混凝土 其表观密度小于1 950 kg/m³。它是采用轻质多孔的骨料,或者不用骨料而掺入加气剂或泡沫剂等,造成多孔结构的混凝土,其用途可分为结构用、保温用和结构兼保温用等几种。

(3)重混凝土 其表观密度大于2 600 kg/m³。它是采用了密度很大的重骨料——重晶石、铁矿石、钢屑等配制而成,也可以同时采用重水泥——钡水泥、锶水泥进行配制。重混凝土具有防射线的性能,故又称为防辐射混凝土,主要用作核能工程的屏蔽材料。

2)按用途分

混凝土按用途可分为结构混凝土、防水混凝土、耐热混凝土、耐酸混凝土、装饰混凝土、大体积混凝土、膨胀混凝土、防辐射混凝土、道路混凝土等多种。

3)按所用胶凝材料分

混凝土按所用胶凝材料可分为水泥混凝土、沥青混凝土、聚合物水泥混凝土、树脂混凝土、石膏混凝土、水玻璃混凝土、硅酸盐混凝土等几种。

4)按生产和施工方法分

混凝土按生产和施工方法可分为预拌混凝土(商品混凝土)、泵送混凝土、喷射混凝土、压力灌浆混凝土(预填骨料混凝土)、挤压混凝土、离心混凝土、真空吸水混凝土、碾压混凝土、热拌混凝土等。

另外,按配筋情况可分为素混凝土、钢筋混凝土、预应力混凝土、纤维混凝土等。按其抗压强度(f_{cu})又可分为低强混凝土$(f_{cu} < 30 \text{ MPa})$、高强混凝土$(f_{cu} \geqslant 60 \text{ MPa})$及超高强混凝土$(f_{cu} \geqslant 100 \text{ MPa})$等。

5)混凝土的特点

混凝土原材料来源丰富,造价低廉;混凝土拌和物具有良好的可塑性,可按工程结构要求浇筑成各种形状和任意尺寸的整体结构或预制构件;混凝土配制灵活、适应性好。改变混凝土组成材料的品种比例,可制得不同物理力学性能的混凝土,以满足各种工程的不同需要;混凝土抗压强度高,很适于作建筑结构材料;与钢筋有牢固的黏结力,且与钢筋的线膨胀系数基本相同,二者复合成钢筋混凝土后,能保证共同工作,从而大大扩展了混凝土的应用范围;耐久性良好,混凝土一般不需要维护保养,故维修费用少;耐火性好,生产能耗较低。

普通混凝土的不足之处主要为自重大,比强度小,抗拉强度低,因此受拉时易产生脆裂;导热系数大,为红砖的两倍,故保温隔热性能较差;硬化较慢,生产周期长。

1.8.1 普通混凝土

1)普通混凝土的优缺点

（1）优点

①使用方便:硬化前的混凝土具有良好的可塑性,可浇筑成各种形状和尺寸的构件及结构物。

②价格低廉:原材料丰富且可就地取材。其中80%以上用量的砂石料资源丰富,能耗低,符合经济原则。

③高强耐久:普通混凝土的强度为20~55 MPa,具有良好的耐久性。

④和易性好:改变组成材料的品种和数量,可以制成不同性能的混凝土,以满足工程上的不同要求;也可用钢筋增强,组成复合材料(钢筋混凝土),以弥补其抗拉及抗折强度低的缺点,满足各种结构工程的需要。

⑤有利环保:混凝土可以充分利用工业废料,如矿渣、粉煤灰等,降低环境污染。

（2）缺点　混凝土的主要缺点是自重太大、抗拉强度低、呈脆性、易产生裂痕、硬化速度慢、生产周期长等。

2)普通混凝土的组成材料

在混凝土组成材料中,砂、石是骨料,对混凝土起骨架作用,其中小颗粒的骨料填充大颗粒的空隙。水泥和水组成水泥浆,它包裹在所有粗、细骨料的表面并填充在骨料空隙中。在混凝土硬化前,水泥浆起润滑作用,赋予混凝土拌和物流动性,便于施工;在混凝土硬化后起胶结作用,把砂、石骨料胶结成整体,使混凝土产生强度,成为坚硬的人造石材。

（1）水泥　配制混凝土时,应根据工程性质、部位、施工条件、环境状况等,按各品种水泥的特性合理地选择水泥的品种。通常水泥强度等级应选为混凝土强度等级的1.5~2.0倍。

（2）骨料　混凝土用的骨料按其大小分为细骨料和粗骨料两种,粒径为0.16~4.75 mm的骨料称为细骨料,粒径大于4.75 mm的称为粗骨料,通常粗细骨料占混凝土总体积的70%~80%。普通混凝土中所用的细骨料有天然砂和人工砂两种,其中天然砂中又以河砂最为适用;普通混凝土中用的粗骨料有碎石和卵石两种,碎石与卵石相比,表面比较粗糙、多棱角,空隙率大、表面积大,与水泥的黏结强度较高。

骨料性能要求为有害杂质含量少;具有良好的颗粒形状,适宜的颗粒级配和细度,表面粗糙,与水泥黏结牢固;性能稳定,坚固耐久。

（3）水　拌制及养护混凝土宜采用饮用的自来水及清洁的天然水。不能用海水和生活污水,地表水、地下水和工业废水必须按标准规定检验合格后方可使用。

3)普通混凝土的技术性能

（1）和易性　和易性是指混凝土是否易于施工操作和均匀密实的一项综合性能,包括流动性、粘聚性和保水性三个方面。

①流动性指混凝土能够均匀密实地填满模型的性能。

②粘聚性指拌和物在运输及浇筑过程中具有一定的黏性和稳定性,不会产生分离和离析现

象,保持整体均匀的能力。粘聚性差的拌和物中的石子容易与砂浆分离,并出现分层现象,振实后的混凝土表面还会出现蜂窝、空洞等缺陷。

③保水性指拌和物具有一定水分不使泌出的能力。保水性差的拌和物易在混凝土内部形成泌水通道,降低混凝土的密实性和抗渗性,使强度和耐久性都受到不利影响。

影响和易性的因素有用水量、水灰比(一般在0.5~0.8)、砂率(指混凝土中砂的用量占砂、石总量的质量百分率)、水泥品种(如矿渣水泥的保水性较差)、骨料性质、时间和温度、外加剂等。

拌和物的和易性用坍落度法和维勃稠度法测定。混凝土拌和物按照坍落度的大小有低塑性混凝土、塑性混凝土、流动性混凝土、大流动性混凝土4个级别。混凝土拌和物按照维勃稠度的大小分为超干硬性混凝土、特干硬性混凝土、干硬性混凝土、半干硬性混凝土4个级别。

(2)强度

①混凝土的抗压强度和强度等级:混凝土强度包括抗压、抗拉、抗弯和抗剪,其中以抗压强度为最高,所以混凝土主要用来抗压。按国家规定,以边长为150 mm的立方体试块,在标准养护条件下(温度为20 ℃左右,相对湿度大于90%)养护28 d,测得的抗压强度值,称为立方抗压强度f_{cu}。

混凝土按强度分成若干强度等级,混凝土的强度等级是按立方体抗压强度标准值f_{cuk}划分的。立方体抗压强度标准值是立方抗压强度总体分布中的一个值,强度低于该值的百分率不超过5%,即有95%的保证率。混凝土的强度分为C15、C20、C25、C30、C35、C40、C45、C50、C55、C60、C65、C70、C75、C80 14个等级。

②影响混凝土强度的因素:

a.水泥强度和水灰比 混凝土强度主要取决于水泥石与粗骨料界面的黏结强度。而黏结强度又取决于水泥石强度。水泥石强度则取决于水泥强度和水灰比。在水泥强度相同的情况下,混凝土强度则随水灰比的增大有规律地降低。但水灰比也不是越小越好,当水灰比过小时,水泥浆过于干稠,混凝土不易被振密实,反而导致混凝土强度降低。

b.龄期 混凝土在正常情况下,强度随着龄期的增加而增长,最初的7~14 d内较快,以后增长逐渐缓慢,28 d后强度增长更慢,但可持续几十年。

c.养护温度和湿度 混凝土浇捣后,必须保持适当的温度和足够的湿度,使水泥充分水化,以保证混凝土强度的不断发展。一般规定,在自然养护时,对硅酸盐水泥、普通水泥、矿渣水泥配制的混凝土,浇水保湿养护日期不少于7 d;火山灰水泥、粉煤灰水泥、掺有缓凝型外加剂或有抗渗性要求的混凝土则不得少于14 d。

③提高混凝土强度的措施:采用高标号水泥;采用干硬性混凝土拌和物;采用湿热处理:蒸汽养护和蒸压养护(蒸汽养护是在温度低于100 ℃的常压蒸汽中进行,一般混凝土经16~20 h的蒸汽养护后,强度可达正常养护条件下28 d强度的70%~80%;蒸压养护是在175 ℃的温度、8个大气压的蒸压釜内进行,在高温高压的条件下提高混凝土强度);改进施工工艺(加强搅拌和振捣,采用混凝土拌和用水磁化、混凝土裹石搅拌法等新技术);加入外加剂,如加入减水剂和早强剂等,可提高混凝土强度。

(3)耐久性 抗渗性、抗冻性、抗侵蚀性、抗炭化性以及防止碱-骨料反应等,统称为混凝土的耐久性。提高耐久性的主要措施为:选用适当品种的水泥;严格控制水灰比并保证足够的水泥用量;选用质量好的砂、石,严格控制骨料中的泥及有害杂质的含量;采用级配好的骨料;适当掺用减水剂和引气剂。在混凝土施工中,应搅拌均匀,振捣密实,加强养护等,以增强混凝土的密实性等措施。

4）彩色混凝土

通过着色的方法,可以有效地将混凝土从普通、常见的景观元素提升成为更具视觉趣味和丰富性的元素。美国著名建筑师赖特在他的美国风住宅中,几乎将彩色混凝土作为唯一的地板材料。有多种方法可以给混凝土上色,在实际运用中也可以结合使用两种或更多的方法。为了保持色彩的一致性和均匀性,染料可与混凝土混合在一起。因为染料均匀地存在于混凝土中,所以这种方法的好处是色彩不会因天气和交通因素而褪色,而只在表面染色的话就会出现这种情况。然而,这也意味着,相当比例的染料被埋在深处,永远不会被看到。自然材料中只有极少数可以始终保持均匀、持久的色彩。所以对着色水泥表面进行深浅不一的、斑驳的颜色处理,可以使其更加自然和有机。具体方法主要是使用扩散染料或对表面进行酸蚀。更有效的方法是在表面处理时加入掺合料,例如加入固体彩色掺合料,就可以使现浇混凝土的表面具有半透明的质感和富于变化的色彩。

1.8.2 装饰混凝土

装饰混凝土采用的是表面处理技术,它在混凝土基层面上进行表面着色强化处理,通过色彩、色调、质感、款式、纹理、肌理和不规则线条的创意设计、图案与颜色的有机组合,创造出各种天然大理石、花岗岩、砖、瓦、木地板等天然石材铺设效果,具有图形美观自然、色彩真实持久、质地坚固耐用等特点,如图 1.69 所示。

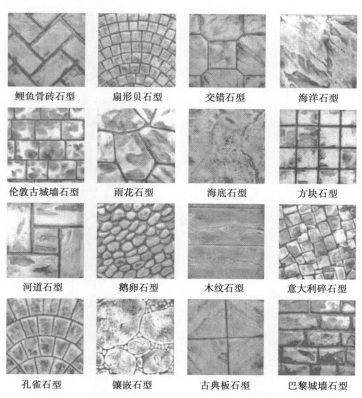

鲤鱼骨砖石型	扇形贝石型	交错石型	海洋石型
伦敦古城墙石型	雨花石型	海底石型	方块石型
河道石型	鹅卵石型	木纹石型	意大利碎石型
孔雀石型	镶嵌石型	古典板石型	巴黎城墙石型

图 1.69 装饰混凝土系列样板

表面处理可以用在平面上,例如路面、坡道和台阶踏步,也可用在立面上,例如墙、柱。尽管平面、立面都可以进行表面处理,但是具体方法却不一样。平面上的表面处理可以和混凝土凝固过程同时进行;而立面上的表面处理则只能等到混凝土完全凝固,模具拆除以后才能进行。

1)平面表面处理

和所有户外路面一样,安全性是选择表面处理方式的最主要的考虑因素。混凝土可以用抹子刮平,产生非常光滑的表面。这种表面也许适合家里的车库或地下室,但是如果用于室外空间,就太滑了,尤其是湿了的时候。几乎在所有的情况下,都应该给路面加上可以增加摩擦力的肌理。所以在选择表面处理方式的时候,千万不能在安全性上犯错。

图1.70 图中的扫帚纹表面为混凝土人
行道带来了肌理感和安全性。条纹的
方向变化是设计师专门指定的

(1)抹平表面 手工抹平表面处理在现浇混凝土凝固之前就完成了。这种工艺可选的工具种类很多,可以根据具体要求做出选择。钢制或铝制的金属泥刀可以制造出更光滑的表面,木质泥刀则会制造出更多的肌理。熟练的工人既能够制造出与众不同的、由弧线和漩涡组成的图案,也可以制造出十分光滑的表面。

(2)扫帚纹表面 扫帚纹是室外现浇混凝土表面最常用的处理方法(图1.70)。其名称来自于使用的工具,在制造扫帚纹时,使用一把很宽的扫帚在混凝土表面刮出连贯的、细细的、平行的条纹。绘制详图时,设计师只在现浇混凝土旁边标注"扫帚纹"是不够的。因为这种纹理也是路面的重要视觉因素,所以设计师有责任提供全部有关条纹的角度和方向等信息。通常条纹的方向与交通流向互相垂直,这样条纹的曲折和不均匀就不容易被看到。另一种常见的图案是将条纹按平行方向与垂直方向交错布置,可以在控制缝处改变条纹方向,也可以在面状混凝土路面上呈棋盘形交错布置,每个相邻的格子纹路相互垂直。

(3)浮露骨料表面 在现浇混凝土路面上,将混凝土中的一部分骨料暴露出来,会形成一种颇具吸引力的表面,这种表面被命名为浮露骨料表面,将骨科的地位提升到了路面设计中的主角(图1.71)。浮露骨料现浇混凝土路面的施工有两种基本的方法:第一种,也是最常用的一种方法,是在混凝土凝固过程中的特定时间点,将其表面的一部分材料去除,露出骨科;第二种方法,是将用在表面的骨科铺在未凝固的混凝土路面上,再施压将其嵌进混凝土的表面中。这两种方法对施工技术、时间掌握的要求都很高,直接关系到最后是否能成功。不管采用哪种方法,都会耗费更多劳动力,增加投资。

图1.71 浮露骨料混凝土是加强现浇混凝
土路面的色彩和肌理的方法之一

就像扫帚纹一样,设计师应该完全掌握浮露骨料表面最终的景观效果。因为露出的骨科对总体外观有着决定性的作用,所以设计师有责任精心选择并指定其颜色、质地、一致性和尺寸。最好的浮露骨料表面,结合了石粒温暖、丰富的视觉趣味和混凝土的强度、持久性。

(4)印花表面 印花表面是在混凝土还未干的时候将花色压印上去的。印花表面混凝土(图1.72)路面的铺设与平整过程和其他现浇混凝土路面相同。然后,趁着混凝土仍然是可塑的,将指定的图案印到它的表面上。在早期的仿石印花表面中,图案的重复方式与壁纸相同,很容易看出图案是按某种规律重复出现的。但是自然界中没有两块石板完全一样,所以这时的仿石印花人工痕迹很重。现在,随着技术的进步,允许图案有更大的随机性。这种模式中的每块"石板"是靠一种"关节"连接,一块块铺展开来的。这种关节就是各种长度的接缝,由接缝隔出一块块"石板"。一段这种图案可以反复镜像,从而产生一个连续不断的图案。这样就在一定程度上消除了图案的规律性。

(a)　　　　　　　　　　　　　　(b)

图 1.72　印花表面混凝土

(a)印花结合表面染色的手法使混凝土路面更具吸引力和丰富性;(b)图中的人行横道是用模仿人字形铺装的印花表面混凝土强调出来的,这种颜色、图案、纹理同样适用于车行和人行交通

尽管印花混凝土的施工过程和最终表现都已经经过了许多改进和提高,但是本质上还是用一种材料模仿其他材料。所以这种方法往往被一些不屑伪饰的设计师抛弃。最终,个别设计师在特定项目中使用印花表面,因为它的各项指标符合具体的客户、预算,以及物质环境和历史沿革的要求。

(5)岩盐表面　岩盐表面是指新浇的混凝土表面散布着盐晶体。盐晶体是用滚子碾压进混凝土表面的。混凝土凝固后,清洗其表面,这个过程使盐溶解进入混凝土表面上的麻点和小洞中。

2)垂直表面处理方法

尽管用于水平面和垂直面的现浇混凝土配方可能十分类似,但是它们的施工方法却有着根本的不同。混凝土铺装时使用的模板留下的纹理很少能被看到,因为之后还要进行表面处理,模压成型的路面板被表面层所覆盖,本章前面已经讲述了各种表面处理方法。相反,模压成型的混凝土墙面在模板拆除后却保留下模板的纹理。因此,模板本身在墙面或其他垂直面上扮演着更加重要的角色。此外,因为在混凝土完全凝固前,模板都不能被拆除,所以任何运用在水平铺装面上的要趁湿进行的表面处理方法都无用武之地了。

(1)模压表面　模压表面是指墙的暴露表面是由模板压成的。这是成本最低、施工步骤最少的浇筑方法,不过也是设计师最难以控制最终质量和效果的方法。除非设计师为了创造某种特别的纹理或图案而定制模板,否则最终的效果就是由施工承包商所使用的模板决定的。湿的混凝土会填满模板间的所有空隙。低档胶合板制成的模板会直接将自己的纹理印在混凝土表面形成阴文,并且不整齐。这也许适用于工业建筑、货运停车场和货运码头,但是对于公共性的景观来说就难免太粗糙了。即使承包商尽了最大努力充分灌注模板,经过充分振捣的混凝土,依然会产生讨厌的气泡和空隙,并且要等到混凝土完全凝固,模板拆除后才能看到它们。为了填补这些空隙,通常唯一的方法就是给墙面打上难看的、很难与原墙面匹配的补丁。在不同的工作日内,或使用不同批次的混凝土浇筑的墙体也可能会不匹配。模板接缝处也是导致墙面不一致的潜在隐患。如果密封不严密,这里的混凝土会更快地干燥和凝固,因此留下明显的颜色差异,也可能渗出潮湿的混凝土,导致墙面出现高差或皱褶。鉴于模压成型的现浇混凝土墙面存在这么多的视觉不一致的风险,所以人们已经发明了多种方法来隐藏、减轻或消除这些问题。

(2)喷砂表面　喷砂,顾名思义,是用高压将粗砂高速喷射到墙面上的表面处理方法,能够去除一定量的墙面厚度。这种方法可以软化和减轻墙面上的任何缺陷,赋予墙面一种砂纸般的质感。设计者可以指定轻度、中度或重度的喷砂处理。这些等级的意思是,在设定的范围内,在喷砂过程中去除的表面材料的数量不同。去除了混凝土的"外壳"后,其中的骨料会暴露出来。这还能够增加混凝土墙面的趣味性,改变其整体色调。这种方法也可以用来掩饰模压混凝土表面固有的一些缺陷。

(3)凿石锤处理表面　凿石锤处理的表面可以被认为是一种极端的喷砂处理表面。与高速喷射的粗砂不同,这种方法是用机械工具(锤)反复冲击混凝土表面,创造了比重度喷砂表面更加粗糙的肌理。凿石锤最常用的动力方式是气动,所以也被称为气动锤;人力凿石锤是一个成本较低,但工作量极大的选择。凿石锤处理后的表面有很多小坑,这些小坑的形状、排列方式等是决定表面肌理是否自然的关键。

凿石锤表面甚至可以隐藏模压成型混凝土表面上最严重的缺陷,但这种表面太粗糙了,容易刮伤皮肤。与喷砂处理的表面一样,这两种表面的总体均匀度和一致性都很大程度上取决于操作人员的技术和经验。

(4)衬层模板成型表面　以上讨论的垂直表面处理方法都是在混凝土完全凝固,模板拆除后进行的。还有一种与它们不同的做法是在模板内侧加上可多次使用的塑料或橡胶衬层,这些衬层上带有各种纹理和图案。湿的混凝土灌注进模板后就会复制出这些纹理和图案。衬层的选择范围非常广,唯一的限制就是预算的大小。有时人们希望用混凝土来模拟其他材料,如砖或石(规则的或不规则的);有时希望创造几何的、抽象的图案;有时又希望创造有机的、具象的纹理。衬层模板成型的表面与印花表面有相似之处,有许多相同的优点,例如经济性和视觉趣味性;也有许多共同的关键点,例如对技巧和一致性的要求。和印花混凝土一样,混凝土墙面也能够拥有色彩和光泽,并且两者可以使用同样的染色剂。

衬层模板成型同样不能避免气泡或空隙的问题,进行修补后可能和模压成型的混凝土表面一样难看。然而,衬层模板确实为创造传统形式的墙面提供了一种更经济的方法,因为用的是现浇混凝土,而不是真正的一块块的砖或石。

1.8.3　沥青混凝土

对于沥青混凝土,公认的平庸视觉品质和它对雨水排水、径流的影响,批评之声已经是老生常谈了。然而,这种材料的广泛使用,特别是大量用于道路、停车场,也是完全可以预料到的,因为不断增多的机动车和司机都要求更安全、更方便、更工程化的行驶路面。我们在沥青混凝土路面上开车,旅程结束后又将车停在沥青混凝土的停车场上。如果没有机动车,就可能只有一小部分沥青混凝土路面会存在了。如今这种材料的经济性、功能性和易维护性一同赋予了它在各种表面铺装材料中的突出地位。

1)沥青混凝土的特性

在很多方面,沥青混凝土和水泥混凝土存在相似性。两者本质上都是将大量骨料(如砂、石)黏结在一起硬化形成的聚合物,都是可以形成各种形状的、不可弯折的固体,并会随着时间逐渐变硬。二者的不同在于水泥混凝土的强度来自水泥的水化,而沥青混凝土的强度来自一种石油黏结剂——沥青。因为使用了沥青,沥青混凝土相比水泥混凝土就有一个独特的优点:结构弹性。两者都完全固化后,前者拥有一定的结构弹性,后者则没有此特性且易碎。这种弹性使路面不再需要伸缩缝和控制缝,因此节省了施工时间和费用。

　　沥青混凝土路面施工必须趁混合物保持一定温度的时候进行,所以称为热拌沥青混凝土,其中的黏结剂温度超过148.9 ℃,并且在混合物的温度降到85 ℃之前必须完成摊铺和碾压。热拌沥青混凝土通过压路机多次滚压加强密度和表面平滑度。随着混合物逐步降温,就形成了耐用的、均匀的路面。

2)装饰性沥青混凝土

　　通过技术处理,改善沥青混凝土固有的弱点——视觉兴奋点或丰富性的缺失,就成了装饰性沥青混凝土。热拌混凝土可以在一定程度上具备其原本没有的色彩、肌理、图案,供设计师选择。这些装饰效果会耗费额外的工作量和材料,所以不是免费的。但是即使沥青混凝土增加装饰性后,施工费用还是比石材等单元铺装的费用低,是设计师的经济选择。

　　骨料黏结,是将设计师选定的骨料浸渍在热拌混凝土面层中的过程,可以用多种方式完成。可以简单地将骨料铺好,再将其碾压进热的面层中间。如果选用环氧沥青作为黏结剂,则可以达到更耐用的效果,因为这种黏结剂能将骨料和沥青混凝土牢固地黏在一起。骨料浸渍工艺能创造出均匀一致的表面,并且保留了骨料的色彩和纹理。因为色彩是来自骨料而非染料,所以这种工艺趋向于有机和自然。

　　压花沥青混凝土,是在热拌混凝土面层冷却之前,或再次加热之后,在其上压上由细缝组成的图案(图1.73)。这种工艺可以模仿多种石作花样,形成的路面兼具单元铺装的视觉趣味和沥青混凝土的平整、低维护费的优点。还可以在旧的铺装上铺上新面层,再在新面层上压上花纹。这样设计师就可以选择在原地把牢固的旧铺装作为基础层再利用起来。

　　热熔断系统能够使耐用的热塑性塑料熔进热拌混凝土的表面,创造出不同的图案和形状。第一步是在沥青混凝土表面制造出凹痕,这一步很像压花。然后这些凹痕会被热塑性塑料填满,同时这种塑料会与沥青混凝土熔接在一起。最后的成品表面平滑易保洁,并且易于维护。热熔断工艺适用于高密度交通的路面。

　　彩色涂层,是将颜料加入耐用的、抗磨损的涂层中,覆盖于沥青混凝土表面(图1.74)。涂层颜色可以由生产者自由选择,正常是模仿砖或石的颜色,以追求更生动的效果。选择颜色时须参照其太阳能反射率指标,尽量减小城市热岛效应。

图1.73　压花沥青混凝土的图案成功　　　　　　图1.74　彩色沥青混凝土为这条步
　　模仿了石材铺装,费用较低　　　　　　　　　行道带来了吸引眼球的外表

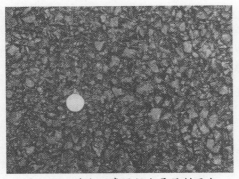

图 1.75　透水沥青混凝土是限制雨水
径流和净化水质的有效手段

3）"绿色"沥青混凝土

上面已经讨论论过,使用沥青混凝土并不是典型的可持续规划的手段,实际上,它常常被认为是生态友好型发展的对立面。负责任的设计师应该想出有效的办法,在利用沥青混凝土已被证实的好处的同时,减轻它对环境的不利影响。景观设计师就有很多有效手段可以将沥青混凝土铺装对环境的冲击降到最小。

透水沥青混凝土(图 1.75)与传统沥青混凝土相比,就有很大的环境优势。正如其名,透水沥青混凝土允许水流透过其中的孔隙渗进路基层,而不是在其表面快速流动,汇入雨水排水系统。使用透水沥青混凝土至少有 3 个重要的优点:

①减缓雨水进入排水系统的速率;

②增加了渗入土壤的水量,减少了径流水量;

③能够过滤掉一部分路面和停车场径流中固有的污染物,如固体颗粒、金属、汽油、润滑油等,从而提高水质。

从视觉特点来说,透水沥青混凝土与一般沥青混凝土相似,但是带有轻微的、疏松的肌理。这是由其中的孔隙形成的,正是这些孔隙才使水流能够快速渗透。这种面层按视觉特点分类被归入"开放型"类别。

透水沥青混凝土的关键是以加强的骨料作为基础,这是一种粒大的、规格一致的压碎石,这样形成的铺装其空隙率大约为 40%。这里使用的骨料颗粒必须严格一致。如果颗粒大小差别过大,或使用了含有各种大小颗粒的"密实"骨料,都会导致渗水效果减弱。因为混进去的杂质会堵塞合格颗粒之间的孔隙,明显减缓渗水速度。在透水沥青混凝土路面的整个生命周期中,能否保持渗水孔隙不被破坏,是决定透水沥青混凝土性能表现的关键因素。很重要的一点是路基在施工时不能使用传统的压实手段,这样才能保持高渗透率。因为路基没有压实而损失的稳定性则由加厚的骨料基础来补偿(图 1.76)。

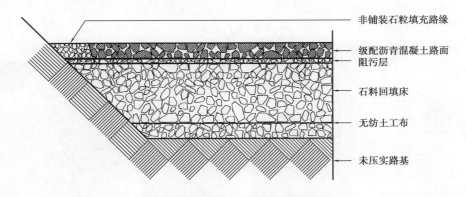

　　　　　　　　　　　　　　　　　非铺装石粒填充路缘

　　　　　　　　　　　　　　　　　级配沥青混凝土路面
　　　　　　　　　　　　　　　　　阻污层

　　　　　　　　　　　　　　　　　石料回填床

　　　　　　　　　　　　　　　　　无纺土工布

　　　　　　　　　　　　　　　　　未压实路基

图 1.76　透水沥青混凝土路面详图

"温拌"沥青混凝土技术是人们降低混合物温度,淘汰热拌混凝土的尝试。温拌沥青混凝土要求环境温度在 $-1.1 \sim 37.8$ ℃,低于传统的热拌沥青混凝土。低温的好处很多:减少能量消耗;减少温室气体排放;减少众所周知的热拌沥青混凝土施工中的刺激性气味和有毒废气排放。

温拌沥青混凝土是一个相当新的技术,是在全球减少温室气体排放的共识中应运而生的。现在发展这项技术面临的最大挑战是如何使其达到甚至超过热拌混凝土的强度和耐久性,这样才能发挥其显著的环境效益。

设计师可以通过使用浅色的沥青混凝土来减小城市热岛效应。深色的路面和屋顶会在白天吸收热量,夜间释放热量。空气中的污染物不可避免地成为包围城市区域热岛的组成部分,大大降低了空气质量。城市地区被困住的热量和低质量的空气意料之中地促进了空调的使用,这反过来又消耗更多的能源。浅色的表面能够更好地反射太阳辐射,驱散热量和空气中的污染物。

4)沥青混凝土块单元铺装

和预制混凝土块一样,沥青混凝土块是在受控的工厂条件下制造的。它比起热拌混凝土有很多明显的优点,每个铺装单元看起来几乎一样,因为制造过程中不受气候、天气、场地条件不同的影响。另外,还能做到热拌混凝土无法实现的颜色和表面处理。多样的色彩、尺寸、形状、规格使得沥青混凝土块具备了更大的视觉趣味性,扩大了设计师的选择范围。另外,人性化的单元尺寸比大面积的连续的热拌混凝土铺装看起来更舒服(图1.77—图1.78)。

图1.77　与砖石铺装相比,沥青混凝土铺装是一个耐用又经济的选择

图1.78　沥青混凝土单元铺装有多种形状和尺寸,其中六角形一直受到欢迎

根据厂商的不同,沥青混凝土单元铺装可以制成多种形状和漂亮、有机的色彩。其等级和厚度分为家用、商用和工业用。其中含有的石油衍生物成分能够防止沥青混凝土块在低温下变脆,使其碎裂的可能性降到了最低;这种成分还赋予了沥青混凝土块优异的防水性能和很低的吸附性。在表面处理方面,可以有两种选择:一种是直接保留光滑表面,能够突出黏结剂的暗色调,或者突出骨料的色彩;另一种方式是使表面具备不同的肌理。和预制混凝土一样,沥青混凝土的制造商们也在不断地开发新的表面处理样式。

沥青混凝土块的安装不需要砂浆或其他任何接缝密封剂。不管是在柔性基础(骨料或沙)、半刚性基础(热拌沥青混凝土)还是刚性基础(水泥混凝土)上,都采用手工紧合的方法,通常要使用沥青混凝土专用垫。

沥青混凝土块在设计方面占有优势,却不会增加费用。安装方面也比热拌沥青混凝土更经济,要是比起砖块或预制混凝土来,经济优势就更明显了。

1.8.4　钢筋混凝土

混凝土由水泥、石子、砂子和水按一定比例拌和而成,经振捣密实,凝固后坚硬如石,抗压能力好,但抗拉能力差,容易因受拉而断裂导致破坏,为此常在混凝土构件的受拉区内配置一定数量的钢筋,使混凝土和钢筋牢固地结合成一个整体,共同发挥作用,这种配有钢筋的混凝土称为钢筋混凝土(图1.79)。钢筋混凝土是由钢筋和混凝土两种不同性能的建筑材料组合而共同工作的组合体,主要是利用了混凝土的抗压能力和钢筋的抗拉能力产生的共同作用。

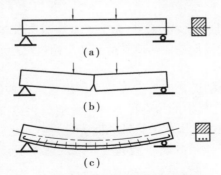

图 1.79　混凝土梁及钢筋混凝土梁

(a)荷载简图;(b)混凝土梁破坏;(c)钢筋混凝土梁破坏

钢筋混凝土结构被广泛应用在园林建筑中,具体表示方法详见第4章。

【相关知识】

◆　现浇普通混凝土接缝(伸缩缝、沉降缝)

混凝土中的水泥被水激活,再完全凝固后,就只剩下极微量的水存留在混凝土中,造成弹性流失。因此,彻底凝固后,混凝土变得非常坚硬和易碎。由于季节转换、温度变化,以及每天的日出日落,混凝土路面会产生一定的膨胀和收缩,并且这种变化是以整块路面板为单位的。这种变化肯定会对相邻的建筑材料和混凝土本身的结构造成严重破坏,因此必须使用一个内部的接缝系统来容纳这种形变。主要有两种接缝可供选择:伸缩缝和沉降缝。伸缩缝是控制内部张力而产生的裂缝的工具,位置合适的伸缩缝并不会阻止混凝土开裂,但将成功控制开裂产生的位置。一般伸缩缝的间距不应当超过6 m,深度应不小于混凝土板厚度的1/4。沉降缝指将高柔韧性、高弹性材料(如沥青纤维、沥青毡)填入两种刚性材料的接缝中,例如现浇混凝土。另外,填充材料还应该用在路面与其他任何刚性结构或材料的交界处,例如建筑基础或楼板、墙、路缘石,或者是另一块路面板。沉降缝的功能是消化两侧刚性结构的形变,使它们膨胀起来不会彼此挤压。户外沉降缝的宽度通常为20~30 mm。

【实践一下】

1.努力寻找一处园林建筑混凝土浇筑施工现场。

(1)观察混凝土浇筑的全过程,包括支模板、绑扎钢筋、混凝土搅拌、混凝土浇筑、混凝土养护等;

(2)向施工人员了解相关施工技术。

2.参观居住区、公园或广场。

(1)观察装饰混凝土的平面表面处理方式;

(2)观察装饰混凝土的立面表面处理方式。

建筑砂浆微课　　砂浆识别

1.9　砂浆

砂浆是由胶凝材料、细骨料、掺加料和水按适当比例配制而成的建筑材料。它与混凝土的主要区别是组成材料中没有粗骨料,因此砂浆又称为细骨料混凝土。砂浆按所用胶凝材料可分为水泥砂浆、混合砂浆、石灰砂浆、石膏砂浆及聚合物水泥砂浆等。按砂浆用途可分为砌筑砂浆(图1.80)、抹面砂浆(图1.81)、装饰砂浆及特种砂浆等。

图1.80　砌筑砂浆

图1.81　抹面砂浆

1.9.1　砌筑砂浆

将砖、石、砌块等黏结成为砌体的砂浆称为砌筑砂浆。它起着胶结块材和传递荷载的作用，是砌体的重要组成部分。

1)砌筑砂浆的组成材料

砌筑砂浆常用的胶凝材料有水泥、石灰膏、建筑石膏等。胶凝材料的选用应根据砂浆的用途及使用环境决定，对于干燥环境中使用的砂浆，可选用气硬性胶凝材料，对处于潮湿环境或水中的砂浆，则必须用水硬性胶凝材料。配制砌筑砂浆时，水泥强度等级宜为砂浆强度的4~5倍。由于砂浆的强度要求并不高，因此一般采用32.5级水泥即可。为改善砂浆的和易性，降低水泥用量，往往在水泥砂浆中掺入部分石灰膏、黏土膏或粉煤灰等，这样配制的砂浆称为水泥混合砂浆。

砂浆用细骨料主要为天然砂，应符合混凝土用砂的技术要求。砌筑毛石砌体用的砂最大粒径应小于砂浆层厚度的1/5~1/4，砖砌体用砂的最大粒径应不大于2.5 mm。砂的含泥量不超过5%，强度等级为M2.5的水泥混合砂浆，砂的含泥量不应超过10%。

拌和砂浆用水与混凝土的要求相同，应选用无害杂质的洁净水来制砂浆。

为改善或提高砂浆的某些性能，更好地满足施工条件和使用功能的要求，可在砂浆中掺入一定种类的外加剂(引气剂、早强剂、缓凝剂、防冻剂等)。

2)砌筑砂浆的技术性质

(1)和易性　新拌砂浆应具有良好的和易性，砂浆的和易性包括流动性和保水性两方面的含义。流动性是指砂浆在自重或外力作用下产生流动的性质，也称为稠度。新拌砂浆保持其内部水分不泌出流失的能力称为保水性。

(2)强度和强度等级　砂浆以抗压强度作为其强度指标。标准试件尺寸为70.7 mm × 70.7 mm × 70.7 mm，一组6块，标养至28 d，测定其抗压强度平均值(MPa)。砌筑砂浆按抗压强度划分为M30，M25，M20，M15，M10，M7.5，M5.0共7个强度等级。砌筑砂浆的强度等级应根据工程类别及不同砌体部位选择。在一般建筑工程中，办公室、教学楼及多层商店等工程宜用M5.0~M10的砂浆；食堂、仓库、地下室及工业厂房等多用M2.5~M10的砂浆；检查井、雨水井、化粪池等可用M5.0的砂浆。特别重要的砌体才使用M10以上的砂浆。

(3)黏结力　为保证砌体的强度、耐久性及抗震性等，要求砂浆与基层材料之间应有足够的黏结力。一般情况下，砂浆抗压强度越高，它与基层的黏结力也越强。同时，在粗糙、洁净、湿润的基面上，砂浆黏结力比较强。

3）砌筑砂浆的选用

建筑常用的砌筑砂浆有水泥砂浆、混合砂浆和石灰砂浆等,工程中应根据砌体种类,砌体性质及所处环境条件等进行选用。通常,水泥砂浆用于毛石基础、砖基础、一般地下构筑物、砖平拱、钢筋砖过梁、水塔、烟囱等;混合砂浆用于地面以上的承重和非承重的砖石砌体;石灰砂浆只能用于平房或临时性建筑。

1.9.2 抹面砂浆

水洗石米识别

抹面砂浆也称抹灰砂浆,用以涂抹在建筑物或建筑构件的表面,兼有保护基层、满足使用要求和增加美观的作用。常用的抹面砂浆有石灰砂浆、水泥混合砂浆、水泥砂浆、麻刀石灰浆(简称麻刀灰)、纸筋石灰浆(简称纸筋灰)等。

抹面砂浆的主要组成材料仍是水泥、石灰或石膏、天然砂等,对这些原材料的质量要求同砌筑砂浆。但根据抹面砂浆的使用特点,对其主要技术要求不是抗压强度,而是和易性及其与基层材料的黏结力,为此常需多用一些胶结材料,并加入适量的有机聚合物以增强黏结力。另外,为减少抹面砂浆因收缩而引起开裂,常在砂浆中加入一定量的纤维材料。

工程中配制抹面砂浆和装饰砂浆时,常在水泥砂浆中掺入占水泥质量10%左右的聚乙烯醇缩甲醛胶(俗称107胶)或聚醋酸乙烯乳液等。砂浆常用的纤维增强材料有麻刀、纸筋、稻草、玻璃纤维等。

为了保证抹灰表面的平整,避免裂缝和脱落,施工应分两层或三层进行,各层抹灰要求不同,所用的砂浆也不同。

底层砂浆主要起与基层黏结的作用。砖墙抹灰,多用石灰砂浆;有防水、防潮要求时,用水泥砂浆;板条或板条顶棚的底层抹灰,多用混合砂浆或石灰砂浆;混凝土墙、梁、柱顶板等底层抹灰多用混合砂浆。

中层砂浆主要起找平作用,多用混合砂浆或石灰砂浆。

面层主要起装饰作用,多采用细砂配制的混合砂浆、麻刀石灰浆或纸筋石灰浆。

在容易碰撞或潮湿的地方应采用水泥砂浆;一般园林给排水工程中的水井等处可用1∶2.5水泥砂浆。各种抹面砂浆配合比参考见表1.14。

表1.14 各种抹面砂浆配合比参考

材　料	配合比(体积比)	应用范围
石灰∶砂	1∶2～1∶4	用于砖石墙面(檐口、勒脚、女儿墙及潮湿房间的墙除外)
石灰∶黏土∶砂	1∶4∶4～1∶1∶8	干燥环境的墙表面
石灰∶水泥∶砂	1∶0.5∶4.5～1∶1∶5	用于檐口、勒脚、女儿墙外脚处及比较潮湿的部位
水泥∶砂	1∶3～1∶2.5	用于浴室、潮湿房子的墙裙、勒脚及比较潮湿的部位
水泥∶砂	1∶2～1∶1.5	用于地面、天棚或墙面面层
水泥∶砂	1∶0.5～1∶1	用于混凝土地面随时压光
水泥∶白石子	1∶2～1∶1	用于水磨石(打底用1∶2.5水泥砂浆)
水泥∶白云灰∶白石子	1∶(0.5～1)∶(1.5～2)	用于水刷石(打底用1∶0.5∶3.5)
水泥∶白石子	1∶1.5	用于剁石(打底用1∶2∶2.5水泥砂浆)

1.9.3　防水砂浆

防水砂浆是在普通水泥砂浆中掺入防水剂配制而成的,是具有防水功能的砂浆的总称,砂浆防水层又叫刚性防水层,主要是依靠防水砂浆本身的憎水性和砂浆的密实性来达到防水目的。其特点是取材容易、成本低、施工易于掌握。一般适用于不受振动、有一定刚度的混凝土或砖、石砌体的迎水面或背水面;不适用于变形较大或可能发生不均匀沉降的部位,也不适用于有腐蚀的高温工程及反复冻融的砖砌体。

砂浆防水一般称为防水抹面,根据防水机理不同可分为两种:一种是防水砂浆为高压喷枪机械施工,以增强砂浆的密实性,达到一定的防水效果;另一种是人工进行抹压的防水砂浆,主要依靠掺加外加剂(减水剂、防水剂、聚合物等)来改善砂浆的抗裂性与提高水泥砂浆密实度。

为了达到高抗渗的目的,对防水砂浆的材料组成提出如下要求:应使用325号以上的普通水泥或微膨胀水泥,适当增加水泥用量;应选用级配良好的洁净中砂,灰砂比应控制在1∶2.5∼1∶3.0;水灰比应保持在0.5∼0.55;掺入防水剂,一般是氯化物金属盐类或金属皂类防水剂,可使砂浆密实不透水。

氯化物金属盐类防水剂,主要有用氯化钙、氯化铝和水按一定比例配成的有色液体。其配合比大致为氯化铝∶氯化钙∶水=1∶10∶11。掺加量一般为水泥质量的3%∼5%,这种防水剂掺入水泥砂浆中,能在凝结硬化过程中生成不透水的复盐,起促进结构密实的作用,从而提高砂浆抗渗性能。一般可用于园林刚性水池或地下构筑物的抗渗防水。

金属皂类防水剂是由硬脂酸、氨水、氢氧化钾(或碳酸钠)和水按一定比例混合加热皂化而成。这种防水剂主要是起填充微细孔隙和堵塞毛细管的作用,掺加量为水泥质量的3%左右。

1.9.4　装饰砂浆

装饰砂浆是指专门用于建筑物室内外表面装饰,以增加建筑物美观为主的砂浆。常以白水泥、彩色水泥、石膏、普通水泥、石灰等为胶凝材料,以白色、浅色或彩色的天然砂、大理石或花岗岩的石屑或特制的塑料色粒为骨料,还可利用矿物颜料调制多种色彩,再通过表面处理来达到不同要求的建筑艺术效果。

装饰砂浆饰面可分为两类:灰浆类饰面、石渣类饰面。灰浆类砂浆饰面是通过水泥砂浆的着色或表面形态的艺术加工来获得一定色彩、线条、纹理质感达到装饰目的一种方法,常用的做法有拉毛灰、甩毛灰、搓毛灰、扫毛灰[图1.82(a)]、喷涂、滚涂、弹涂[图1.82(b)]、拉条、假面砖、假大理石等。石渣类砂

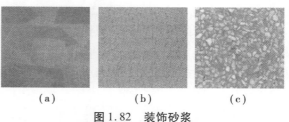

图1.82　装饰砂浆
(a)扫毛效果;(b)弹涂效果;(c)水磨石

浆饰面是在水泥浆中掺入各种彩色石渣作骨料,制出水泥石渣浆抹于墙体基层表面,常用的做法有水刷石、斩假石、拉假石、干贴石、水磨石[图1.82(c)]等。

【相关知识】

◆　干粉砂浆

干粉砂浆又称为干混砂浆,英文名称是DRY MIX MORTAR。它是将干粉状的建筑骨料、胶黏剂(水泥、石膏、石灰)与各种添加剂按用途的不同配方进行配比,在搅拌设备中均匀混合,用

袋装或散装的形式运到建筑工地,加水后就可直接使用的砂浆类建材。

使用干粉料可以实现大规模机械化作业,节约人工成本,大大提高生产效率;同时避免传统施工中原材料现场混配时出现的比例差错而影响施工质量。

由各种添加剂改性的干粉料,产品质量能精确控制,并保持其一致性,能满足现代建筑的各种要求,尤其是对于一些质量有特殊要求的工程。干粉料生产工艺不复杂,没有化学反应,无废物产生。使用过程对环境的污染小,有利于环保。

【实践一下】

调查校园内所有建筑物和园林工程中,砂浆的使用情况。

(1)抹面砂浆的应用情况;

(2)装饰砂浆的应用情况。

坡屋面瓦材识别

1.10 建筑防水材料

建筑物的屋面、基础以及水池等水工构筑物都须进行防水处理。工程上常用的防水材料有屋面瓦、金属或塑料屋面板、防水卷材、防水涂料、建筑密封材料等。此外用于刚性结构防水的还有防水混凝土和防水砂浆等材料。

1.10.1 坡屋面刚性防水材料

铺贴或直接安装在坡屋顶的覆面材料,主要有各种瓦和防水板材,起到排水和防水的作用。

1)黏土瓦

黏土瓦是以黏土为主要原料,加水搅拌后,经模压成形,再经干燥、焙烧而成,如图1.83(a)所示。其原料和生产工艺与黏土砖相近,主要类型有平瓦、槽形瓦、波形瓦、鳞形瓦、小青瓦、用于屋脊处的脊瓦等。黏土瓦的规格尺寸为400 mm×240 mm～360 mm×220 mm,脊瓦的长度大于300 mm,宽度大于180 mm,高度为宽度的1/4。常用平瓦的单片尺寸为385 mm×235 mm×15 mm,每平方米挂瓦16片,通常每片干重3 kg。黏土瓦成本低,施工方便,防水可靠,耐久性好,是传统坡屋面的防水材料。

2)琉璃瓦

园林建筑和仿古建筑中常用到各种琉璃瓦或琉璃装饰制品。琉璃制品是以难熔黏土为原料,经配料、成形、干燥、素烧、表面施釉,再经釉烧而制成。常用的瓦类制品有板瓦、筒瓦、滴水、瓦底、勾头、脊筒瓦等[图1.83(b)]。釉色主要有金黄、翠绿、浅棕、深棕、古铜、钻蓝等。琉璃瓦表面色泽绚丽光滑,古朴华贵。

图1.83 各种瓦

(a)黏土瓦;(b)琉璃瓦;(c)油毡瓦

3)混凝土瓦

混凝土瓦又称为水泥瓦,是用水泥和砂子为主要原料,经配料、模压成形、养护而成。其分为波形瓦、平瓦和脊瓦等,平瓦的规格尺寸为385 mm×235 mm×14 mm;脊瓦长469 mm,宽175 mm;大波瓦尺寸为2 800 mm×994 mm×6 mm;中波瓦尺寸为1 800 mm×745 mm×6 mm;小波瓦尺寸为780 mm×180 mm×2(6) mm。波形瓦是以水泥和温石棉为原料,经过加水搅拌、压滤成形,养护而成的。其具有防水、防腐、耐热、耐寒、绝缘等性能。

4）油毡瓦

油毡瓦又称为沥青瓦,是以玻璃纤维薄毡为胎料,用改性沥青为涂敷材料而制成的一种片状屋面材料,如图 1.83(c)所示。其表面通过着色或散布不同色彩的矿物粒料制成彩色油毡瓦。其特点是质量轻,可减少屋面自重,施工方便,具有相互黏结的功能,有很好的抗风能力,用于别墅、园林等处仿欧建筑的坡屋面防水工程。

5）金属屋面板材

金属屋面板材自重轻、刚度大、幅面宽、施工安装方便。常见的金属屋面板有镀锌钢板、复合铝板、彩色涂层压型钢板、彩色夹芯复合钢板等屋面材料。水波纹瓦楞槽形的镀锌钢板用于不要求保温隔热的场所。彩色夹芯复合钢板具有良好的保温隔声效果,是大型场馆较理想的屋面材料。

1.10.2　防水卷材

防水卷材是建筑工程防水材料的主要品种之一,目前我国防水卷材是使用量最大的防水材料。防水卷材主要包括普通沥青防水卷材、改性沥青防水卷材和合成高分子防水卷材 3 个系列,如图 1.84 所示。

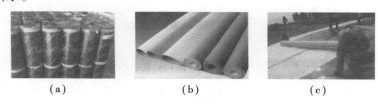

（a）　　　　　　　　（b）　　　　　　　　（c）

图 1.84　防水卷材

（a）SBS 沥青防水卷材;（b）聚氯乙烯防水卷材;（c）防水土工布

1）普通沥青防水卷材

普通沥青防水卷材俗称油毡,是指用原纸、纤维织物、纤维毡等胎体材料浸涂沥青,表面撒布粉状、粒状或片状材料制成可卷曲的片状防水材料。常用沥青防水卷材的特点及适用范围见表 1.15。

表 1.15　常用沥青防水卷材的特点及适用范围

卷材名称	特　点	适用范围
石油沥青纸胎油毡	传统的防水材料,低温柔韧性差,防水层耐用年限较短,但价格较低	三毡四油、二毡三油叠层设的屋面工程
玻璃布胎沥青油毡	抗拉强度高,胎体不易腐烂,材料柔韧性好,耐久性比纸胎提高一倍以上	多用作纸胎油毡的增强附加层和突出部位的防水层
玻纤毡胎沥青油毡	具有良好的耐水性、耐腐蚀性和耐久性,柔韧性也优于纸胎沥青油毡	常用作屋面或地下防水工程
黄麻胎沥青油毡	抗拉强度高,耐水性好,但胎体材料易腐烂	常用作屋面增强附加层
铝箔胎沥青油毡	有很高的阻隔蒸汽的渗透能力,防水功能好,具有一定的抗拉强度	与带孔玻纤毡配合或单独使用,宜用于隔气层

2）改性沥青防水卷材

改性沥青防水卷材是以合成高分子聚合物改性沥青为涂盖层,纤维织物或纤维毡为胎体,粉状、片状、粒状或薄膜材料为覆盖层材料制成可卷曲的片状防水材料。改性沥青防水卷材改善了普通沥青防水卷材温度稳定性差、延伸率小等缺点,具有高温不流淌、低温不脆裂、拉伸强度较高、延伸率较大等特点。该类防水卷材按厚度分为 2 mm,3 mm,4 mm,5 mm 等规格。常见高聚物改性沥青防水卷材的特点和使用范围见表 1.16。

表 1.16　常见高聚物改性沥青防水卷材的特点和使用范围

卷材名称	特　点	适用范围
弹性 SBS 改性沥青防水卷材	耐高、低温性能明显提高,卷材的弹性和耐疲劳性明显改善	单层铺设的屋面防水工程或复合使用,适合于寒冷地区和结构变形频繁的建筑
塑性 APP 改性沥青防水卷材	有良好的强度、延伸性、耐热性、耐紫外线照射及耐老化性能	单层铺设,适合于紫外线辐射强烈及炎热地区屋面使用
聚氯乙烯改性焦油沥青防水卷材	有良好的耐热及耐低温性能,最低开卷温度为 −18 ℃	有利于在冬季负温度下施工
再生胶改性沥青防水卷材	有一定的延伸性,且低温柔性较好;有一定的防腐蚀能力;价格低廉,属于低档防水卷材	变形较大或档次较低的防水工程

3）合成高分子防水卷材

合成高分子防水卷材是指以合成橡胶、合成树脂或两者共混体为基料,加入适量的化学助剂和填充料等,经混炼、压延或挤出等工序加工而成的防水材料。合成高分子防水卷材具有高弹性、高延伸性、良好的耐老化性、耐高温性和耐低温性等多方面的优点,已成为新型防水材料发展的主导方向。常见合成高分子防水卷材的特点和使用范围见表 1.17。

表 1.17　常见合成高分子防水卷材的特点和使用范围

卷材名称	特　点	适用范围
聚氯乙烯防水卷材	具有良好的耐候、耐臭氧、耐热老化、耐油、耐化学腐蚀及抗撕裂性能	单层或复合使用宜用于紫外线强的炎热地区
氯化聚乙烯防卷材	具有较高的拉伸和撕裂强度,延伸率较大,耐老化性能好,原材料丰富,价格便宜,容易黏结	单层或复合使用外露或保护层的防水工程
三元乙丙橡胶防水卷材	防水性能优异,耐候性好,耐臭氧性、耐化学腐蚀性、弹性和抗拉强度大,对基层变形开裂的使用性强,重量轻,使用温度范围宽,寿命长,但价格高,黏结材料尚需配套完善	防水要求较高,防水层耐用年限长的工程,单层或复合使用
三元丁橡胶防水卷材	有较好的耐候性、耐油性、抗拉强度和延伸率,耐低温性能稍低于三元乙丙橡胶防水卷材	单层或复合使用于要求较高的防水工程
氯化聚乙烯—橡胶共混防水卷材	不但具有氯化聚乙烯特有的高强度和优异的耐臭氧、耐老化性能,而且具有橡胶所特有的高弹性、高延伸性以及良好的低温柔性	单层或复合使用,尤宜用于寒冷地区或变形较大的防水工程

1.10.3　防水涂料

防水涂料是以高分子材料为主体,在常温下呈无定形液态,经涂布能在结构物表面固化形成具有相当厚度并有一定弹性的防水膜的物料总称。

防水涂料固化前呈黏稠状液态,不仅能在水平面施工,而且能在立面、阴角、阳角等复杂表面施工。因而,特别适合于各种复杂、不规则部位的防水,能形成无接缝的完整防水膜。防水涂料大多采用冷施工,既减少了环境污染,又便于施工操作,改善工作环境。此外,涂布的防水涂料既是防水层的主体,又是黏结剂,因而施工质量容易保证,维修也较简单。尤其是对于基层裂缝、施工缝、雨水斗及贯穿管周围等一些容易造成渗漏的部位,极易进行增强涂刷、贴布等作业。施工时,防水涂料须采用刷子、刮板等逐层涂刷或涂刮,故防水膜的厚度很难做到像防水卷材那样均匀。因此,防水涂料广泛适用于工业与民用建筑的屋面防水工程、地下室防水工程和地面防潮、防渗等。

防水涂料按主要成膜物质可分为沥青类、改性沥青类、合成高分子类和聚合物水泥等。

1)沥青类防水涂料

沥青类防水涂料是以沥青为基料配制而成的水乳型或溶剂型防水涂料。乳化沥青的储存期不能过长(一般 3 个月左右),否则容易引起凝聚分层而变质。储存温度不得低于零度,不宜在 − 5 ℃以下施工,以免水结冰而破坏防水层,也不宜在夏季烈日下施工,因表面水分蒸发过快而成膜,膜内水分蒸发不出而产生气泡。乳化沥青主要适用于防水等级较低的建筑屋面、混凝土地下室和卫生间防水、防潮;粘贴玻璃纤维毡片(或布)作屋面防水层;拌制冷用沥青砂浆和混凝土铺筑路面等。常用品种是石膏沥青、水性石棉沥青防水材料等。

2)改性沥青类防水涂料

改性沥青类防水涂料指以沥青为基料,用合成高分子聚合物进行改性,制成的水乳型或溶剂型防水涂料。改性沥青类防水涂料在柔韧性、抗裂性、拉伸强度、耐高低温性能、使用寿命等方面比沥青类涂料都有很大改善。这类涂料常用产品有氯丁橡胶沥青防水涂料、水乳型橡胶沥青防水涂料、APP 改性沥青防水涂料、SBS 改性沥青防水涂料等。这类涂料广泛应用于各级屋面和地下以及卫生间等的防水工程。

3)合成高分子类防水涂料

合成高分子防水涂料指以合成橡胶或合成树脂为主要成膜物质制成的单组分或多组分的防水涂料。这类涂料具有高弹性、高耐久性及优良的耐高低温性能。常用产品有聚氨酯防水涂料、丙烯酸酯防水涂料、环氧树脂防水涂料、有机硅防水涂料等。其适用于高防水等级的屋面、地下室、水池及卫生间的防水工程。

1.10.4 建筑密封材料

密封材料是嵌入建筑接缝中,能承受接缝位移以达到气密、水密目的的材料。密封材料具有良好的黏结性、弹塑性、耐老化和对温度变化的适应性,能长期经受被粘构件的收缩变形以及振动而不失去密封性能。按材料组成可分为改性石油沥青密封材料和合成高分子密封材料两大类。目前常用的密封材料类型和适用范围见表 1.18。

表 1.18   目前常用的密封材料类型和适用范围

类　型	适用范围
沥青嵌缝油膏	主要作为屋面、墙面沟和槽的防水嵌缝
聚氯乙烯接缝膏	用于各种屋面嵌缝或表面涂布作为防水层,或用于水渠、管道等接缝
丙烯酸酯密封膏	用于屋面、墙板、门、窗嵌缝,耐水性差,不宜用于经常泡在水中的工程
硅酮密封膏	F 类为建筑接缝,用于预制混凝土墙板、水泥板、大理石板的外墙接缝,混凝土和金属框架的黏结,卫生间和公路接缝的防水密封等;G 类为镶装用密封膏,用于玻璃和建筑门、窗的密封

【相关知识】

◆   防水材料的选择

1. 永久防水,一劳永逸

现在市场上很多防水材料容易老化失效,防水年限仅为 5~8 年,更有甚者以次充好,所以,应该选择具有永久防水效果的防水材料,一劳永逸,避免后期维修。

2. 不分层,不脱离

一般的防水材料要求施工基面含水率不得大于 9%,阳台还可以接受到光照,而卫生间则常年接受不到光照,基面含水率很难降到 9% 以下,施工后极易出现防水层与基面分离的"两张皮"现象,失去防水作用。因此,应该选适应潮湿环境施工,能与基面结合成为整体的防水材料。

3. 耐穿刺

很多的防水材料只刷薄薄的一两层,钉个钉子就会被刺穿,水会顺着钉孔渗漏,起不了防水一定要选作业厚度够、强度高的防水材料。

本低

等级,要仔细比较哪种材料更划算。

保

有害气体已成为环境污染的重要源头。甲醛含量超标对人体有着不可逆转的伤水要选择无毒、无味、无污染、无腐蚀、无燃烧、无挥发的材料。避免在施工中气味放毒性物质等状况发生。

【实践一下】

参观校园、居住区、公园或广场,调查坡屋面刚性防水材料的使用方法,包括种类、应用场所、基本尺寸等。

1.11   建筑涂料、塑料

1.11.1   建筑涂料

建筑涂料识别

建筑涂料是指涂刷于建筑物表面,能与基体材料很好黏结,形成完整而坚韧的护膜的一类物质,如图 1.85 所示。

1) 涂料的组成

涂料的组成成分按所起的作用分为主要成膜物质、次要成膜物质、溶剂和助剂 4 部分。主要成膜物质指胶黏剂或固着剂,是决定涂料性质的最主要组分,多属于高分子化合物或成膜后能形成高分子化合物的有机物质。次要成膜物质主要包括颜料和填充料,颜料增加涂料的色彩和机械强度,填充料是一些白色粉末状的无机物质。溶剂又称为稀释剂,是能挥发的液体,具有溶解成膜物质的能力,可降低涂料的黏度,常用的有石油溶剂、煤焦溶剂、酯类、醇类等。助剂能改善涂料的性能,如干燥时间、柔韧性、抗氧化、抗紫外线作用等,常用的有催干剂、增塑剂、固化剂、防污剂、润滑剂等。

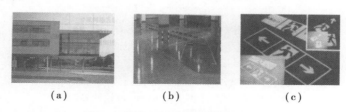

(a)　　　　　　　　　　(b)　　　　　　　　　　(c)

图 1.85　建筑涂料

(a)建筑外墙涂料;(b)溶剂型环氧漆;(c)隐形变色发光涂料

2)涂料的分类

按使用部位可分为外墙涂料、内墙涂料、地面涂料、顶棚涂料等。按使用功能可分为防火涂料、防水涂料、防霉涂料等。按所用的溶剂可分为溶剂型涂料和水溶性涂料。按主要成膜物质的化学组成可分为有机高分子涂料、无机高分子涂料和复合高分子涂料。

(1)有机涂料

①溶剂型涂料:其优点是涂膜细腻而紧韧,并且有一定耐水性和耐老化性。但易燃、挥发后对人体有害,污染环境,在潮湿基层上施工容易起皮、剥落,且价格较贵。

②水溶性涂料:无毒、不易燃,价格便宜,有一定透气性,施工时对基层的干燥度要求不高,但耐水性、耐候性和耐擦洗性较差,只用于内墙装饰。

③乳液型涂料:乳液型涂料又称为乳胶漆,价格比较便宜、不易燃、无毒,有一定透气性,耐水性、耐擦洗性较好。涂刷时不要求基层很干燥,可做内外墙建筑涂料,是今后建筑涂料发展的主流。

(2)无机涂料　其优点在于资源丰富,工艺简单,价格便宜,对环境污染程度低;黏结力高,遮盖力强,对基层处理的要求较低,耐久性好,色彩丰富;耐刷洗,耐热性好,无毒、不燃。

(3)无机-有机复合涂料　可使有机、无机涂料发挥各自的优势,取长补短,对于降低成本,改善性能,适应新要求提供一条有效途径。

3)常用的建筑涂料

(1)内墙涂料和顶棚涂料　这两种涂料的常见类型、特点和适用范围见表 1.19。

表 1.19　内墙涂料和顶棚涂料的常见类型、特点和适用范围

涂料类型	主要品种	特　点	适用范围
溶剂型内墙涂料	过氯乙烯墙面涂料、氯化橡胶墙面涂料、丙烯酸酯墙面涂料	透气性差、容易结霜,但光泽度好、易冲洗、耐久性好	适用于厅、走廊处

续表

涂料类型	主要品种	特　点	适用范围
水溶性内墙涂料	聚乙烯醇水玻璃涂料（106 内墙涂料）	配制简单，无毒无味，不易燃，涂膜干燥快，黏结力强，表面光滑，但耐擦洗性能差，易起粉脱落	适用于民用及公用建筑内墙装饰
	聚乙烯醇缩甲醛涂料（803 内墙涂料）	无毒无味，干燥快，遮盖力强，涂膜光滑平整，耐湿、耐擦洗性好，黏结力较强	可涂刷于混凝土、纸筋石灰及灰泥墙面，用于民用及公用建筑内墙装饰
合成树脂乳液内墙涂料——内墙乳胶漆	聚醋酸乙烯乳胶漆	无毒不燃，涂膜细腻平滑，色彩鲜艳、透气性好，价格较低，但耐水性、耐候性差	适合内墙装饰，不宜用于外墙
	乙丙乳胶漆	耐水性、耐碱性强	属于高档内墙装饰涂料
多彩花纹内墙涂料		涂层色泽优雅，质地较厚，弹性、整体性、耐久性好，富有立体感	属于中高档内墙装饰涂料
隐形变色发光涂料		隐形、变色、发光，呈现各种色彩和美丽的花型图案	适用于舞厅墙面、广告、舞台布景等
仿瓷涂料		附着力强，漆膜平整，坚硬光亮，有陶瓷的光泽感，耐水性和耐腐蚀性好	适用于厨房、卫生间、医院、餐厅等场所墙面
彩砂涂料		无毒、不燃、附着力强、保色性及耐候性好，耐水、耐腐蚀，色彩丰富，表面有较强的立体感	适用于各种场所的室内外墙面
刷浆涂料	石灰浆、大白浆、可赛银		简易的粉刷涂料

（2）外墙涂料　外墙涂料应有装饰性强、耐水性和耐候性好、耐污染性强、易于清洗等特点，其常见类型、特点和适用范围见表 1.20。

表 1.20　外墙涂料的常见类型、特点和适用范围

涂料类型	主要品种	特　点	适用范围
溶剂型外墙涂料	氯化橡胶外墙涂料	能在 -20 ~ 50 ℃环境温度下进行施工，有良好的耐碱性、耐水性、耐腐蚀性，有一定防霉功能	可在水泥、混凝土和钢材表面涂饰，可直接在干燥清洁的水泥砂浆表面、旧涂膜上涂饰
	丙烯酸酯外墙涂料	耐候性好，不易变色、粉化、脱落，但易燃、有毒	常用作外墙涂料
乳液型外墙涂料	乙丙涂料	以水为溶剂，安全无毒，涂膜干燥快，耐候性、耐腐蚀性和保光保色性良好	用作中低档建筑外墙涂料
	水乳型环氧树脂外墙涂料	以水为分散剂，无毒无味，与基体黏结力较高，膜层不易脱落	
	合成树脂乳液砂壁状涂料	俗称仿石漆、真石漆，在建筑物表面能形成具有天然花岗岩或大理石质感的厚质涂层	高档外墙涂料，现大量用于商品住宅、公用建筑外墙

续表

涂料类型	主要品种	特　点	适用范围
硅酸盐无机涂料	碱金属硅酸盐系外墙涂料	耐水性、耐老化性较好,有一定防火性,无毒无味,耐腐蚀、抗冻性较好	在我国外墙涂料中占的比例较少,常用于有防火要求的地下车库墙面等
	硅溶胶外墙涂料	以水为分散剂,无毒无味、遮盖力强,耐污性强,与基层有较强黏结力	
石灰浆	—	由石膏稀释而成	简易的粉刷涂料
聚合物水泥涂料	聚乙烯醇缩甲醛水泥涂料		

（3）其他装饰涂料

①防锈漆:对金属等物体进行防锈处理的涂料,在物体表面形成一层保护层,分为油性防锈漆和树脂防锈漆两种。

②清油:清油又称为熟油,以亚麻油等干性油加部分半干性植物油制成的浅黄色黏稠液体。一般用于厚漆和防锈漆,也可单独使用。清油能在改变木材颜色基础上保持木材原有花纹,一般主要做木制家具底漆。

③清漆:俗称凡立水,一种不含颜料的透明涂料,多用于木器家具涂饰。

④厚漆:厚漆又称为铅油,采用颜料与干性油混合研磨而成,需加清油溶剂。厚漆遮覆力强,与面漆黏结性好,用于涂刷面漆前打底,也可单独作面层涂刷。

1.11.2　建筑塑料

建筑塑料识别

塑料是指以合成树脂或天然树脂为主要基料,加入其他添加剂后,在一定条件下经混炼、塑化、成形,且在常温下能保持成品形状不变的材料。塑料具有表观密度小,比强度大,加工性能好,耐腐蚀性好,电绝缘性好,导热性低,富有装饰性,功能的可设计性,还具有减振、吸声、耐光等优点;但存在弹性模量小、刚度小、变形大、易老化、易燃、热伸缩性大、成本高等缺点。

1）塑料的组成

塑料分为单组分塑料和多组分塑料,单组分塑料仅含合成树脂。合成树脂简称树脂,是塑料中最主要的组分,在塑料中起胶结作用。塑料的性质取决于所采用的树脂。单一组分塑料中含100%树脂,多组分塑料中树脂含量为30%～70%。为改善性能、降低成本,多数塑料还含有填充料、增塑剂、硬化剂、着色剂等,故大多数塑料是多组分的。

2）塑料的分类

通常按树脂的合成方法可分为聚合物塑料和缩聚物塑料。按受热时塑料所发生的变化不同可分为热塑性塑料和热固性塑料。热塑性塑料加热时具有一定流动性,可加工成各种形状,分为全部聚合物塑料、部分缩聚物塑料两种。热固性塑料加热后会发生化学反应,质地坚硬失去可塑性,包括大部分缩聚物塑料。

3）常用的建筑塑料及其制品

（1）热塑性塑料

①聚乙烯塑料（PE）：主要用于防水、防潮材料和绝缘材料等。

②聚氯乙烯塑料（PVC）：硬质聚氯乙烯塑料具有强度高、抗腐蚀性强、耐风化性能好等特点，可用于百叶窗、天窗、屋面采光板、水管、排水管等，制成泡沫塑料做隔声保温材料等。软质聚氯乙烯塑料材质较软，耐摩擦，具有一定弹性，易加工成形，可挤压成板、片、型材作地面材料等。

③聚苯乙烯塑料（PS）：用于生产水箱、泡沫隔热材料、灯具、发光平顶板等。

④聚丙烯塑料（PP）：用于生产管材、卫生洁具等建筑制品。

⑤聚甲基丙烯酸甲酯（PMMA）有机玻璃：是透光性最好的一种塑料。制作有机玻璃、板材、管件、室内隔断等。

（2）热固性塑料

①酚醛塑料（PF）：用于生产各种层压板、玻璃钢制品、涂料和胶黏剂等。

②聚酯树脂：分为不饱和聚酯树脂和饱和聚酯树脂（线型聚酯）。不饱和聚酯树脂用于生产玻璃钢、涂料和聚酯装饰板等。饱和聚酯树脂用于制成纤维或绝缘薄膜材料等。

③玻璃纤维增强塑料（玻璃钢）：由合成树脂胶结玻璃纤维制品而制成的一种轻质高强的塑料，一般采用热固性树脂为胶结材料，使用最多的是不饱和聚酯树脂，作为结构和采光材料使用。

（3）常用的建筑塑料制品

①塑料门窗：分为全塑料门窗、喷塑钢门窗、塑钢门窗。不需要粉刷油漆，维修保养方便。塑钢是以聚氯乙烯（PVC）树脂为主要原料经挤出成型材。

②塑料管件及管材：按用途分为受压管和无压管，按主要原料分为聚氯乙烯管、聚乙烯管、聚丙烯管、玻璃钢管等，用于建筑排水管、给水管、雨水管、电线穿线管、天然气输送管等。

③塑料装饰板：

a. 硬质 PVC 板材：平板、波形板、格子板、异型板等，不透明 PVC 波形板可用于外墙装饰。

b. 防火板：又称塑料贴面板，由表层纸、色纸、多层牛皮纸构成。表层纸和色纸经过三聚氰氨树脂浸染。防火板用于室内外的门面、墙裙、包柱、家具等处的贴面装饰。

c. 覆塑装饰板：以塑料贴面板或塑料薄膜为面层，以胶合板等为基层，采用胶粘剂热压而成。有覆塑胶合板、覆塑中密度纤维板、覆塑刨花板。覆塑装饰板用于建筑内装修及家具。

d. 塑料壁纸：以纸或其他材料为基材，表面进行涂塑后，再经印花、压花或发泡处理等工艺制成的墙面装饰材料。其装饰效果好，粘贴方便。

e. 铝塑板：铝塑板又称为铝塑复合板，上下层为高纯度铝合金板，中间为低密度聚乙烯芯板，是复合一体的新型墙面装饰材料。其具有轻质高强、优异的光洁度、易清洗、良好的加工性等特点。

f. 塑料地板：有 PVC 塑料地板（图1.86）、石棉塑料地板、软质 PVC 地卷材、CPE 地卷材等，具有质轻、耐磨、防潮、有弹性、易清洁等优点，广泛用于室内地面装饰。

g. 阳光板（图1.87）：采用聚碳酸酯合成着色剂开发的一种新型室外顶棚材料，有中空板和实心板两类，中空板一般中心成条状气孔。其具有透明度高、质轻、抗冲击、隔声、难燃等特点。

图 1.86 塑料地板

图 1.87 阳光板

【相关知识】

◆ 建筑涂料的储存和保管

(1)建筑涂料在储存和运输过程中,应按不同批号、型号及出厂日期分别储运。

(2)建筑涂料储存时,应在指定专用库房内,并保证通风、干燥、防止日光直接照射,其储存温度为 5～35 ℃。

(3)溶剂型建筑涂料存放地点必须防火,必须满足国家有关的消防要求。

(4)对未用完的建筑涂料应密封保存,不得泄漏或溢出。

(5)存放时间过长要经过试验才能使用。

【实践一下】

找到一家建筑涂料制造商的网站,总结这家制造商提供的产品种类、适用场所及价格。

实训 1

项目名称　园林建筑材料认知 1

实训目的

(1)掌握材料分类;
(2)熟悉材料性能及适用范围;
(3)熟悉材料的应用。

其他材料识别

实训任务

利用课上及课余时间对各园林场所进行调研,并拍照。

操作要求

在本门课程的学习中,每个学生都应完成不少于 40 份的景观细节照片记录。其中 20 份记录是学生认为在美学、功能、耐久性方面比较成功的案例;另外 20 份记录则要指出案例中的明显败笔。

每份记录中都应该包含以下信息:

(1)总体描述　记录方法举例:现浇混凝土人行道;鹅卵石广场。

(2)大概位置　记录方法举例:西丽留仙大道西丽医院旁人行道;深圳职业技术学院西校区校园。

(3)20 个成功案例　简短说明为什么认为它优秀。

(4)20 个问题案例　简短说明具体的问题所在(开裂、位移、剥落等),并推测问题产生的原因(积水、过载、缺少伸缩缝等)。如果有导致安全隐患的问题,则需特别指出。

(5)每份记录中的照片都必须是学生自己拍摄的,不得在网上下载或使用他人拍摄的照片。要求学生们使用数字手段展示照片记录,统一使用 PowerPoint 软件。每一页 PPT 包含 1 张照片和相关文字信息。

实例展示:

砖与石灰石砌的墙。
学生活动中心旁的主校区内。
砖与石灰石之间相互补充,并与周围建筑相配合。
两种材料都有吸引人的古旧外表。

*成功的景观细部的照片记录实例

砂浆砌缝砖铺装带,嵌在混凝土铺装人行道中。
市中心,法院大楼对面。
砖块开裂、剥落,砂浆缝被破坏。
本案例中没有关于膨胀材料的可见证据。

*不成功的景观细部的照片记录实例

实训 2

项目名称 园林建筑材料认知 2

实训目的

了解常用园林建筑材料的类型、应用与价格。

实训任务

走访材料市场、街边店铺和施工现场等,咨询常用园林建筑材料的价格。

操作要求

本次实训要求为分组分项,3~4 人为一组,每组负责调研一类基本材料(至少包含 10 种不同用途的材料)的价格,课堂一一展示材料样品并报价。

1)材料种类

➤石材(天然石材 + 人造石材)

➤建筑装饰陶瓷

➤砖和其他砌体材料

➤胶凝材料——水泥、建筑石膏、石灰

➤混凝土

➤建筑砂浆

➤木材(天然木材 + 人造木材)

➤金属

➤建筑玻璃

➤建筑涂料

2）成果要求

前7类材料需带回相应材料样品并贴上价格标签，课堂展示说明其一般用途并报价，注意价格的单位，如 m²、m³、t、kg、片、桶、L 等。建筑涂料组可采用拍照的形式说明用途及价格，不必带回材料样品，照片包含原始包装桶及使用后实际墙、地面实景。

本章小结

（1）园林工程基本建筑材料是指构成园林建筑物或构筑物的基础、梁、板、柱、墙体、屋面、地面以及室内外景观装饰工程所用的材料。基本建筑材料通常按照化学成分不同进行分类，可分为无机材料、有机材料和复合材料三大类。

（2）建筑材料的物理性质包括与质量有关的性质：密度、表观密度、堆密度、密实度、空隙率、填充率、孔隙率等；与水有关的性质：亲水性、吸水性、耐水性、抗渗性、抗冻性等；与热有关的性质：导热性、热容量、比热、温度变形性等。建筑材料的基本力学性质包括：材料的强度、弹性与塑性、脆性和韧性、硬度和耐磨性等。

（3）石材包括天然石材和人造石材。天然石材根据用途可分为砌筑用石材和饰面石材。用于建筑表面装饰和保护作用的石材主要有大理石和花岗岩。石材表面的加工方法常有抛光、亚光、烧毛、机刨纹理、剁斧、喷砂等方法。人造饰面石材属于水泥混凝土或聚酯混凝土的范畴。按其所用材料不同，通常有 4 类：树脂型、水泥型、复合型、烧结型。

（4）砖、砌块和板材是用于墙体的最重要的砌筑材料。按照使用用途分为：砌筑用砖和铺装用砖；砌墙砖按照生产工艺分为烧结砖和非烧结砖；按照孔洞率的大小分为实心砖、多孔砖和空心砖；砌块按照尺寸和质量的大小不同分为小型砌块、中型砌块和大型砌块；按照外观形状分为实心砌块和空心砌块；按照材质不同分为混凝土砌块、轻集料混凝土砌块和硅酸盐砌块。

（5）建筑陶瓷制品包括釉面内墙砖、陶瓷墙地砖、陶瓷锦砖。

（6）玻璃是既能有效地利用透光性，又能调节、分隔空间的唯一材料。玻璃制品的主要品种有普通平板玻璃、装饰平板玻璃、安全玻璃、保温绝热玻璃等。

（7）金属材料通常分为黑色金属和有色金属两大类。黑色金属主要指铁、铁合金、铬和锰。常用建筑钢材有碳素结构钢、低合金结构钢、热轧钢筋、低碳热轧圆盘条、冷拉钢筋、钢丝、钢绞线、型钢等。园林工程中所用的钢材包括各种型钢、钢板和钢筋混凝土中的各种钢筋与钢丝。

（8）木材具有轻质高强、弹性和韧性好、耐冲击和振动，保温性好、易着色和油漆、装饰性好、易加工等特点。木材用于各种承重构件和门窗、地面和装饰工程、制作家具、胶合板等。木材常用类型有胶合板、纤维板、刨花板、细木工板、木地板、木骨架、木线条等。

（9）胶凝材料通常分为有机胶凝材料和无机胶凝材料。无机胶凝材料又可分为气硬性胶凝材料和水硬性胶凝材料。气硬性胶凝材料有石灰、石膏、水玻璃等；水硬性胶凝材料有各种水泥。硅酸盐系列水泥应用最广，主要类型有硅酸盐水泥、普通水泥、矿渣水泥、火山灰水泥、粉煤灰水泥。

（10）混凝土是由胶凝材料、骨料和水（或不加水）按适当的比例配合、拌和制成混合物，经一定时间后硬化而成的人造石材。按表观密度分为普通混凝土、轻混凝土、重混凝土三类。

（11）砂浆是由胶凝材料、细骨科、掺加料和水按适当比例配制而成的建筑材料。按砂浆用途可分为砌筑砂浆、抹面砂浆、装饰砂浆及特种砂浆等。

（12）工程上常用的防水材料有屋面瓦、金属或塑料屋面板,防水卷材、防水涂料、建筑密封材料等。此外,用于刚性结构防水的还有防水混凝土和防水砂浆等材料。

（13）建筑涂料是指涂刷于建筑物表面,能与基体材料很好黏结,形成完整而紧韧的保护膜的一类物质。按使用部位可分为外墙涂料、内墙涂料、地面涂料、顶棚涂料等。

（14）塑料具有表观密度小、比强度大、加工性能好、耐腐蚀性好、电绝缘性好、导热性低、富有装饰性等优点。常用的建筑塑料制品有塑料门窗、塑料管件及管材、塑料装饰板等。

复习思考题

1. 建筑材料按化学成分可以分为哪些类型? 各类型举出 3 种材料种类。

2. 什么是材料的密度、表观密度和堆密度? 如何计算?

3. 什么是材料的强度? 材料的等级是怎样划分的?

4. 天然大理石有哪些常用品种? 天然花岗岩有哪些常用品种? 这些品种有什么特点?

5. 石材表面的加工常有哪些方法? 各有什么特点?

6. 建筑陶瓷分哪几类? 常用建筑陶瓷制品各有何特点?

7. 常用建筑玻璃有哪些特性? 各主要用于建筑物哪些部位?

8. 常用的人造板材有哪些? 其特点、用途如何?

9. 石灰的技术性质和应用如何?

10. 建筑石膏的主要成分是什么? 建筑石膏有哪些特性及用途?

11. 硅酸盐水泥有哪些特性? 主要适用于哪些工程?

12. 普通混凝土的组成材料有哪几种?

13. 装饰砂浆饰面常有哪些做法?

14. 工程上常用的防水材料有哪些? 用于坡屋面刚性防水材料有哪些类型?

15. 热塑性塑料有什么特性? 有哪些材料类型? 各类型有什么特点? 用途怎样?

下篇
园林建筑构造

2 园林建筑构造设计概论

[学习目标]

通过本章的学习，了解园林建筑构造的内容、影响因素及设计原则，了解园林建筑的结构分类，熟悉建筑物的基本组成，掌握建筑构造的研究内容及方法。

[项目引入]

参观园林建筑，了解建筑物的结构类型，分析其基本组成部分及各部分所用材料。

[讲课指引]

阶段1　学生在教师讲授本章之前完成的内容

查阅相关书籍或网络，自学"园林建筑构造的内容、建筑物的组成"等内容。

阶段2　学生跟随教师的课程进度完成的内容

参观园林建筑，教师带领学生现场解剖建筑物，分析其结构类型、组成部分及各部分所用材料和构造方法等，让学生初步了解建筑构造的研究内容和方法。

2.1　概述

园林建筑是民用建筑中公共建筑的一类，因此普通园林建筑主要组成部分及构配件的构造方法与民用建筑构造方法基本相同。

2.1.1　园林建筑构造的内容和特点

1）园林建筑构造的内容

随着科学技术的进步，建筑构造已发展成为一门技术性很强的学科。建筑构造主要研究建筑物各组成部分的构造原理和构造方法，是建筑设计不可分割的一部分，对整体的设计创意起着具体表现和制约作用。通过建筑物的构造方案、构配件组成的节点、细部构造及其相互间的连接和对材料的选用等各方面的有机结合，使建筑实体的构成成为可能，从而完成建筑物的整体与空间的形成。

2）园林建筑构造的特点

建筑构造设计具有实践性强和综合性强的特点。在内容上是对实践经验的高度概括，并且涉及建筑材料、建筑力学、建筑结构、建筑物理、建筑美学、建筑施工和建筑经济等有关方面的知识。根据建筑物的功能要求，对细部的做法和构件的连接、受力和合理性等都要加以考虑。同时，还应满足防潮、防水、隔热、保温、隔声、防火、防震、防腐等方面的要求，以利于提供适用、安全、经济、美观的构造方案。

建筑结构中的每一个基本部分称为建筑构件，主要是指墙、柱、楼板、屋架等承重结构；建筑

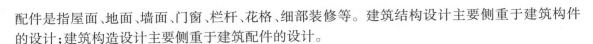

配件是指屋面、地面、墙面、门窗、栏杆、花格、细部装修等。建筑结构设计主要侧重于建筑构件的设计;建筑构造设计主要侧重于建筑配件的设计。

2.1.2 园林建筑构造设计在建筑设计及施工中的作用

园林建筑构造设计是建筑设计中的重要环节和组成部分,它是在建筑平、立、剖面设计基础之上的继续和深入,贯穿于整个设计的全过程。构造设计方案的好坏,直接影响到建筑物的使用和美观、投资资金、施工难易和使用安全等,因此它是一项不可忽视的设计内容,对丰富建筑创作、优化建筑设计起着非常重要的作用。

园林建筑构造设计也是建筑工程施工的主要依据,它是直接体现工程技术的有效手段。建筑构造设计的最终目的是保证设计意图的最佳实现,因此,在施工图设计和构造详图设计中,要考虑施工的可操作性。

2.1.3 园林建筑构造的研究内容及方法

1)研究内容

(1)构造组成 研究建筑物的各个组成部分及作用。

(2)构造原理 研究建筑物的各个组成部分的构造要求及符合这些要求的构造理论。

(3)构造方法 研究在构造原理的指导下,用性能优良、经济可行的园林建筑材料和建筑制品构成配件以及构配件之间的连接方法。

2)研究方法

(1)选定符合要求的园林建筑材料与建筑产品。

(2)确定整体构成的体系与结构方案。

(3)全方面考虑建筑构造节点和细部处理所涉及的多种因素。

2.2 建筑物的组成

园林建筑作为建筑的类型之一,具有建筑的一般性质和特点。解剖建筑,我们不难发现它们均是由基础、墙或柱、楼地层、楼梯、屋顶、门窗等几大部分组成(图2.1)。根据这些构件所处的位置不同,作用也不同,现将各组成部分及其作用分述如下:

(1)基础 基础是建筑物底部与地基接触的承重结构,它承受着建筑物的全部荷载,并保证这些荷载传到地基,故要求它必须具有足够的承载力和稳定性,防止不均匀沉降,而且能够经受冰冻和地下水及地下各种有害因素的侵蚀。基础的结构形式取决于上部荷载的大小、承重方式以及地基特性。

(2)墙和柱 墙和柱都是建筑物的竖向承重构件,墙的主要作用是承重、维护和分隔空间。作为承重构件,它承受着屋顶、楼层传来的各种荷载,并把这些荷载传给基础。作为维护结构,外墙起着抵御自然界风、雨、雪、寒暑及太阳辐射的作用。内墙则起着分隔空间、隔声、遮挡视线、避免相互干扰等作用。对于墙体还需要足够的承载力、稳定性、良好的热功能和防火、防水、隔声等性能。

(3)楼板和地面层 楼板是水平方向的承重结构,同时还兼有在竖向划分建筑内部空间的功能。楼板承担建筑的楼面荷载,并把这些传给墙或梁,同时对墙体起到水平支撑的作用,它应具有足够的强度和刚度。地面层是指建筑物底层之地坪,地面层有均匀传力及防潮、保温等要求,应具有坚固、耐磨、易清洁等性能。

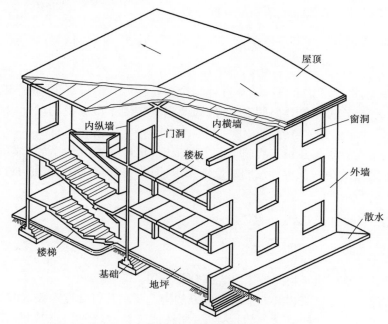

图2.1　建筑物的组成

（4）楼梯　楼梯是建筑物中联系上下层的垂直交通工具,供人们交通及紧急疏散之用。因此,楼梯应具有足够的通行能力,并且坚固和安全。

（5）门窗　门的功能主要是供人们出入建筑物和房间。门应具有足够的宽度和数量,并考虑它的特殊要求,如防火、隔声等。窗主要用来采光、通风和观景。窗应有足够的面积。由于门窗均是建筑立面造型的重要组成部分,因此在设计中还应注意门窗在立面上的艺术效果。

（6）屋顶　屋顶是建筑顶部的承重和维护构件,用来抵御自然界风、霜、雨、雪的侵袭和太阳辐射。屋顶承受建筑物顶部荷载和风雪的荷载,并将这些荷载传给墙或柱。因此,屋顶应有足够的承载力,并能满足防水、排水、保温、隔热、耐久等要求。

建筑物除了上述基本组成部分外,还有配件设施,如雨篷、阳台、台阶、通风道等。

2.3　影响园林建筑构造设计的因素与设计原则

2.3.1　影响园林建筑构造设计的因素

任何建筑物都要经受着自然界各种因素的考验,为了提高建筑物对这些不利因素的抵御能力,延长建筑物的使用寿命,在进行建筑构造设计时,必须选用适宜的建筑材料和构造方案。归纳起来这些影响建筑构造的因素大致分为以下几方面:

园林建筑构造
设计影响因素
和原则

1）外界环境的影响

外界环境的影响是指自然界和人为的影响。

（1）外界作用力的影响　外力包括人、家具和设备的重量,结构自重,风力、地震作用以及雨雪重量等。这些通称为荷载。荷载对选择结构类型和构造方案以及进行细部构造设计都是非常重要的依据。

（2）气候条件的影响　如日晒雨淋、风雪冰冻、地下水等。对于这些影响,在构造上必须做必要的防护措施,如防水防潮、防寒隔热、防温度变形等。

(3)人为因素的影响   如火灾、机械振动、噪声等的影响,在建筑构造上需采用防火、防震和隔声的相应措施。

2)建筑技术条件的影响

建筑技术条件指建筑材料技术、结构技术和施工技术等。随着这些技术的不断发展和变化,建筑构造技术也在改变着。例如,砖混结构建筑构造体系不可能与木结构建筑构造体系相同。同样,钢筋混凝土建筑构造体系也不可能和其他结构的构造体系一样。所以建筑构造做法不能脱离一定的建筑技术条件而存在。

3)建筑标准的影响

建筑标准包含的内容较多,与建筑构造关系密切的主要有建筑的造价标准、建筑装修标准和建筑设备标准。标准高的建筑,其装修质量好,设备齐全且档次高,建筑的造价相应也较高;反之,则造价较低。标准高的建筑,构造做法考究;反之,构造只能采取一般的做法。因此,建筑构造的选材、选型和细部做法无不根据标准的高低来确定。一般来讲,大量性建筑多属一般标准的建筑,构造方法往往也是常规的做法,而大型性的公共建筑,标准则要求高些,构造做法上对美观的考虑也更多一些。

2.3.2   园林建筑构造设计的设计原则

影响建筑构造的因素很多,构造设计要同时考虑这许多问题,有时错综复杂的矛盾交织在一起,设计者只有根据以下原则,分清主次和轻重,综合权衡利弊而求得妥善处理。

(1)坚固实用   即在构造方案上首先应考虑坚固实用,保证建筑物的整体刚度,安全可靠,经久耐用,同时还要满足建筑物的各项使用要求。

(2)技术先进   建筑构造设计应该从材料、结构、施工三方面引入先进技术,但是必须注意因地制宜,不能脱离实际。

(3)经济合理   建筑构造设计都应考虑经济合理,在选用材料上要注意就地取材,节约钢材、水泥、木材三大材料,并在保证质量的前提下降低造价。

(4)美观大方   建筑构造设计是初步设计的继续和深入,建筑要做到美观大方,构造设计是非常重要的一环。

2.4   园林建筑的结构分类

1)木结构

木结构指竖向承重结构和横向承重结构均为木料的建筑。它由木柱、木梁、木屋架、木檩条等组成骨架,而内外墙可用砖、石、木板等组成,成为不承重的维护结构(图2.2)。木结构建筑具有自重轻、构造简捷、施工方便等优点。我国古代建筑物大多采用木结构。今天由于我国木材资源有限,致使木结构在使用中受到一定限制,又因木材具有易腐蚀、易燃、易爆、耐久性差等缺点,所以目前单纯的大型木结构已极少使用,而小型园林建筑,如花架、亭等使用木结构较普遍。但在盛产木材的地区或有特殊要求的建筑仍可采用木结构建筑。

2)砌体结构

由各种砖块、块材和砂浆按一定要求砌筑而成的构件称为砌体或墙体。由各种砌体建造的结构统称为砌体结构或砖石结构(图2.3)。近年来,为了节约耕地,墙体改革出现了一些新型材料,如各种混凝土砌块、各类硅酸盐材料制成的砌块及各种形式的烧结多孔砖等。以砖墙、钢筋混凝土楼板及屋顶承重的建筑物,一般称为混合结构或砖混结构(图2.4)。

图2.2　木结构

图2.3　砖石砌体结构

图2.4　砖混结构

这种结构的优点是原材料来源广泛,易于就地取材和废物利用,施工也较方便,并具有良好的耐火、耐久性和保温、隔声性能;缺点是砌体强度低,用实心砌块砌体结构自重大,砖与小型块材如用手工砌筑工作繁重,砂浆与块材直接黏结力较弱,砌体的抗震性能也较差。

3)钢筋混凝土结构

钢筋混凝土结构是指建筑物的承重构件都用钢筋混凝土材料(图2.5),包括墙承重和框架承重,现浇和预制施工。此结构的优点是整体性好、刚度大、耐久、耐火性能较好。现浇钢筋混凝土结构有费工、费模板、施工期长的缺点。钢筋混凝土结构因为布置的方式不同,有框架结构、框架-剪力墙结构、筒体结构及板柱-剪力墙结构等。

图2.5   钢筋混凝土结构

4）钢结构

　　钢结构的主要承重构件均用型钢制成。它具有强度高、重量轻、平面布局灵活、抗震性能好、施工速度快等特点，既可用于大跨度空间，也可用于小空间，在园林建筑中应用越来越广（图2.6）。

5）特种结构

　　这种结构又称空间结构，它包括悬索、网架、壳体、索-膜等结构形式（图2.7）。适宜于大跨度空间，如园林中被广泛应用的张拉膜即为该种结构。

图2.6   钢结构

图2.7   特种结构

2.5   园林建筑标准化和模数协调

2.5.1   建筑标准化

　　实行建筑标准化，可以有效地减少建筑构配件的规格，在不同的建筑中采用标准构配件，进而提高工作效率，保证施工质量，降低造价。

　　建筑标准化包括两个方面：

（1）制定各种法规、规范标准，使设计有章可循；

（2）设计和施工中推进建筑标准化。

2.5.2　建筑模数

模数是选定的标准尺度单位，作为建筑物、建筑构配件、建筑制品以及有关尺寸相互协调中的增值单位，其目的是使构配件安装吻合，并有互换性。

1）基本模数

基本模数是模数协调中选用的基本单位，其数值为 100 mm，符号为 M，即 1M = 100 mm。整个建筑物和建筑物的一部分以及建筑组合件的模数化尺寸，应是基本模数的倍数。

2）导出模数

导出模数分为扩大模数和分模数。

（1）扩大模数　基本模数的整数倍数，如 3M,6M,12M 等。

（2）分模数　整数除基本模数的数值，如 1/10M,1/5M,1/2M 等。

3）模数数列

以选定的模数基数为基础而展开的模数系统，可以保证不同建筑及其组成部分之间尺度的协调统一，有效地减少建筑尺寸的种类，并确保尺寸具有合理的灵活性。

（1）水平基本模数的数列幅度　1M ~ 20M，它主要应用于门窗洞口和构配件的断面尺寸。

（2）竖向基本模数的数列幅度　1M ~ 36M，它主要应用于建筑物的层高、门窗洞口和构配件的断面尺寸。

（3）水平扩大模数的数列幅度

3M 时为 3M ~ 76M；

6M 时为 6M ~ 96M；

12M 时为 12M ~ 120M；

15M 时为 15M ~ 120M；

30M 时为 30M ~ 360M；

60M 时为 60M ~ 360M；

必要时幅度不限。

水平扩大模数主要应用于建筑物的开间或柱距、进深或跨度、构配件尺寸和门窗洞口尺寸。

（4）竖向扩大模数的数列幅度　不受限制，它主要应用于建筑物的高度、层高和门窗洞口等处。

（5）分模数的数列幅度

1/10M 时为 1/10M ~ 2M；

1/5M 时为 1/5M ~ 4M；

1/2M 时为 1/2M ~ 10M。

分模数主要用于缝隙、构造节点、构配件截面等处。

2.5.3　预制构件的 3 种尺寸

为了保证建筑物构配件的安装与有关尺寸间的相互协调，在建筑模数协调中把尺寸分为以下 3 种。

（1）标志尺寸　应符合模数数列的规定,用以标注建筑物定位轴面、定位面或定位轴线、定位线之间的垂直距离(如开间或柱距、进深或跨度、层高等)以及建筑构配件、建筑组合件、建筑制品及有关设备界限之间的尺寸。

（2）构造尺寸　建筑构配件、建筑组合件、建筑制品等的设计尺寸。一般情况下,标志尺寸减去缝隙为构造尺寸。

（3）实际尺寸　建筑物构配件、建筑组合件、建筑制品等生产制作后的实有尺寸。实际尺寸与构造尺寸之间的差数应符合建筑公差的规定。

几种尺寸之间的关系如图2.8所示。

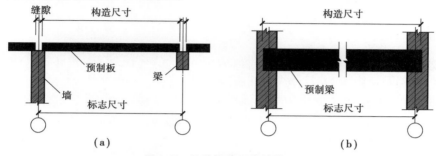

图2.8　几种构造尺寸的关系
(a)标志尺寸大于构造尺寸;(b)构造尺寸大于标志尺寸

实训

项目名称　园林建筑构造分析

实训目的

了解园林建筑的结构类型、组成部分、所用材料和构造方法。

实训任务

参观公园,分析并初步了解不同园林建筑物的结构类型和构造方法,分析具体的影响因素,为后面章节的具体学习做准备。

操作要求

本次实训要求在老师带领下去公园参观考察不同的园林建筑物,现场拍照并分析其结构类型及特点,掌握各部分所用材料,能够对建筑物进行初步的构造分析。

1）考察对象

考察对象为各种园林建筑物,包括门卫房、厕所、小卖部、各种墙体、亭廊架、景梯等。

2）考察内容

（1）结构类型　包括木结构、砌体结构、钢筋混凝土结构、钢结构、特种结构等。

（2）构造特点　包括建筑物的组成部分、各部分所用材料和构造方法、不同部分的构造衔接方法以及重要节点的处理方法等。

（3）影响因素　包括外界环境的影响、建筑技术条件的影响、建筑标准的影响等。

3)成果要求

个人独立完成某园林建筑物的构造分析,内容包括结构类型、构造方法及影响因素分析等。要求绘制 A2 图纸,图文并茂。具体如下:

①建筑物全景照片 2 张,展示建筑物的外观及周围环境。

②建筑物正面照和侧面照各 1 张,分析其结构类型和组成部分。

③各个组成部分的照片 1 张,分析所用材料。

④重要节点的照片 1~2 张,分析具体的构造处理方法。

⑤文字说明该建筑物的结构类型、组成部分及影响因素等。

本章小结

(1)建筑构造主要研究建筑物各组成部分的构造原理和构造方法,是建筑设计不可分割的一部分,对整体的设计创意起着具体表现和制约作用。

(2)园林建筑主要是由基础、墙(柱)、楼板和地面层、楼梯、门窗、屋顶等构件组成。

(3)影响建筑构造的因素大致包括外界环境、建筑技术条件及建筑标准的影响;其中外界环境的影响又包括外界作用力、气候条件、人为因素等影响。

(4)建筑构造的设计原则包括坚固实用、技术先进、经济合理、美观大方等方面。

(5)建筑结构可以分为木结构、砌体结构、钢筋混凝土结构、钢结构、特种结构等。

(6)我国规定基本模数的数值为 1M,其符号为 M,即 1M 等于 100 mm。整个建筑物和建筑物的一部分以及建筑组合件的模数化尺寸,应是基本模数的倍数。

复习思考题

1.建筑构造的研究内容有哪些? 研究方法是什么?

2.影响建筑构造设计的因素有哪些? 建筑构造设计的基本原则是什么?

3.什么是建筑标准化? 什么是基本模数? 什么是扩大模数和分模数?

4.标志尺寸、构造尺寸和实际尺寸的相互关系是什么?

3 景 墙

[学习目标]

　　通过本章的学习,了解景墙的作用与形式,掌握砌体结构景墙各组成部分的构造方法。

[项目引入]

　　参观实景景墙,了解景墙的作用与形式,在教师的指引下了解其各组成部分的构造做法。

[讲课指引]

　　阶段1　学生在教师讲授本章之前完成的内容

　　(1)查阅相关书籍或网络,自学"景墙的作用与形式"等内容;

　　(2)设计一个景墙,要求造型简洁、具有现代气息,绘制景墙的平、立、剖面图,标注完整的尺寸。

　　阶段2　学生跟随教师的课程进度完成的内容

　　对景墙的基础、墙体、门窗洞口等进行详细的构造设计。

　　阶段3　最后成图

　　将全部图纸绘制在1张A2图纸上。

3.1　园墙的作用、形式、常用材料

　　景墙具有隔断、划分组织空间的作用,也具有围合、标识、衬景的功能。景墙本身还具有装饰、美化环境、制造气氛并获得亲切、安全感等多功能作用。景墙的高度一般控制在2 m以下,使之成为园景的一部分,景墙的命名也由此而来。有时候在某些场合,为突出管理安全和观瞻效果,或用轻钢扁铁分格串联成栅,或用铁丝、竹木、茅苇等编成篱笆式的遮挡,以虚(漏透)围成具有一定垂直界面的空间,称为"围篱"。景墙和围篱形式繁多,根据其材料和剖面的不同有土、石、砖、瓦、轻钢、绿篱等。从外观上又有高矮、曲直、虚实、光洁与粗糙、有檐与无檐之分。本章仅讨论一般景墙的构造。一般的景墙分为基础、墙体、顶饰、墙面饰和墙面洞口等部分(图3.1、图3.2)。

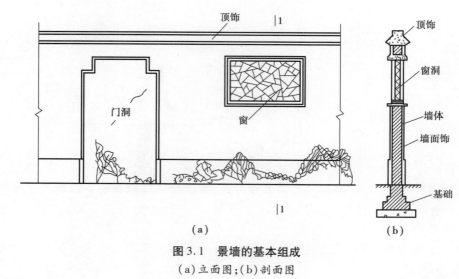

图 3.1　景墙的基本组成

(a)立面图;(b)剖面图

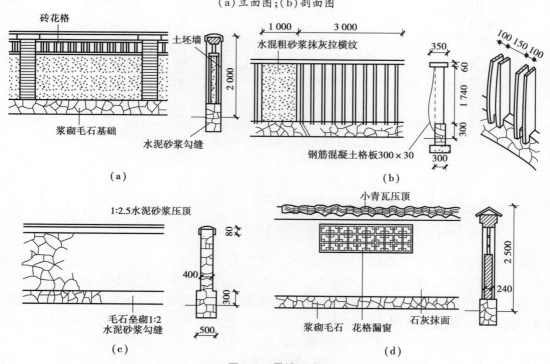

图 3.2　景墙形式

(a)花格土筑景墙;(b)混凝土竖板景墙;(c)虎皮墙;(d)花格漏窗砖墙

3.2　基础

3.2.1　基础与地基

基础与地基微课

1)基础与地基的基本概念

在园林建筑工程上,把建筑物与土层直接接触的部分称为基础。基础是建筑物最下部的承重构件,是建筑物的重要组成部分,基础是墙柱等上部结构在地下的延伸,是把墙柱的自重及相应的荷载传至地基(图 3.3)。支撑建筑物重量的土层称为地基,地基不是建筑物的组成部分。

2)地基的分类

地基主要分为两大类:天然地基和人工地基。

(1)天然地基 天然地基是指土层本身具有足够的强度,能直接承受建筑物的荷载。

(2)人工地基 人工地基是指需要对土壤进行人工加工或加固处理后才能承受建筑物荷载的地基。人工加固的常用方法有:压实法、换土法和桩基。

①压实法:就是利用重锤或机械碾压将土壤中的空气排除,从而提高土壤的密实性以增强地基土壤的承载能力(图 3.4)。

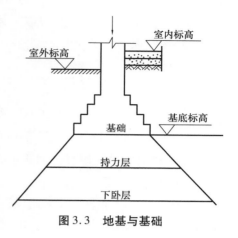

图 3.3 地基与基础

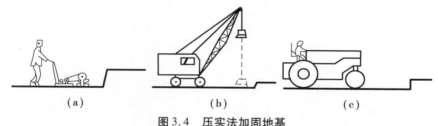

图 3.4 压实法加固地基

(a)夯实法;(b)重锤夯实法;(c)机械碾压法

②换土法:就是将地基中的部分软弱土层挖去,换以承载力高的坚实土层,从而达到提高地基土壤承载能力的目的(图 3.5)。

③桩基:就是将钢筋混凝土桩打入或灌入土中,把土壤挤实或把桩直接打入地下坚实的土壤层中,达到提高地基土壤承载能力的目的。

3)基础埋深

(1)基础的埋深概念 室外设计地面至基础底面的垂直距离称为基础的埋置深度,简称基础的埋深(图 3.6)。

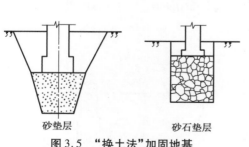

图 3.5 "换土法"加固地基

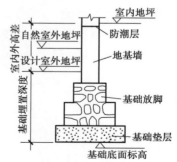

图 3.6 基础埋置深度

(2)基础的分类 基础可分为浅基础、深基础和不埋基础。

①浅基础:一般埋深小于 4 m 的称浅基础。

②深基础:埋深大于 4 m 的称深基础。

③不埋基础:当基础直接做在地表面上时,称不埋基础。

从施工和造价方面考虑,园林一般建筑,基础应优先选用浅基础。

(3)影响因素 实际中,影响基础埋置深度的因素有很多,归纳起来主要有以下几种:

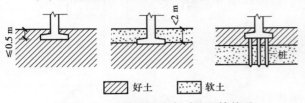

图3.7 地基土层分布对埋深的关系

①地基土层构造的影响:地基土大致可分为好土层及软土层。建筑物的基础必须优先考虑建造在坚实可靠的好土层上(图3.7)。

a. 地基由均匀的良好土构成,基础应尽量浅埋。

b. 地基上层为软土,厚度在 2 m 以内;下层为好土,基础应埋在下层好土上。

c. 地基由好土和软土交替组成,总荷载小的建筑可将基础埋在好土内;总荷载大的建筑应采用人工地基或把基础埋在下面的好土上或利用桩基础。

②地下水位的影响:因为地基土中含水量的大小直接影响地基的承载能力,含水量越大,则地基的承载力越小,故建筑物的基础应尽量埋在最高地下水位线之上。但当地下水位较高,基础不能埋在地下水位线之上时,则应将基础底面埋置在最低地下水位 200 mm 以下,以免使基础底面处于地下水位变化的范围之内,如图3.8所示。

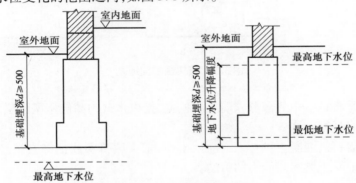

图3.8 地下水位的影响

③冰冻深度的影响:冰冻土与非冻土的分界线称为冰冻线。各地由于气候不同,冰冻线的深度也不相同,如北京地区为 0.6~1.0 m;哈尔滨地区则达到 2 m;南方炎热地区的冰冻线深度很小,甚至无冻土,如湖南、广东等。

土层在冻结与解冻时,将会使基础分别产生拱起和下沉的不良影响,因此一般要求基础底面应埋在冰冻线 200 mm 以下处,如图3.9所示。

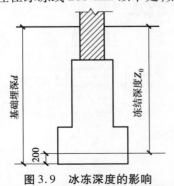

图3.9 冰冻深度的影响

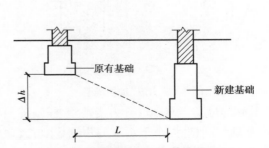

图3.10 相邻建筑物与埋深的关系

④相邻建筑物的影响:两相邻建筑中,新建建筑的基础不宜深于原有房屋的基础。但当不

能满足这项要求时,则两基础之间的水平距离应大于或等于两基础底面高差值的 $1 \sim 2$ 倍,即 $L \geqslant (1 \sim 2) \Delta h$,如图 3.10 所示。

此外,房屋的用途、基础的形式与构造等均对基础的埋置深度有一定的影响。

基础分类微课　刚性基础微课

3.2.2 基础的分类

1)按材料及受力特点分类

(1)刚性基础　刚性基础所用的材料如砖、石、混凝土等,它们的抗压强度较高,但抗拉及抗剪强度偏低。因此,用此类材料建造的基础,应保证其基底只受压,不受拉。由于受地耐力的影响,基底应比基顶墙(柱)宽些,即 $b > b_0$,如图 3.11(a)所示。地耐力越小,基底宽度 b 就越大。当 b 很大时,基底挑出部分 b_2 也很大,此时就可能出现基底部分受拉而开裂破坏的情况。

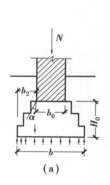 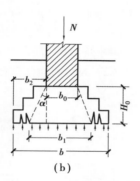 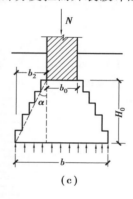

(a)　　　　　　　　　(b)　　　　　　　　　(c)

图 3.11　刚性基础受力特点

(a)基础放坡在允许值范围内,基底受压;(b)基底加宽,放坡比例不合适、基底部分受拉破坏;
(c)基础宽度加大,其深度也应相应加大,满足放坡比例

试验表明,不同材料构成的基础,其传递压力的角度也不相同,刚性基础中压力分布角 α 称为刚性角,如图 3.11(b)所示。在设计中,应尽力使基础大放脚与基础材料的刚性角相一致,以确保基础底面不产生拉应力,最大限度地节约基础材料,如图 3.11(c)所示。受刚性角限制的基础称为刚性基础。构造上通过限制刚性基础宽高比来满足刚性角的要求。刚性基础的允许宽高比值见表 3.1。

表 3.1　刚性基础台阶宽高比允许值

基础材料	质量要求		台阶宽高比允许值		
			$p_k \leqslant 100$	$100 \leqslant p_k \leqslant 200$	$200 \leqslant p_k \leqslant 300$
混凝土基础	C15 级混凝土		1:1.00	1:1.00	1:1.25
毛石混凝土基础	C15 级混凝土		1:1.00	1:1.25	1:1.50
砖基础	砖不低于 MU7.5	砂浆不低于 M5	1:1.50	1:1.50	1:1.50
		M2.5 砂浆	1:1.50	1:1.50	—
毛石基础	M2.5 ~ M5 砂浆		1:1.25	1:1.50	—
	M1 砂浆		1:1.50	—	—

续表

基础材料	质量要求	台阶宽高比允许值		
		$p \le 100$	$100 \le p \le 200$	$200 \le p \le 300$
灰土基础	体积比3:7或2:8,最小干密度:粉土 1.55 t/m³;粉质黏土 1.50 t/m³;黏土 1.45 t/m³	1:1.25	1:1.50	—
三合土基础	体积比为1:2:4~1:3:6三合土,每层 200 mm 厚,夯至 150 mm	1:1.50	1:2.00	—

①砖基础:砖基础是一般砖混建筑常选的一种基础形式。选用的砖块标号一般不低于 MU7.5,基础部分砌筑用砂浆通常为水泥砂浆。基础采用台阶式逐级放大,称为大放脚。根据表 3.1 要求,大放脚台阶宽高比≤1:1.50。为此,大放脚常有两种做法:一是每两皮砖外挑 1/4 砖的二皮一收法,称为等间式,如图 3.12(a)所示;二是每两皮砖挑 1/4 砖与每一皮砖挑 1/4 砖相间砌筑的二一间隔收法,称为间隔式,如图 3.12(b)所示。砖基础砌筑前,基槽底应铺 20 mm 厚的砂浆,最下面一个台阶的高度不小于 120 mm,同时砖基础的底面宽度应符合砖的模数。

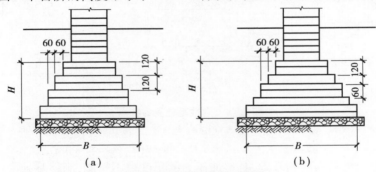

图 3.12　砖基础构造示意

(a)等间式;(b)间隔式

②混凝土基础:混凝土基础具有坚固、耐久、耐水、刚性角大,可根据需要任意改变形状的特点,常用于地下水位高、有冰冻作用的建筑物,也可与砖基础合用。混凝土基础台阶宽高比为 1:1~1:1.5,实际使用时可把基础断面做成阶梯形,如图 3.13 所示。

③毛石混凝土基础:在上述混凝土基础中加入粒径不超过 300 mm 的毛石,且毛石体积不超过基础总体积的 20%~30%,称为毛石混凝土基础。值得注意的是,毛石混凝土基础中所用毛石,其尺寸不得超过基础每个台阶宽度的 1/3,基础台阶宽高比≤1:1.0~1:1.50,如图 3.14 所示。所用毛石应经挑选,不得为针状或片状。

④毛石基础:毛石基础是用未经人为加工处理的天然石块和砂加水拌和夯实而成的。它具有强度较高、抗冻、耐水、经济等特点。毛石基础的断面形式多为阶梯形,如图 3.15 所示,并常与砖基础共用,做砖基础的底层。毛石基础顶面应比上部墙柱每侧各宽出 100 mm,基础宽度不宜小于 500 mm。考虑到刚性角,毛石基础每一台阶高不宜小于 400 mm,每个台阶出挑宽度不应大于 200 mm。当基础宽度 $b \le 700$ mm 时,毛石基础应做成矩形断面。值得注意的是,毛石基础所用毛石虽未经人为加工但要挑选,所用石头不得为针状或片状,也不得是已风化的石材。

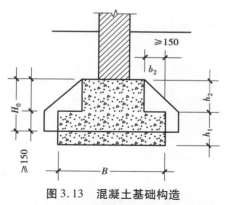 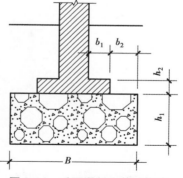

图 3.13　混凝土基础构造　　　　　图 3.14　毛石混凝土基础构造

⑤灰土基础:灰土基础亦即灰土垫层,是由石灰或粉煤灰与黏土加适量的水拌和夯实而成的。灰与土的体积比为 2∶8 或 3∶7。灰土每层虚铺 220 mm 左右,经夯实后厚度约为 150 mm,称为一步,三层以下建筑灰土可做二步,三层以上建筑可做三步。由于灰土基础抗冻、耐水性能差,所以灰土基础只能用于地下水位较低的地区,并与其他材料基础共用,充当基础垫层,灰土基础构造方式见图 3.16。

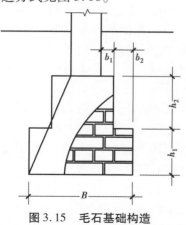 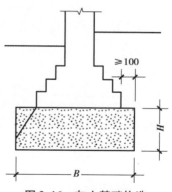

图 3.15　毛石基础构造　　　　　图 3.16　灰土基础构造

⑥三合土基础:三合土基础是由石灰、砂、骨料(碎石或碎砖)按体积比 1∶3∶6 或 1∶2∶4 加水拌和夯实而成,每层夯实后的厚度为 500 mm 左右,三合土基础宽不应小于 600 mm,高不小于 300 mm。三合土基础应埋于地下水位以上,其具体构造方式见图 3.17。

(2)柔性基础　鉴于刚性基础受其刚性角的限制,要想获得较大的基底宽度,相应的其基础埋深也应加大。这显然会增加材料消耗,也会影响施工工期。在混凝土基础底部配置受力钢筋,利用钢筋受拉,这样基础可以承受弯矩,也就不受刚性角的限制。所以钢筋混凝土基础也称为柔性基础,其构造示意见图 3.18。

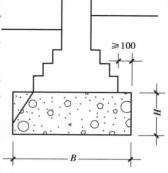

图 3.17　三合土基础构造

钢筋混凝土基础断面可做成梯形,最薄处高度不小于 200 mm;也可做成阶梯形,每踏步高 300 ~ 500 mm。基础中受力钢筋的数量应经计算确定,但直径不小于 $\phi8$,间距不大于 200 mm,在受力筋的上方设有分布筋,直径不小于 $\phi6$,间距不大于 300 mm。钢筋混凝土基础的混凝土等级不低于 C15。通常情况下,钢筋混凝土基础下面设有

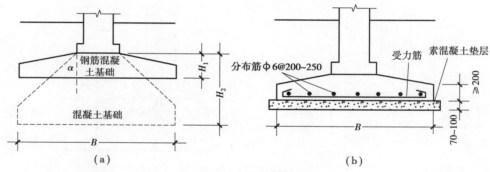

图 3.18   钢筋混凝土基础

(a)混凝土与钢筋混凝土基础的比较;(b)钢筋混凝土基础构造

C15 或 C10 素混凝土垫层,厚度100 mm左右。有垫层时,受力钢筋保护层厚为 35 mm,无垫层时,钢筋保护层为 75 mm,以保护受力钢筋不受锈蚀。

2)按基础构造形式分类

按基础构造方式可分为带形基础、独立基础、整片基础、桩基础等。

基础的形式受上部结构形式影响,如上部结构为墙体,基础可做成带形;上部结构为柱体,基础可做成独立式;上部结构荷载大,地耐力较小或地质情况复杂,可把基础连成整片基础,亦可做成桩基础。所以选用什么式样的基础需综合考虑材料、地质、水文、荷载、结构等方面的因素。

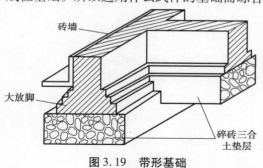

图 3.19   带形基础

(1)带形基础   带形基础呈长条状,故也称为弩形基础。它可用于墙下,也可用于柱下,如图 3.19所示。当用于墙下时,可在基础内设置地圈梁,增强基础抗震能力并防止基础不均匀沉降。柱下条形基础可做成钢筋混凝土基础,它对于克服不良地基的不均匀沉降、增强基础整体性效果良好。

(2)独立基础   独立基础也称单独基础。它可用于柱下,也可用于墙下。用于柱下时,基础可做成台阶状或台状,也可做成杯口形或壳体结构。

若基础内不配筋,其放坡比例符合相应材料刚性角要求。墙下独立基础可以用钢筋混凝土梁、钢筋砖梁、砖拱等承托上部墙体(图3.20)。

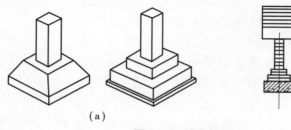

图 3.20   独立基础

(a)柱下独立基础;(b)墙下独立基础

(3)整片基础   整片基础可分为筏式和箱形两种形式。其中筏式基础又可分为板式和梁板式两种。筏式基础相当于一块倒置的现浇钢筋混凝土梁板。地基的反力通过筏基最底部的板传递给上部墙或肋梁。当建筑物上部高度、荷载均很大,基础埋深较大时,可把建筑的地下部分(底板、四壁、顶板)浇筑成一整体成箱形结构,用于充当建筑基础,称为箱形基础。箱形基础的内部空间可作为地下室,其构造形式如图 3.21(c)所示。

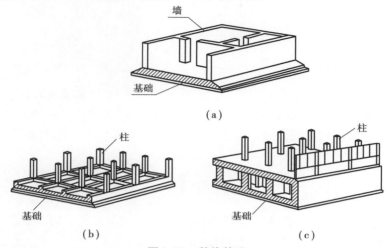

图 3.21 整片基础

(a)板式片筏基础;(b)梁板式片筏基础;(c)箱形基础

(4)桩基础 如建筑物上部荷载较大,地基土表层软弱土厚度大于 5 m,可考虑选用桩基础。桩基础种类很多,按材料可以分为钢筋混凝土桩基础、钢桩基础、地方材料(砂、石、木材等)桩基础等。按桩的断面形状可分为圆形、方形、环形、多边形、工字形等;按桩入土的方法可分为打入桩、灌注桩、振入桩、压入桩等;按桩的受力性能可分为端承桩(由桩把上部荷载传递给与之接触的下部好土)和摩擦桩(依靠桩身与周围土之间的摩擦力传递上部荷载)两种,如图 3.22 所示。工程上常见的桩基础为钢筋混凝土桩基础。

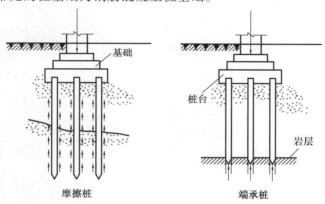

图 3.22 桩的受力类别

预制桩是在工厂或现场预制好,用机械打入或压入或振入土中,剥去桩顶混凝土,露出主筋,把主筋锚入二次浇捣的桩基承台内。桩的断面尺寸不小于 200 mm × 200 mm,常用 250 mm × 250 mm、300 mm ×300 mm、350 mm ×350 mm,个别情况可做得更大些。桩长与断面相适应,一般长不超过 12 m;混凝土等级不低于 C30。

灌注桩是在需设桩基位置打孔或钻孔,向内浇捣混凝土(有时也放钢龙骨)而成。其直径一般为 300 ~ 400 mm,长度不超过 12 m;灌注桩所用混凝土不低于 C15。

3.3 墙体

墙体是景墙的主体骨架部件,墙体的高度一般控制在 2 m 以下,要求有足够的强度和稳定性。

3.3.1 墙体的作用

(1)承重　承受景墙上部结构如屋顶、花架、挑梁等的荷载,以及墙体自重、风荷载等。

(2)维护　抵御自然界中风、雨、雪的侵袭,防止太阳辐射和噪声干扰等。

(3)分隔　景墙可以把空间分隔成若干个小空间,还可以起到障景、框景的效果。

3.3.2 墙体的砌筑方法

1)砖墙

砖墙组砌方式微课

砖墙可以砌成实心墙、空斗墙、漏花墙等多种形式,最传统的是实心墙。用烧结普通砖砌筑的实心景墙厚度有 120,180,240,370 mm 等几种。

(1)实心墙　顾名思义,这种墙完全由砖块砌成,且内部没有空腔,也没有其他材料(如混凝土)的墙芯。砖墙的厚度习惯上以砖长为基数来称呼,如半砖墙(120 mm)、一砖墙(240 mm)、一砖半墙(370 mm)等。砖墙砌筑原则是横平竖直、砂浆饱满、上下错缝、内外搭接、接槎牢固,错缝长度一般不应小于1/4 砖长。砖在墙体中的放置方式有顺式(砖的长方向平行于墙面砌筑)和丁式(砖的长方向垂直于墙面砌筑)。常见的砖墙的组砌方式有:一顺一丁式、多顺一丁式、十字式(梅花定式)、全顺式、180 墙砌法、370 墙砌法等。

实心砖墙的砌筑方式、墙厚尺寸如图 3.23 所示。

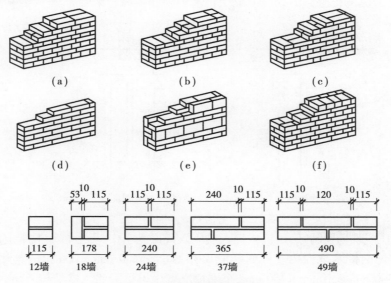

墙体砌筑微课

图 3.23　实心砖墙砌筑方式

(a)240 砖墙　一顺一丁式;(b)240 砖墙　多顺一丁式;(c)240 砖墙　十字式;

(d)120 砖墙;(e)180 砖墙;(f)370 砖墙

（2）空心墙　有时为了某些特殊用途，如墙顶可以坐人或为了美观，需要把墙体厚度加大，简单地将砖墙重叠来加大厚度是效率低下的方法。在厚墙的内部，看不见的部分，使用混凝土砌块或者现浇混凝土是更好的办法。混凝土被砖块包在中间，两者之间进行机械连接，使墙体坚固，这种墙被称为空心墙（图3.24）。空心墙中的空隙必然会进水，所以必须采取排水措施。可以使用机械通风孔来促进排水，例如安装排水口，或者简单地将最低的一排砖，每隔一段距离留出一道竖缝不用砂浆砌死（图3.25）。

在我国还有一种传统墙体称为空斗墙，指用砖侧砌或平、侧交替砌筑成的空心墙体。空斗墙对砖的质量要求较高，要求棱角完好，强度等级不低于MU7.5。砂浆要有较好的和易性，使砌筑后灰缝饱满，常用标号不低于25号混合砂浆。空斗墙是一种非匀质砌体，坚固性较实砌墙差，在土质不好可能引起墙体不均匀沉降的地方或门窗面积超过墙面面积50%时不宜使用。

图3.24　夹心墙的典型结构，以混凝土砌块为墙芯　　**图3.25　安装金属通风口可以使墙体内的水分排出**

（3）空花墙　用砖或者蝴蝶瓦（也叫本瓦）按一定的图案砌筑的镂空的花窗称为空花墙。一般用于古典式围墙、封闭或半封闭走廊的外墙等处，也有大面积的镂空围墙。空花墙允许光线和空气流通，虚实对比和光影变化为空花墙带来了很高的视觉品质（图3.26）。

图3.26　空花墙

2）砌块墙

砌块墙是指利用在预制厂生产的块材所砌筑的墙体。其最大优点是可以采用素混凝土或能充分利用工业废料和地方材料，且制作方便、施工简单，不需大型的起重运输设备，具有较大的灵活性；它既容易组织生产，又能减少对耕地的破坏和节约能源，因此在墙体改革中，应大力发展砌块墙体。

（1）加气混凝土砌块墙的尺寸　加气混凝土砌块墙厚应根据建筑结构、防火、热工性能和节能等要求确定。砌块外墙、楼梯间墙和分户内墙的厚度不应小于 200 mm,其他砌块内墙厚度不应小于 100 mm,窗间墙宽度不宜小于 600 mm。

加气混凝土砌块用于墙体时,高厚比应按《砌体结构设计规范》(GB 50003—2011)第 6.1 条公式计算确定,也可按《蒸压加气混凝土墙体构造》(05ZJ103)(中南地区建筑标准设计)附录 2 的非承重加气混凝土砌块墙允许高厚比计算高度 HO 表选用。

(2)加气混凝土砌块墙的构造

①砌筑缝:砌块墙的接缝有水平缝和垂直缝,缝的形式一般有平缝、凹槽缝和高低缝等。平缝制作方便,多用于水平缝;凹槽缝和高低缝可使砌块连接牢固,增加墙的整体性,而且凹槽缝灌浆方便,因此多用于垂直缝。

②砌块的排列组合与砌块墙的拉结:砌块的组合是件复杂而重要的工作,为使砌块墙合理组合并搭接牢固,必须根据建筑的初步设计进行砌块的试排工作,即按建筑物的平面尺寸、层高,对墙体进行合理分块和搭接,以便正确选定砌块的规格、尺寸。在设计时,必须考虑使砌块整齐、划一,有规律性;不仅要满足上下皮砌块排列整齐,考虑到大面积墙面的错缝、搭接,避免通缝,而且还要考虑内、外墙的交接、咬砌,使其排列有致。此外,应多使用主要砌块,并使其占砌块总数的 70% 以上。采用空心砌块时,上下皮砌块应孔对孔、肋对肋,使上下皮砌块之间有足够的接触面,以保证具有足够的受压面积。

加气混凝土砌块一般不宜与其他块材混砌。墙体砌筑时,墙底部应先砌实心砖(如灰砂砖、页岩砖)或先浇筑 C20 混凝土坎台,其高度≥200 mm,宽度同墙厚。

加气混凝土砌块切锯、开槽、设置预埋件等均应使用专用工具,不得用斧子、瓦刀任意砍劈、剔凿。为便于配料和减少施工中现场的切锯工作量,要求砌块施工前应进行排块设计。

砌块之间的粘接砂浆采用粘接性好的专用砂浆(一般采用 M5 砂浆砌筑),其水平灰缝厚度及垂直灰缝厚度分别宜为 15 mm 和 20 mm。第一层砌块坎台上,应先用厚度 10 ~ 30 mm 的专用砂浆做找平层。

加气混凝土填充墙砌体的拉结钢筋,其预埋位置应与块体皮数相符合,以准确置于灰缝中;竖向位置偏差不应超过一皮砖高度。当垂直灰缝大于 30 mm 时,必须用 C20 细石混凝土灌实。

③砌块墙体在室内地坪以下,室外明沟或散水以上的砌体内,应设置水平防潮层。一般采用防水砂浆或配筋混凝土;同时,应以水泥砂浆做勒脚抹面。

④过梁与圈梁:过梁是砌块墙的重要构件,它既起联系梁和承受门窗洞孔上部荷载的作用,同时又是一种调节砌块。当层高与砌块高出现差异时,过梁高度的变化可起调节作用,从而使得砌块的通用性更大。

为加强砌块建筑的整体性,多层砌块建筑应设置圈梁。当圈梁与过梁位置接近时,一般圈梁和过梁一并考虑。现浇圈梁整体性强,对加固墙身较为有利,但施工支模较麻烦。

⑤设构造柱:为加强砌块建筑的整体刚度,常于外墙转角和必要的内外墙交接处设置构造柱。构造柱多利用空心砌块将其上下孔洞对齐,于孔中配置Φ12 钢筋分层插入,并用 C20 细石混凝土分层填实(图3.27)。构造柱与圈梁、基础必须有较好的连接,这对抗震加固也十分有利。

3)隔墙

隔墙是分隔建筑物内部空间的非承重内墙,其自重由楼板或梁来承担,所以隔墙应尽量满足轻、薄、隔声、防火、防潮、易于拆卸、安装等要求。常用隔墙有砌筑隔墙、立筋隔墙和板材隔墙 3 种。

(1)砌筑隔墙 砌筑隔墙有砖砌隔墙和砌块隔墙两种。

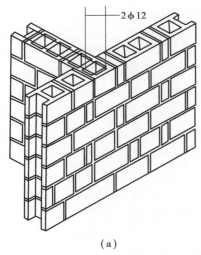 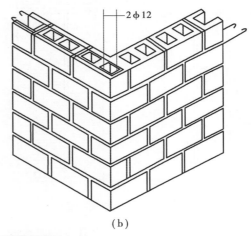

（a）　　　　　　　　　　　　　　（b）

图 3.27　砌块墙构造柱

（a）内外墙交接处构造柱；（b）外墙转角处构造柱

①砖砌隔墙：半砖墙由烧结普通砖全顺式砌筑而成，砌筑砂浆强度等级不小于 M5；当墙长超过 6 m 时应设转壁柱，墙高超过 4 m 时在门过梁处应设通长钢筋混凝土带。为增强墙体的稳定性，隔墙两端应沿墙高每 500 mm 设 2φ6 钢筋与承重墙拉结。为了保证砖隔墙不承重，在砖墙砌到楼板底或梁底时，将砖斜砌一皮，或将空隙塞木楔打紧，然后用砂浆填缝（图 3.28）。

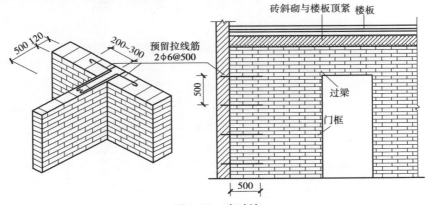

图 3.28　半砖墙

1/4 砖墙由烧结普通砖侧筑而成，砌筑砂浆强度等级不小于 M5；因稳定性差，一般用于不设门窗的部位，并采取加固措施。

②砌块隔墙：为减轻隔墙自重，可采用轻质砌块，如加气混凝土砌块、粉煤灰砌块、空心砌块等。墙厚由砌块尺寸决定，加固措施同半砖墙，且每隔 1 200 mm 墙高铺 300 mm 厚砂浆一层，内配 2φ6 通长钢筋或钢丝网一层。加气混凝土砌块一般不宜与其他砌块混砌。墙体砌筑时，因砌块吸水量大，墙底部应先砌实心砖（如灰砂砖、页岩砖）或先浇注 C20 混凝土坎台，其高度≥200 mm，宽度同墙厚。

（2）立筋隔墙　立筋隔墙由骨架和面板两部分组成，骨架又分为木骨架和金属骨架；面板又分为板条抹灰、钢丝网板条抹灰、胶合板、纤维板、石膏板等。

①板条抹灰隔墙：板条抹灰隔墙是由立筋、上槛、下槛、立筋斜撑或横挡组成木骨架，其上钉

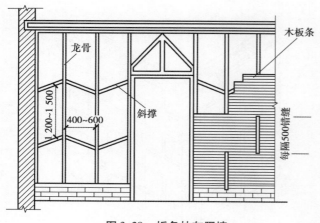

图 3.29　板条抹灰隔墙

以板条再抹灰而成(图 3.29)。这种隔墙耗费木材多,施工复杂,湿作业多,不宜大量采用。

板条抹灰木骨架各截面尺寸为 50 mm×70 mm 或 50 mm×100 mm,斜撑或横档中距为 1 200～1 500 mm,立筋间距为 400 mm 时,板条采用 1 200 mm×24 mm×6 mm;立筋间距为 500～600 mm,板条采用 1 200 mm×38 mm×9 mm。

钉板条时,板条之间要留 7～10 mm 的缝隙,以便抹灰浆能挤到板条缝的背面以咬住板条墙。板条垂直接头每隔 500 mm 要错开一档龙骨,考虑到板条抹灰前后的湿胀干缩,板条接头处要留出 3～5 mm 宽的缝隙,以利伸缩。考虑防潮防水及保证踢脚板的质量,在板条墙的下部砌 3～5 皮砖。隔墙转角交接处钉一层钢丝网,避免产生裂缝。板条墙的两端边框立筋应与砖墙内预埋的木砖钉牢,以保证板条墙的牢固。隔墙内设门窗时,应加大门窗四周的立筋截面或采用撑至上槛的长脚门框。

为提高板条抹灰隔墙的防潮、防火性能,隔墙表面可采用水泥砂浆或其他防潮、耐火材料,并在板条外增钉钢丝网。也可直接将钢丝网钉在立筋上(注意立筋间距应按钢丝网间距排列),然后在钢丝网上抹水泥砂浆等面层,这种隔墙称为钢丝网板条抹灰隔墙。

②立筋面板隔墙:立筋面板隔墙是在木质骨架或金属骨架上镶钉人造胶合板、纤维板等其他轻质薄板的一种隔墙。木质骨架做法同板条抹灰隔墙,但立筋与斜撑或横档的间距应按面板的规格排列。金属骨架一般采用薄型钢板、铝合金薄板或拉眼钢板网加工而成,并保证板与板的接缝在立筋和横档上留出 5 mm 的缝隙以利伸缩,用木条或铝压条盖缝。采用金属骨架时,可先钻孔,用螺栓固定,或采用膨胀铆钉将面板固定在立筋上,然后在面板上刮腻子再裱糊墙纸或喷涂油漆等。

立筋面板隔墙为干作业,自重轻,可直接支撑在楼板上,施工方便,灵活多变,应用广泛,但隔声效果较差。

(3)板材隔墙　板材隔墙是一种由条板直接装配而成的隔墙。由工厂生产各种规格的定型条板,高度相当于房间的净高,面积也较大。常见的有加气混凝土板、多孔石膏板、碳化石灰空心板等隔墙。

碳化石灰空心板长、宽、厚分别为 2 700～3 000 mm,500～800 mm,90～120 mm。它是用磨丝生石灰掺入 3%～4% 的短玻璃纤维,加水搅拌入模振动,进行碳化成型而成。制作简单、造价较低、质量轻、干作业施工,有可加工性(可刨、锯、钉),有一定的防火、隔音能力。安装时,板顶与上层楼板连接可用木楔打紧,条板之间的缝隙用水玻璃胶粘剂或 107 聚合水泥砂浆连接,安装完毕刮腻子找平,再在表面进行装修(图 3.30)。

3.3.3　墙体的细部构造

砖墙的细部构造包括勒脚、墙身防潮、散水和明沟、门垛和壁柱、压顶等。

1)勒脚

勒脚是景墙接近室外地面的部分,其高度一般为室内地坪 ±0.000 至室外地面的高差部

勒脚微课

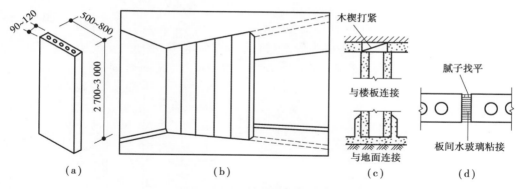

图 3.30 碳化石灰空心板隔墙

（a）碳化石灰空心板尺寸；（b）安装；（c）隔墙平面节点；（d）隔墙剖面图

位。勒脚的作用是加固墙身,防止外界机械作用力碰撞破坏;保护近地面处的墙体,防止地表水、雨水、冰冻、屋檐滴下的雨水反溅到墙身或地下水的毛细管作用的侵蚀;考虑防水和机械碰撞时,勒脚高度应不低于 500 mm,而从美观角度看,勒脚的高度应由立面处理决定。用不同的饰面材料处理墙面,增强建筑物立面美观。所以要求勒脚坚固耐久、防水防潮和饰面美观,通常有以下 3 种做法(图 3.31)。

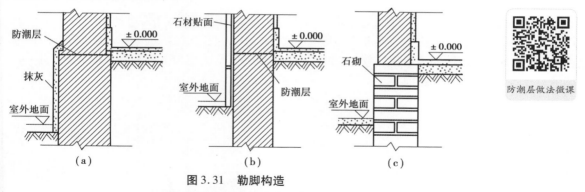

防潮层做法微课

图 3.31 勒脚构造

（a）抹面；（b）贴面；（c）石砌

（1）勒脚表面抹灰 在勒脚部位将墙加厚 60 ~ 120 mm,再用水泥砂浆或水刷石罩面,具体为采用 8 ~ 15 mm 厚 1∶3 水泥砂浆打底,12 mm 厚 1∶2 水泥石子浆水刷石或斩假石抹面。

（2）勒脚贴面 在勒脚部位镶贴天然石材或人造石材,如花岗石、水磨石板等,贴面勒脚耐久性强、装饰效果好。

（3）勒脚用坚固材料 在勒脚部位采用条石、混凝土等坚固耐久的材料代替砖勒脚。

2）墙身防潮

除雨、雪的侵袭外,地表水和地下水的毛细作用所形成的地潮会造成对勒脚部件的侵蚀。如果不对勒脚部件的墙体作防潮处理,地潮会沿墙身不断上升,致使墙面抹灰脱落,表面生霉影响景墙的耐久性,因此在勒脚处的构造中,应考虑墙身防潮问题(图 3.32)。墙身防潮目的在于隔绝室外雨水及地潮等对墙体的影响,其处理方法有水平防潮和垂直防潮两种。

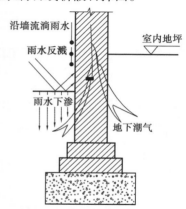

图 3.32 墙身受潮原理

防潮层的位置微课

（1）防潮层的位置　水平防潮层一般应在室内地面不透水垫层（如混凝土）范围以内，通常在 − 0.060 m 标高处设置，而且至少要高于室外地坪 150 mm，以防雨水溅湿墙身；当地面垫层为透水材料（如碎石、炉渣等）时，水平防潮层的位置应平齐或高于地面一皮砖的地方，即在 +0.060 m 处（图 3.33）。

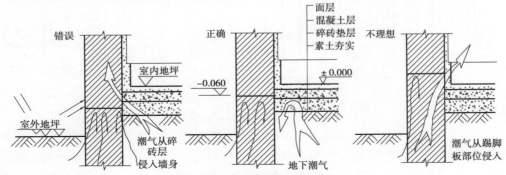

图 3.33　水平防潮层设置位置

当景墙两侧地面有高差时，应在墙身内设置高低两道水平防潮层，并在靠土层一侧设置垂直防潮层，将两道水平防潮层连接起来，以避免回填土中的潮气侵入墙身（图 3.34）。

（2）水平防潮层的做法

①油毡防潮层：在防潮层部位先抹 20 mm 厚 M5 的水泥砂浆找平层，然后干铺油毡一层或用热沥青粘贴油毡一层，油毡的宽度应与墙厚一致或稍大一些，油毡沿墙的长度铺设，搭接长度大于 100 mm。油毡日久易老化失效，又由于油毡防潮层使基础墙与上部的墙体隔离，削弱了砖墙的整体性和抗震能力，目前很少采用这种方法了［图 3.35（a）］。

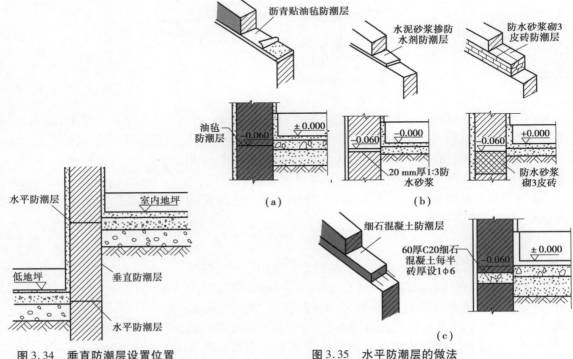

图 3.34　垂直防潮层设置位置

图 3.35　水平防潮层的做法

（a）油毡防潮层；（b）防水砂浆防潮层；（c）细石混凝土防潮层

②防水砂浆防潮层:在防潮层位置抹一层20~25 mm厚掺3%~5%防水剂的1:2水泥砂浆或用防水砂浆砌筑4~6皮砖。适用于抗震地区、独立砖柱和震动较大的砖砌体中,其整体性较好,抗震能力强,但砂浆是脆性易开裂材料,在地基发生不均匀沉降而导致墙体开裂或因砂浆铺贴不饱满时会影响防潮效果[图3.35(b)]。

③细石混凝土防潮层:在防潮层位置铺设60 mm厚C20细石混凝土,内配3φ6或3φ8的纵向钢筋和φ6@250的横向钢筋以提高其抗裂能力。由于混凝土密实性和抗裂性较好,因此它适合于整体刚度要求较高的墙体中[图3.35(c)]。

（3）垂直防潮层的做法　在需设垂直防潮层的墙面(靠回填土一侧)先用1:2水泥砂浆抹面15~20 mm厚,再刷冷底子油一道,刷热沥青两道;也可以直接采用掺有3%~5%防水剂的砂浆抹面15~20 mm厚的做法。

3）散水和明沟

（1）散水　在景墙四周将地面做成向外倾斜的坡面,使勒脚附近地面水迅速排走,以防止地面水浸入基础,这一坡面称为散水或护坡。散水的做法通常是在素土夯实上铺三合土、混凝土等材料,厚度60~70 mm。散水的宽度不应小于600 mm,坡度为3%~5%。散水与墙体交接处应设分隔缝,分隔缝用弹性材料或密封防水胶料进行嵌缝处理,防止墙体下沉时将散水拉裂(图3.36)。

散水微课

（2）明沟　明沟是靠近勒脚下部设置的排水沟。砌筑材料一般用现浇混凝土,外抹水泥砂浆。沟宽约200 mm,沟底应有1.0%左右的纵坡,使雨水排向窨井(图3.37)。在园林环境中可根据具体情况采用散水、明沟、散水与明沟结合等作有组织排水;也可结合周围广场或道路的硬质铺地进行有组织排水。

排水沟微课

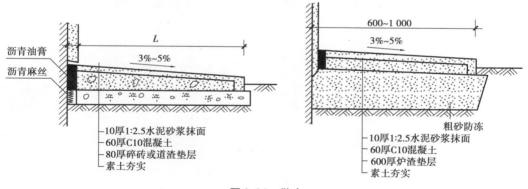

图3.36　散水

4）踢脚线

踢脚线,也称踢脚板,是室内地面的下部与室内楼地面交接处的构造。其作用是保护墙面,防止因外界碰撞而损坏墙体和因清洁地面时弄脏墙身。

踢脚线的材料一般与地面相同,故可看作是地面的一部分,即地面在墙面上的延伸部分。踢脚线通常凸出墙面,也可与墙面平齐或凹进墙面,其高度一般为120~150 mm(图3.38)。

5）门垛和墙垛

在墙体上开设门洞一般应设门垛,特别是在墙体转折处或丁字墙处,用以保证墙身稳定和门框安装。门垛宽度同墙厚,门垛长度一般为120 mm或240 mm(图3.39)。

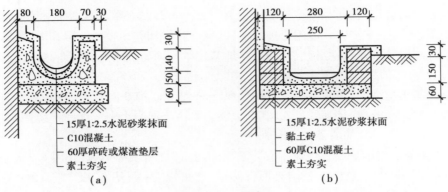

图 3.37　明沟

(a)混凝土砌筑；(b)黏土砖砌筑

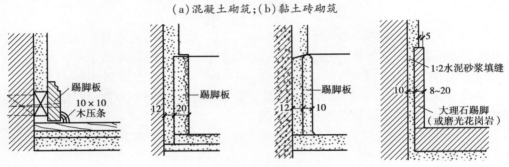

图 3.38　踢脚线

　　当景墙长度较长时，为了加强墙体的刚度，墙体中间常设置墙垛，墙垛的间距为 2 400 ~ 3 600 mm，平面尺寸分为 370 mm × 370 mm，490 mm × 370 mm，490 mm × 490 mm 等几种（图3.40）。

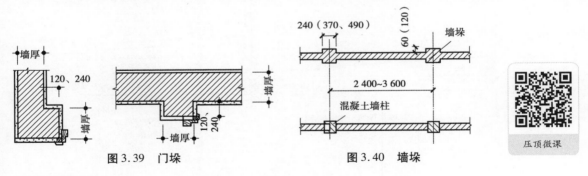

图 3.39　门垛

图 3.40　墙垛

压顶微课

6）压顶和顶饰

　　（1）压顶　为了加强墙的整体性，一般在墙体的顶部设置压顶的构造形式。压顶可采用钢筋混凝土或加设钢筋网带的方式（图3.41）。

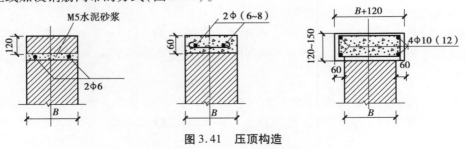

图 3.41　压顶构造

（2）顶饰　顶饰是指景墙的顶部装饰构造做法。顶饰构造处理的基本要求有两个：

①形成一定的造型形态,以满足景观设计的要求；

②形成良好的防水构造,以防止水分进入墙体,达到保护墙体的目的。

现代景墙中的顶饰,常采用抹灰进行处理,即以 1:4 ~ 1:2.5 的水泥砂浆抹底层与中层,然后用 1:2 的水泥砂浆抹面层,或者以装饰砂浆和石子砂浆抹出各种装饰线脚。如图 3.42 所示为抹灰类的顶饰构造做法。

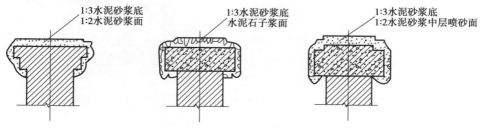

图 3.42　抹灰顶饰构造

对于有柱墩的顶饰,其装饰线脚一般随墙体贯通,或独立存在而自成系统(图 3.43)。

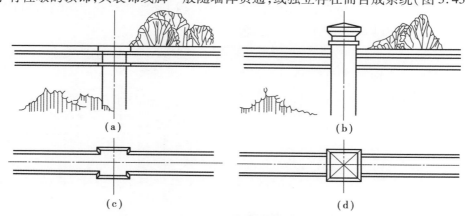

图 3.43　顶饰线脚构造

（a）立面图；（b）立面图；（c）平面图；（d）平面图

3.4　门窗洞口

景墙上开设门洞可方便穿行,开设窗洞有框景、漏景之效,本身更可形成虚实相间的光影效果。

过梁和砖砌
弧拱过梁微课

3.4.1　过梁

过梁是设置在门窗洞口上方用来支撑门窗洞口上部砌体的荷载,并把这些荷载传给门窗洞口两侧墙体的水平承重构件。由于砌体相互错缝咬接,同时过梁上的墙体在砂浆硬结后具有拱的作用,因此过梁上墙体的质量并不完全由过梁承担,其中部分质量直接传给洞口两侧的墙体,过梁承担的质量为图 3.44 中粗线内呈三角形的砌体荷载。

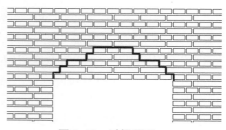

图 3.44　过梁原理

过梁的种类有:砖砌平拱过梁、砖砌弧拱过梁、钢筋砖过梁、钢筋混凝土过梁等。过梁的跨度不应超过下列规定:砖砌平拱过梁为 1.2 m、砖砌弧拱过梁为 2 m、钢筋砖过梁为 2 m。对有较大振动荷载或可能产生不均匀沉降的景墙,应采用钢筋混凝土过梁。目前,常用的是钢筋混凝土过梁。

砖砌平拱过梁微课

1)砖砌平拱过梁

砖砌平拱过梁是砖石建筑中的传统做法,它是利用砖抗压强度较高的特点,由拱体传递上部荷载,其构造如图 3.45(a)所示。它由普通砖侧砌而成,要求砖强度等级不低于 MU10,砖应为单数并对称于中心向两边倾斜,平拱高度不小于 240 mm;砂浆强度等级不低于 M5,灰缝呈楔形,上宽(不大于 15 mm)下窄(不小于 5 mm);平拱的底面中心要较两端提高跨度的 1/100(称起拱),起拱的目的是拱受力下沉后使底面平齐。

砖砌平拱过梁的两端下部应伸入墙内 20~30 mm,不得用于有较大振动荷载、集中荷载或可能产生不均匀沉降的建筑物。

2)砖砌弧拱过梁

砖砌弧拱过梁是将砖侧砌而成。灰缝上宽下窄,砖向两边倾斜成拱,弧拱跨度不宜大于 2 m,有集中荷载或半砖墙不宜使用,如图 3.45(b)所示。

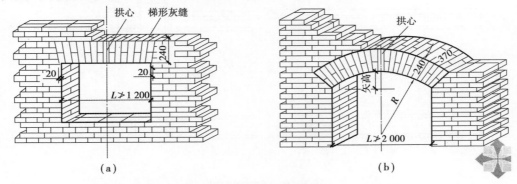

图 3.45　砖砌平拱、弧拱过梁

(a)平拱(平碰);(b)弧拱

3)钢筋砖过梁

钢筋砖过梁是在砖缝里配置钢筋,形成可以承受荷载的加筋砖砌体(图 3.46)。钢筋砖过梁底面砂浆层的钢筋,其直径不应小于 5 mm,间距不宜大于 120 mm;钢筋伸入支座砌体内的长度不宜小于 240 mm,砂浆层的厚度不宜小于 30 mm,砂浆强度等级不低于 M5。

4)钢筋混凝土过梁

钢筋混凝土过梁宽度一般与墙厚相同,在墙内的支承长度不小于 250 mm,梁高及钢筋配置由结构计算确定。为了施工方便,梁高应与砖的皮数相适应,以方便墙体连续砌筑,常见梁高为60,120,180,240 mm。梁的截面常做成矩形或 L 形,如图 3.47(a)所示。它适用于各种洞口宽度及荷载较大和各种振动荷载作用情况,可预制、可现浇,施工方便,使用最普遍。其中,L 形过梁主要用于外墙,如图 3.47(b)所示,挑出部分又称为遮阳板。由于钢筋混凝土比砖砌体的热导率大,热工性能差,故钢筋混凝土构件比相同面积砖砌体部分的热损失要多,表面温度也就相对低一些,出现"冷桥"现象;在寒冷地区因保温要求,为了减少热损失,外墙上过梁布置常采用

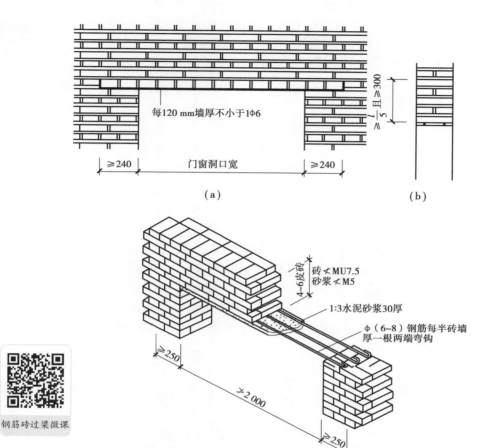

每120 mm墙厚不小于1φ6

≥240　门窗洞口宽　≥240

≥ l/5 且 ≥300

（a）　（b）

砖 ∠ MU7.5
砂浆 ∠ M5

4～6皮砖

1:3水泥砂浆30厚

φ（6～8）钢筋每半砖墙厚一根两端弯钩

≥250　≥2 000　≥250

（c）

钢筋砖过梁微课

图3.46　钢筋砖过梁
（a）立面图；（b）剖面图；（c）立体图

墙厚　60（300、500）墙厚　墙厚

60

（a）　（b）　（c）

图3.47　钢筋混凝土过梁

钢筋混凝土过梁微课

如图3.47（c）所示形式。

3.4.2　门窗洞口装饰

门窗洞口装饰指在景墙上开设的门、窗洞口及其他洞口的装饰构造做法。

景墙上的门洞口，一般有设置门扇和无门无扇两种。洞口的外形有圆形、椭圆形和矩形等多种形式。门洞口，一般均设置门套。门套常用抹灰和砖石

门窗洞口装饰微课

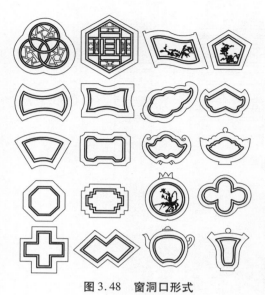

图 3.48　窗洞口形式

材料贴面等装饰构造方式,也可在洞口上方加设楣牌,书写相应的文字。

景墙中的窗饰,也称什景窗,主要起装饰作用。窗的外形有矩形、圆弧形、扇面、月洞、双环、三环、套方、梅花、玉壶、玉盏、方胜、银锭、石榴、寿桃、五角、六角和八角等,如图 3.48 所示。

窗饰按其功能性,分为镶嵌窗、漏窗和夹樘窗 3 种形式。

(1)镶嵌窗　镶嵌窗是镶在墙身一面的假窗,可设置装饰件和直接起装饰作用,不具有通风、透光和透视等功能,故又称盲窗(图 3.49)。

(2)漏窗　漏窗具有框景的功能,并使景墙两侧既有分隔又有联系。对于窗框景平面较大的漏窗,在窗面中可设置相应的透漏饰件,最简易的漏窗是用瓦片叠置成鱼鳞、叠锭、连钱或用条砖叠置。根据制作漏窗的材料不同,可以把漏窗分成砖瓦搭砌漏窗、砖细漏窗、堆塑漏窗、钢网水泥砂浆筑粉漏窗、细石硷浇捣漏窗、烧制漏窗等(图 3.48)。

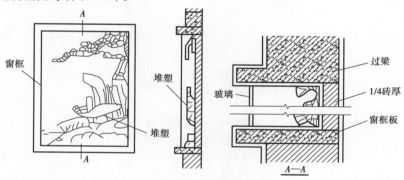

图 3.49　盲窗构造

(3)夹樘窗　夹樘窗是指在墙的两侧各设置相应的一樘仔屉,在仔屉上镶嵌玻璃或糊纱,其上题字绘画,中间设置照明灯,故又称灯窗;或在玻璃片中间注水养殖观赏鱼或观赏植物,故又称养殖窗(图 3.50)。

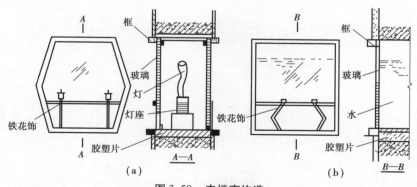

图 3.50　夹樘窗构造

(a)灯窗;(b)养殖窗

3.5 饰面

3.5.1 饰面的作用

墙体饰面是指墙体工程完成以后,为满足使用功能、耐久及美观等要求,而在墙面进行的装设和修饰层,即墙面装修层。饰面的主要作用有两个:

(1)保护作用 使墙体不直接受到风、雨、雪的侵蚀,提高墙身防潮、防风化能力,增强墙体的坚固性、耐久性。

(2)装饰作用 通过各种饰面材料及颜色、图案、质感等的组合搭配增加景墙立面的艺术效果。

3.5.2 饰面的分类

按照材料和施工方法的不同,常见的墙体饰面可分为抹灰类、贴面类、涂料类、铺钉类等(表3.2)。

表3.2 墙面装修分类

类 别	室外装修	室内装修
抹灰类	水泥砂浆、混合砂浆、聚合物水泥砂浆、拉毛、水刷石、干粘石、斩假石、拉假石、假面砖、喷涂、滚涂等	纸筋灰、麻刀灰粉面、石膏粉面、膨胀珍珠岩灰浆、混合砂浆、拉毛、拉条等
贴面类	外墙面砖、马赛克、玻璃马赛克、人造水磨石板、天然石板等	釉面砖、人造石板、天然石板等
涂料类	石灰浆、水泥浆、溶剂型涂料、乳液涂料、彩色胶砂涂料、彩色弹涂等	大白浆、石灰浆、油漆、乳胶漆、水溶性涂料、弹涂等
铺钉类	各种金属饰面板、石棉水泥板、玻璃	各种木夹板、木纤维板、石膏板及各种装饰面板等

3.5.3 饰面的构造

1)抹灰类

抹灰是我国传统的墙面做法,它是由水泥、石灰膏等胶结材料加入砂或石粉,再与水拌和成砂浆抹到墙面上的一种工艺。抹灰分为一般抹灰和装饰抹灰。一般抹灰有水泥砂浆、石灰砂浆、混合砂浆等;装饰抹灰有水刷石、干粘石、斩假石、水泥拉毛等。为保证抹灰层与基层连接牢固,表面平整均匀,避免裂缝和脱落,在抹灰前应将基层表面的灰尘、污垢、油渍等清除干净,并洒水湿润。同时抹灰层不能太厚,并应分层完成。普通抹灰一般由底层和面层组成,装修标准较高的房间,当采用中级或高级抹灰时,还要在面层与底层之间加一层或多层中间层(图3.51)。

抹灰类饰面微课

墙面抹灰层的平均总厚度,施工规范中规定不得大于以下数值:

外墙:普通墙面20 mm,勒脚及突出墙面部分25 mm;

内墙:普通抹灰18 mm,中级抹灰20 mm,高级抹灰25 mm;

石墙:墙面抹灰 35 mm。

(1)底层抹灰 简称底灰,它的作用是使面层与基层粘牢和初步找平,厚度一般为 5 ~ 15 mm。底灰的选用与基层材料有关,对黏土砖墙、混凝土墙的底灰一般用水泥砂浆、水泥石灰混合砂浆或聚合物水泥砂浆。轻质混凝土砌块墙的底灰多用混合砂浆或聚合物水泥砂浆。板条墙的底灰常用麻刀石灰砂浆或纸筋石灰砂浆。另外,对湿度较大的房间或有防水、防潮要求的墙体,底灰宜选用水泥砂浆。

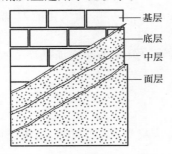

图 3.51 墙面抹灰分层构造

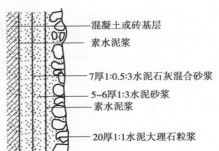

图 3.52 水刷石构造

(2)中层抹灰 其作用是进一步找平,减少由于底层砂浆开裂导致的面层裂缝,同时也是底层和面层的黏结层,其厚度一般为 5 ~ 10 mm。中层抹灰的材料可以与底灰相同,也可根据装饰要求选用其他材料。

(3)面层抹灰 也称罩面,主要起装饰作用,要求表面平整、色彩均匀、无裂纹等。根据面层采用的材料不同,除一般装修外,还有水刷石、干粘石、水磨石、斩假石、拉毛灰、彩色抹灰等做法(图 3.52、图 3.53)。

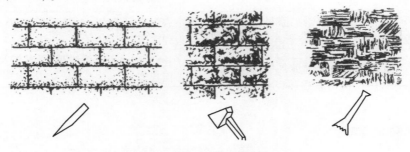

图 3.53 斩假石

在室内抹灰中,对人群活动频繁、易受碰撞的墙面,或有防水、防潮要求的墙身,常做墙裙对墙身进行保护。墙裙高度一般为 1.5 m,有时也可以做到 1.8 m 以上,常见的做法有水泥砂浆抹灰、水磨石、贴瓷砖、油漆、铺钉胶合板等。同时,对室内墙面、柱面及门窗洞口的阳角,宜用 1:2 水泥砂浆做护角,高度不小于 2 m,每侧宽度不应小于 50 mm(图 3.54)。

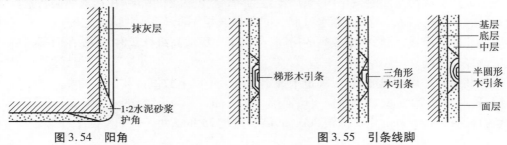

图 3.54 阳角   图 3.55 引条线脚

此外,在室外抹灰中,由于抹灰面积大,为防止面层裂纹和便于操作,或立面处理的需要,常对抹灰面层做线脚分隔处理。面层施工前,先做不同形式的木引条,待面层抹完后取出木引条,即形成线脚(图3.55)。

2)贴面类

贴面类是指利用各种天然石材或人造板、块,通过绑、挂或直接粘贴于基层表面的饰面做法。这类装修具有耐久性好、施工方便、装饰性强、质量高、易于清洗等优点。常用的贴面材料有陶瓷面砖、马赛克以及水磨石和天然的花岗石、大理石板等。其中,质地细腻、耐候性差的材料常用于室内装修,如釉面砖、大理石板等;而质感粗放、耐候性较好的材料,如室外墙面砖、马赛克、花岗石板,多用作室外装修。

贴面类饰面构造按工艺不同分成两类:直接镶贴类和采用一定构造连接方式的饰面镶贴类。直接镶贴饰面构造比较简单,大体上由底层砂浆、粘结层砂浆和块状贴面材料面层组成。采用一定构造连接方式的镶贴类构造则与直接镶贴类构造有显著的差异。

(1)陶瓷墙面砖贴面　作为外墙面装修,其构造多采用10~15 mm厚1:3水泥砂浆打底,5 mm厚1:1水泥砂浆粘结层,然后粘贴各类陶瓷材料。如果粘结层掺入10%以下的107胶时,其粘结层可减为2~3 mm厚,在外墙面砖之间粘贴时留出约13 mm缝隙,以增加材料的透气性。作为内墙面装修时,瓷砖贴面构造多采用10~15 mm厚1:3水泥砂浆或1:3:6水泥、石灰膏砂浆打底,8~10 mm厚1:0.3:3水泥、石灰膏砂浆粘结层,外贴瓷砖(图3.56)。

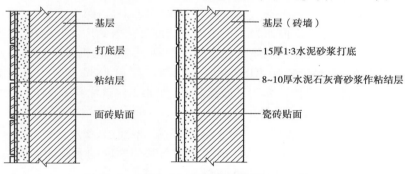

图3.56　面砖饰面构造

(2)天然石板贴面　安装方法有粘贴法、绑扎法、干挂法3种。

小规格的板材(一般指边长不超过400 mm,厚度在10 mm左右的薄板)通常用粘贴的方法安装,这与前述的面砖铺贴的方法基本相同。

大规格饰面板是指块面大的板材(边长500~2 000 mm)或是厚度大的块材(40 mm以上)。因其板块重量大,为避免直接粘贴后可能引起坍落,常采用以下构造方法:

①绑扎法(图3.57):先在墙身或柱内预埋中距500 mm左右、双向φ8"Ω"形钢筋,在其上绑扎φ6~φ10的双向钢筋网,再用16号镀锌铁丝或铜丝穿过事先在石板上钻好的孔眼,将石板绑扎在钢筋网上。固定石板用的横向钢筋间距应与石板的高度一致,当石板就位、校正、绑扎牢固后,在石板与墙或柱面的缝隙中,用1:2.5水泥砂浆分层灌缝,每次灌入高度不应超过200 mm。石板与墙柱间的缝宽一般为30 mm。

②干挂法(图3.58):在需要铺贴饰面石材的部位预留木砖、金属型材或者直接在饰面石材上用电钻钻孔,打入膨胀螺栓固定,或用金属型材卡紧固定,最后进行勾缝和压缝处理。人造石板装修的构造做法与天然石板相同,但不必在板上钻孔,而是利用板背面预留的钢筋挂钩,用铜

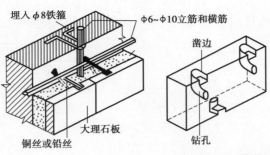

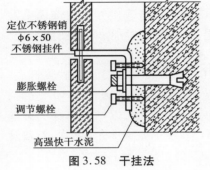

图 3.58　干挂法

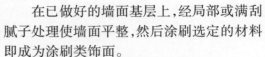

图 3.57　绑扎法

涂料类和铺钉类饰面微课

丝或镀锌铁丝将其绑扎在水平钢筋上,就位后再用砂浆填缝。

3）涂料类

在已做好的墙面基层上,经局部或满刮腻子处理使墙面平整,然后涂刷选定的材料即成为涂刷类饰面。

建筑物的内外墙面采用涂刷材料作饰面,是各种饰面做法中最为简便的一种方式。这种饰面做法省工省料、工期短、工效高、自重轻、颜色丰富、便于维修更新,而且造价相对比较低,因此,在国内外涂料类饰面作为一种传统的饰面方法得到广泛的应用。

涂料按其成膜物的不同可分无机涂料和有机涂料两大类。无机涂料包括石灰浆、大白浆、水泥浆及各种无机高分子涂料等,如 JHSO-1 型、JHN84-1 型和 F832 型等。有机涂料依其稀释剂的不同,分溶剂型涂料、水溶性涂料和乳胶涂料等,如 812 建筑涂料、106 内墙涂料及 PA-1 型乳胶涂料等。

涂料类饰面的涂层构造,一般可以分为 3 层,即底层、中间层、面层。

（1）底层　俗称刷底漆,其主要目的是增加涂层与基层之间的黏附力,同时还可以进一步清理基层表面的灰尘,使一部分悬浮的灰尘颗粒固定于基层。另外,底层漆还兼具基层封闭剂（封底）的作用,用以防止木脂、水泥砂浆抹灰层中的可溶性盐等物质渗出表面,造成对涂料饰面的破坏。

（2）中间层　中间层是整个涂层构造中的成型层。其目的是通过适当的工艺,形成具有一定厚度、匀实饱满的涂层。通过这一涂层,达到保护基层和形成所需的装饰效果。中间层的质量好,不仅可以保证涂层的耐久性、耐水性和强度,在某些情况下对基层尚可起到补强的作用。

（3）面层　面层的作用是体现涂层的色彩和光感。从色彩的角度考虑,为了保证色彩均匀,并满足耐久性、耐磨性等方面的要求,面层最低限度应涂刷两遍。从光泽度的角度考虑,一般地说溶剂型涂料的光泽度普遍比水溶性涂料、无机涂料的光泽度要高一些。但从漆膜反光的角度分析,却不尽然。因为反光光泽度的大小不仅与所用溶剂的类型有关,还与填料的颗粒大小、基本成膜物质的种类有关。当采用适当的涂料生产工艺、施工工艺时,水溶性涂料和无机涂料的光泽度赶上或超过溶剂型涂料的光泽度是可能的。

4）铺钉类

铺钉类饰面是指利用天然板条或各种人造薄板借助于钉、胶粘等固定方式对墙面进行的饰面做法。选用不同材质的面板和恰当的构造方式,可以使墙面具有质感细腻、美观大方、或给人以亲切感等不同的装饰效果,同时,还可以改善室内声学等环境效果,满足不同的功能要求。铺钉类装修构造做法与骨架隔墙的做法类似,是由骨架和面板两部分组成,施工时先在墙面上立骨架(墙筋),然后在骨架上铺钉装饰面板(图3.59)。

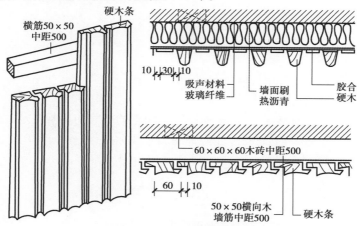

图3.59 木质面板装饰构造

骨架有木骨架和金属骨架,木骨架截面一般为 50 mm × 50 mm,金属骨架多为槽形冷轧薄钢板。木骨架一般借助于墙中的预埋防腐木砖固定在墙上,木砖尺寸为 60 mm × 60 mm × 60 mm,中距 500 mm,骨架间距还应与墙板尺寸相配合。金属骨架多用膨胀螺栓固定在墙上。为防止骨架和面板受潮,在固定骨架前,宜先在墙面上抹 10 mm 厚混合砂浆,然后刷二遍防潮防腐剂(热沥青),或铺一毡两油防潮层。

常见的装饰面板有硬木条(板)、竹条、胶合板、纤维板、石膏板、钙塑板及各种吸声墙板等。面板在木骨架上用圆钉或木螺丝固定,在金属骨架上一般用自攻螺丝固定面板。

实训 1

项目名称 园林建筑景墙构造设计 1

实训目的

(1)了解景墙的作用与形式;
(2)掌握砌体结构景墙各组成部分的构造方法。

实训任务

拍摄实景景墙照片,绘制景墙平立剖面图和各细部(包括基础、防潮层、墙体、勒脚、门窗过梁、压顶、饰面等)的构造详图。

操作要求

(1)在各公园、广场、居住区等,寻找一片已经建设完毕或正在施工的实景景墙,要求该景墙至少有一个门或窗洞口,景墙饰面材料至少有两种。对该景墙拍照并测量各部分尺寸与材料。

（2）绘制景墙的平面图、立面图、剖面图（需剖切到门窗洞口）。

（3）跟随教师的课程进度，课下相应完成景墙各组成部分的构造详图。

（4）对以上全部图纸进行整理，排版在 1 张 A2 图幅上并打印。

图纸内容

1）总图部分

①景墙顶平面图（1 个）；

②景墙立面图（3 个：正立面图、背立面图、侧立面图）；

③景墙剖面图（1~3 个）。

要求：景墙正面可与背面形式一样；平面图标注完整的尺寸和剖断符号，立面图标注各部分材料名称、完整的尺寸和标高，剖面图标注完整的尺寸和标高等。

2）详图部分

①基础　采用大放脚形式，注明防潮层位置与做法。

②墙体　采用正等轴侧图。

③过梁　选择一种过梁类型，绘制过梁正视图、断面图。

④压顶　可一同绘制顶饰。

⑤勒脚、散水与明沟

要求：墙体砌筑材料为烧结普通砖；标注各部分尺寸、材料名称及做法等。

3）构造设计说明

对于图纸中无法标注的构造情况或需统一要求的内容，详细说明其要求。

4）纸张尺寸

A2，图中线条宽度、材料等，一律按照建筑制图标准表示。

5）各图比例

景墙顶平面图、立面图、剖面图比例一致，采用 1:20~1:50；各详图视具体情况而定，采用 1:2~1:10。

6）标注图名及比例

7）表达方式

墨线。

实训 2

项目名称　园林建筑景墙构造设计 2

实训目的

了解园林建筑墙体的构造方法与施工工艺。

实训任务

参观园林施工工地，记录园林建筑墙体的施工过程与施工工艺方法。

操作要求

本次实训要求分组考察,3~4人为一组,分别去施工现场跟踪考察某景墙的施工过程和方法、所用材料与尺寸等,进行现场拍照和录像,同时务必跟施工人员多交流询问,以便得到更多信息,课堂PPT汇报。

1)考察对象

砌体结构或钢筋混凝土结构墙体,可以是围墙、景墙、挡土墙、花坛矮墙、建筑室内外墙体、亭廊架的墙体或柱子等,墙体面积应不小于5 m²。

2)考察内容

(1)施工过程　墙体的施工过程,包括挖土、砌基础、砌墙、扎钢筋、制作模板、浇筑混凝土、抹灰等。

宜全程跟踪整个施工过程。

(2)构造节点

①地基:原始土层性质及地基的处理方式。

②基础:刚性基础的大放脚形式、材料、尺寸;柔性基础的钢筋型号、直径、数量与间隔、混凝土型号、垫层尺寸等。

③墙体:砖砌墙体的防潮层位置、材料、厚度,砖块的材料、尺寸、砌筑方式及砖缝宽度;钢筋混凝土墙体的钢筋型号、直径、数量与间隔、混凝土型号与浇捣方法等。

④勒脚:砌筑方式、材料、尺寸等。

⑤散水与明(暗)沟:散水的宽度与坡度、各部分材料;排水沟的宽度、深度及坡度、各部分材料、暗沟盖板的材料与尺寸等。

⑥踢脚:砌筑方式、材料、尺寸等。

⑦饰面:饰面的类型、材料、尺寸等。

⑧门窗过梁:过梁类型、材料、尺寸等。

⑨压顶:压顶的砌筑方式、材料、尺寸,顶饰的做法等。

(3)施工工艺　每个施工过程采用的施工工具、施工技术、节点的特别制作方法、施工尺寸、施工措施等。

对施工过程随时拍照,搞清楚每个施工工艺,不能只是去走一走然后拍拍照走人。

3)成果要求

按照施工过程的先后顺序汇报,PPT内容包括施工照片20页以上、简略文字介绍、施工过程录像及对施工工人的采访等。

本章小结

(1)基础是建筑物的重要组成部分,位于建筑物的最下部,埋入地下、直接作用于土层上。它承受建筑物上部结构传下来的全部荷载,并把这些荷载连同本身的重量一起传到地基上。地基,与基础密切相关,是基础下面支承建筑物总荷载的土层。建筑物总荷载是通过基础传给地基的。但二者又有显著区别。

(2)墙体是建筑物的重要承重结构,同时也是建筑物的主要维护结构。墙体应具有足够的强度和稳定性。墙身的加固措施包括设置防潮层、做勒脚、散水、踢脚线等。

（3）砖墙可以砌成实心墙、空斗墙、漏花墙等多种形式，最传统的是实心墙。用烧结普通砖砌筑的实心景墙厚度有 120,180,240,370 mm 等几种。

（4）砌块墙是指利用在预制厂生产的块材所砌筑的墙体。其最大优点是可以采用素混凝土或能充分利用工业废料和地方材料，且制作方便、施工简单，不需大型的起重运输设备，具有较大的灵活性；它既容易组织生产，又能减少对耕地的破坏和节约能源，因此在墙体改革中，应大力发展砌块墙体。

（5）墙身上若设置门窗洞口，则需要在洞口上方设置过梁。常用过梁的种类有砖砌平拱过梁、砖砌弧拱过梁、钢筋砖过梁、钢筋混凝土过梁等。

（6）墙体饰面是指墙体工程完成以后，为满足使用功能、耐久及美观等要求，而在墙面进行的装设和修饰层。墙体饰面不仅可以保护墙体不直接受到风、雨、雪的侵蚀，还可以增加景墙立面的艺术效果。

复习思考题

1. 什么是地基？什么是基础？二者有何区别？

2. 什么是天然地基？什么是人工地基？

3. 什么是基础埋深？影响基础埋深的因素有哪些？

4. 常见的基础类型有哪些？

5. 什么是刚性基础？什么是柔性基础？

6. 墙体的作用有哪些？

7. 实心砖墙的组砌方式有哪些？砌筑原则是什么？

8. 砌块墙的构造要点有哪些？

9. 隔墙有哪些类型？各类隔墙的构造要点是什么？

10. 什么是勒脚？勒脚的处理方式有哪些？

11. 如何确定墙身防潮层的位置？其做法有哪些？何时需要设置垂直防潮层？

12. 什么是散水？什么是明沟？什么是踢脚线？踢脚线的做法有哪些？

13. 为什么要设置压顶？压顶的做法有哪些？

14. 过梁的作用是什么？园林建筑中经常使用哪几种过梁？每种过梁的适用条件是什么？

15. 园林建筑的窗饰按功能分为哪几种？

16. 墙面装饰的作用是什么？

17. 墙面装饰按材料和施工方式分哪几类？各种墙面装修的特点和构造做法有哪些？

4 现代亭廊架

[学习目标]

通过本章的学习,了解亭、廊、花架的作用与形式,掌握钢筋混凝土结构、竹木结构、钢结构等亭廊架各组成部分——屋顶、基础、柱、梁、架条等的构造方法,掌握坡屋顶和平屋顶的构造方法,重点熟悉钢筋混凝土结构屋顶、柱、梁、基础的构造做法。

[项目引入]

参观实景亭廊架,了解亭廊架的类型,在教师的指引下掌握其各组成部分的构造做法。

[讲课指引]

阶段1 学生在教师讲授本章之前完成的内容

查阅相关书籍或网络,自学"亭、廊、架的类型"等内容。

阶段2 学生跟随教师的课程进度完成的内容

(1)参观实景亭廊架,要求造型简洁、具有现代气息;

(2)分析亭廊架的支撑结构;

(3)分析亭廊架的柱、梁、台级、基础、屋面等细部构造方法及其相互间的连接方法;

(4)教师适当引导学生识读钢筋混凝土结构亭廊架各部分构造详图。

阶段3 最后成图

将全部图纸绘制在1张A2图纸上。

4.1 亭廊架的类型

4.1.1 亭的类型

亭一般小而集中,向上独立而完整,主要由亭顶、柱身和台基三部分组成,平面形式多样,屋顶变化多端,其造型主要取决于平面形式、平面组合及屋顶形式等。

1)从平面形式分

亭的体量小,平面严谨,以规则几何形体为主,自点状伞亭起,有三角形、正方形、长方形、六角形、八角形以及海棠形、扇形等,由简单到复杂,每一种形式带给人们不同的心理感受(图4.1)。在众多类型的亭中,方亭最常见。有时为了加强景观效果达到特定的形式,可以用两亭、三亭乃至五亭组合在一起,还有亭与墙、廊、桥、台相结合形成更加丰富的组合体。

2)从屋顶形式分

亭具有丰富变化的屋顶形象和轻巧、空灵的屋身。就亭顶而言,有攒尖、卷棚、歇山、盝顶、

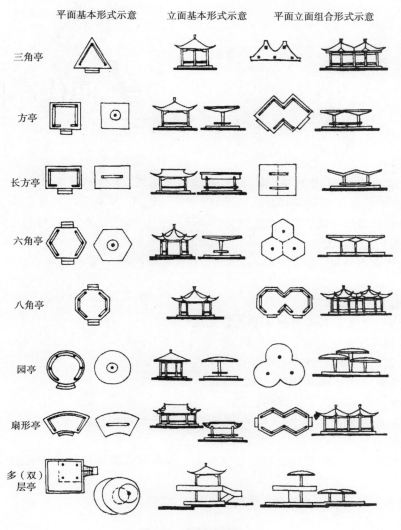

图 4.1　亭的平面形式

盝顶、平顶等区别,其中以攒尖顶、歇山顶为多见,也有的采用卷棚式等。攒尖顶里有圆攒尖、三角攒尖、四角攒尖与八角攒尖,等等。亭盖又有单檐、重檐之分,单檐者轻盈,重檐者庄重,三重檐攒尖顶亭是最庄重的一种形式(图4.2)。

4.1.2　廊的类型

廊是亭的延伸。屋檐下的过道及其延伸成独立有顶的过道称为廊。廊的类型丰富多样,按不同的分类标准,廊可以分为不同的形式。按材质不同可以分为木结构、钢结构、钢筋混凝土结构、竹结构等;按平面造型可分为直廊、曲廊、回廊(图4.3);按横剖面形式可分为双面空廊、单面空廊、复廊、双层廊、暖廊、单支柱廊等(图4.4);按其与地形、环境的关系可分为平地廊、抄手廊、爬山廊、跌落廊、水廊、桥廊等;按功能可分为休息廊、展览廊、候车廊、分隔空间廊等。

4.1.3　花架的类型

花架是用刚性材料构成一定形状的格架供攀缘植物攀附的园林设施,又称棚架、绿廊。常

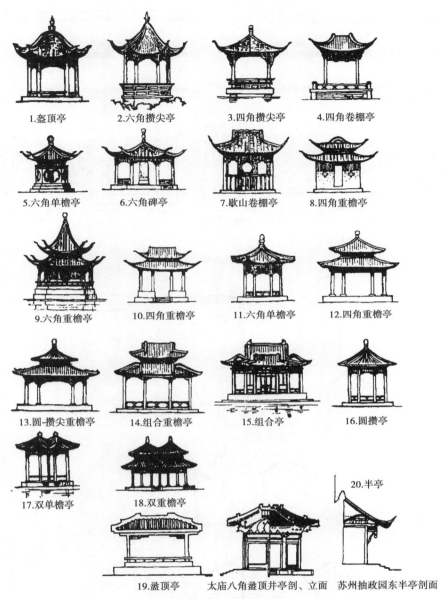

1.盔顶亭　　　2.六角攒尖亭　　　3.四角攒尖亭　　　4.四角卷棚亭

5.六角单檐亭　　　6.六角碑亭　　　7.歇山卷棚亭　　　8.四角重檐亭

9.六角重檐亭　　　10.四角重檐亭　　　11.六角单檐亭　　　12.四角重檐亭

13.圆-攒尖重檐亭　　　14.组合重檐亭　　　15.组合亭　　　16.圆攒亭

17.双单檐亭　　　18.双重檐亭　　　20.半亭

19.盔顶亭　　　太庙八角盔顶井亭剖、立面　　　苏州抽政园东半亭剖面

图 4.2　亭的屋顶形式

用材料有木材、钢铁、石材、钢筋混凝土等。

1)按平面组合形式分

　　(1)廊式　廊式是最常见的形式,片板支承于左右梁柱上,游人可入内休息[图 4.5(a)]。

　　(2)片式　片式是指片板嵌固于单向梁柱上,两边或一面悬挑,形体轻盈活泼[图 4.5(b)]。

　　(3)独立式　独立式是以各种材料作空格,构成墙垣、花瓶、伞亭等形状,用藤本植物缠绕成型,供观赏用[图 4.5(c)]。

2)按上部结构受力分

　　(1)简支式　由两根支柱、一根横梁组成,更显得稳定[图 4.6(a)]。

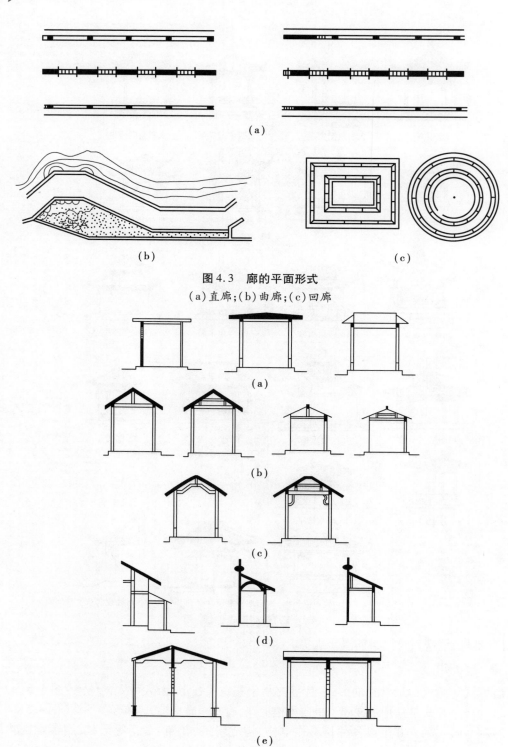

图 4.3　廊的平面形式

(a)直廊;(b)曲廊;(c)回廊

图 4.4　廊的剖面形式

(a)平坡廊;(b)双坡廊;(c)弧顶坡廊;(d)半坡廊;(e)双廊

（a）　　　　　　　　　（b）　　　　　　　　　（c）

图 4.5　花架的形式

（a）廊式花架；（b）片式花架；（c）独立式花架

（2）悬臂式　又分单挑和双挑，为突出构图中心，可以花坛、水池、湖面为中心而布置成圆环弧形的花架。用单、双挑悬臂式均可，忌分散、孤立布置［图 4.6（b）］。

（3）拱门钢架式　在花廊、甬道多采用半圆拱顶或门形刚架式。人行其中，陶醉其间。材料多用钢筋、轻钢或混凝土制成［图 4.6（c）］。

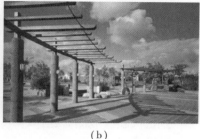
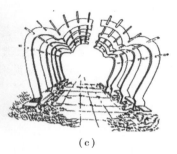

（a）　　　　　　　　　（b）　　　　　　　　　（c）

图 4.6　花架的形式

（a）简支式花架；（b）悬臂式花架；（c）拱门钢架式花架

3）按垂直支撑分

（1）立柱式　独立的方柱，长方形、小八角形，海棠截面柱，变截面柱（图 4.7（a））；

（2）复柱式　平行柱，V 形柱［图 4.7（b）］；

（3）花墙式　清水花墙，天然红石板墙，水刷石或白墙［图 4.7（c）］。

（a）　　　　　　　　　（b）　　　　　　　　　（c）

图 4.7　花架的形式

（a）立柱式花架；（b）复柱式花架；（c）花墙式花架

4.2　屋顶

亭廊架都是由屋顶、柱身和基础组成，其中屋顶形式对亭廊架的造型和功能影响较大，一般亭采用坡屋顶，可做全封闭处理来遮住雨、雪和太阳光，也可镂空处理只为限定空间；廊可采用平屋顶或坡屋顶，但均能遮住雨、雪和太阳光；而花架的屋顶为间隔分

屋顶

开的架条,主要依靠攀援植物攀爬覆盖其上,形成若虚若实的光影效果。本章所指屋顶均指能遮住雨、雪和太阳光的全封闭屋顶。

4.2.1　屋顶的作用和设计要求

屋顶是亭、廊最上部起覆盖作用的外部围护构件,其主要作用是:

①防御自然界的风、霜、雨、雪、太阳辐射和冬季低温等不利影响,使屋顶覆盖下的空间有一个良好的使用环境;

②承受作用于屋顶上的风荷载、雪荷载和屋顶自重等;

③不同的屋顶形式,尤其是坡屋顶,可以形成别致的亭、廊外观。

因此,屋顶设计必须满足坚固耐久、防水排水、保温隔热、抵御侵蚀等要求;同时,还应做到自重轻、构造简单、就地取材、施工方便和造价经济等。

4.2.2　屋顶的形式

由于屋面材料和承重结构形式不同,屋顶有多种形式,但归纳起来只有以下三类:

(1)坡屋顶　坡屋顶一般由斜屋面组成,屋面坡度一般大于10%,结构大多为屋架或梁架支撑的有檩体系。坡屋顶常见形式有单坡顶、双坡顶、四坡顶、四坡歇山屋顶、攒尖顶等,广泛应用于亭、廊及各式园林建筑,是我国传统屋顶形式。

(2)平屋顶　屋顶坡度较平缓,坡度小于10%,称为平屋顶,一般为2%~5%。承重结构为现浇或预制钢筋混凝土板,屋面上做防水、保温或隔热等处理。

(3)曲面屋顶　曲面屋顶是由各种薄壳结构、悬索结构或网架结构等作为屋顶的承重结构,如曲面拱屋顶、扁壳屋顶等。这类结构受力合理,能充分发挥材料的力学性能,因而节约材料。但是这类屋顶施工复杂、造价高,故在园林小型建筑中不常用。

4.2.3　屋顶的坡度

(1)屋顶坡度的表示方法　有斜率法、百分比法和角度法,如图4.8所示。斜率法是以屋顶斜面的垂直投影高度与其水平投影长度之比来表示,如1:2、1:10等。较大的坡度有时也用角度,即以倾斜屋面与水平屋面所成的夹角表示,如30°、60°等;较小的坡度则常用百分率,即以屋顶倾斜面的垂直投影高度与其水平投影长度的百分比值来表示,如2%、3%等。

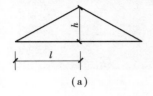 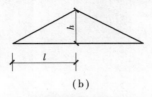 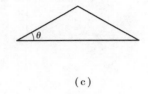

(a)　　　　　　　　　　(b)　　　　　　　　　　(c)

图4.8　屋面坡度表示方法

(a)斜率法;(b)百分比法;(c)角度法

(2)影响屋顶坡度的因素　屋顶的坡度大小是由多方面因素决定的,与屋面选用的材料、当地的降雨量、屋顶结构形式、建筑造型要求以及经济条件等有关。

①防水材料与坡度的关系:一般情况下,屋面覆盖材料面积越小,厚度越大,如瓦材,其拼接缝较多,漏水的可能性就大,其坡度就应大一些,以便迅速排除雨水,减少漏水的机会。反之,如果屋面覆盖材料的面积越大,如卷材,基本上是整体的防水层,拼缝少,故坡度可以小一些。如

图 4.9 所示列出了不同的屋面防水材料适宜的坡度范围,粗线部分为常用坡度。

②降雨量大小与坡度的关系:降雨量分为年降雨量和小时最大降雨量。降雨量大小对屋面防水有直接的影响,降雨量大,漏水的可能性就大,屋面坡度应适当增加。我国气候多样,各地降雨量差异较大,南方地区年降雨量和小时最大降雨量都高于北方地区,因此,即使采用同样的屋面防水材料,一般南方地区的屋面防水坡度都大于北方地区。

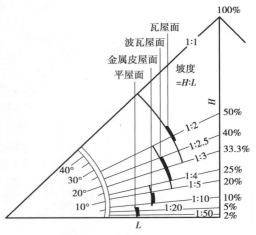

图 4.9　屋面坡度

4.2.4　平屋顶构造

平屋顶一般由面层、承重结构层、保温隔热层、顶棚层等部分组成。平屋顶的支撑结构常用钢筋混凝土,大跨度常用钢结构、平板网架。梁板结构布置灵活,较简单,适合各种形状和大小的平面,广泛用于各种室外廊架。

1)面层

面层是平屋顶最上面的铺筑层,可用普通水泥地面、陶瓷地面、石材(天然或人造)地面、木材地面、钢化玻璃地面等,应根据景观及屋面上人不上人等要求来定。

2)结构层

结构层位于面层和顶棚层之间,是屋顶的承重构件。它由板或板与梁组成,承受着整个屋顶的荷载,并将其传至柱、墙及基础。结构层设计应具有足够的承载力、刚度,减少板的挠度和形变,目前主要材料是钢筋混凝土。按施工方式不同有预制和现浇。因屋面防水和防渗要求需接缝少,故采用现浇式屋面板为佳。

3)屋面防水

由于坡度小,易产生渗漏现象,为了迅速排除屋面雨水,保证水流畅通,需要进行周密的排水设计。首先应选择适宜的排水坡度,确定排水方式,做好屋顶排水组织设计;其次,平屋顶需要做屋面防水层,有柔性防水、刚性防水、涂料防水等多种做法。

(1)柔性防水屋面　柔性防水屋面是用防水卷材与胶粘剂结合在一起,形成连续致密的构造层,从而达到防水的目的。按卷材的常见类型有沥青卷材防水屋面、高聚物改性沥青类防水卷材屋面、高分子类卷材防水屋面。由于卷材防水层具有一定的延伸性和适应变形的能力,故而被称为柔性防水屋面。

卷材防水屋面由多种材料叠合而成,按各层的作用分别为结构层、找平层、结合层、防水层、保护层,如表 4.1 所示。

(2)刚性防水屋面　刚性防水屋面,是以细石混凝土作防水层的屋面。其主要优点是施工方便、节约材料、造价经济和维修较为方便。缺点是对温度变化和结构变形较为敏感,施工技术要求较高,较易产生裂缝而渗漏水。所以,刚性防水多用于日温差较小的我国南方地区防水等级为Ⅲ级的屋面防水,也可用作防水等级为Ⅰ、Ⅱ级的屋面多道设防中的一道防水层。

表 4.1　卷材防水屋面构造做法

名　称	构造做法
卷材防水屋面	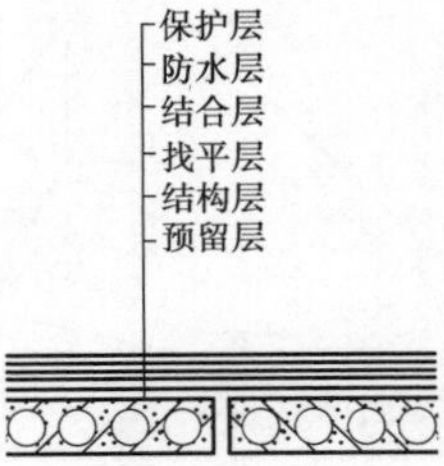 ①结构层　多为钢筋混凝土屋面板或木檩条，可以是现浇板或预制板。 ②找平层　卷材防水层要求铺贴在坚固而平整的基层上，以防止卷材凹陷或断裂，因而在松软材料上应设找平层；找平层的厚度取决于基层的平整度，一般采用 20 mm 厚1:3水泥砂浆，也可采用 1:8 沥青砂浆。 ③结合层　结合层的作用是在基层与卷材胶粘剂间形成一层胶质薄膜，使卷材与基层胶结牢固。沥青类卷材通常用冷底子油作结合层，高分子卷材则多使用配套基层处理剂。 ④防水层　a.高聚物改性沥青防水层:冷粘法(用胶粘剂将卷材粘结在找平层上)和热熔法;b.高分子卷材防水层:在找平层上涂刮基层处理剂干燥不粘后即可粘贴卷材;卷材一般应由屋面低处向高处铺贴，并按水流方向搭接。 ⑤保护层　设置保护层的目的是保护防水层，其构造做法应视屋面的利用情况而定

（图中标注：保护层、防水层、结合层、找平层、结构层、预留层）

刚性防水屋面要求基层变形小，一般只适用于无保温层的屋面，因为保温层多采用轻质多孔材料，其上不宜进行浇筑混凝土的湿作业。此外，混凝土防水层铺设在这种较松软的基层上也很容易产生裂缝。刚性防水屋面也不宜用于高温、有振动和基础有较大不均匀沉降的建筑。

①刚性防水屋面防止开裂的措施:由于水泥的硬化形成毛细通道，使砂浆或混凝土收水干缩时表面开裂成为屋面的渗水通道。普通的水泥砂浆和混凝土必须经过以下几种防水措施，才能作为屋面的刚性防水层。

a.增加防水剂:防水剂是由化学原料配制，通常为憎水性物质、无机盐或不溶解的肥皂，如硅酸钠(水玻璃)类、氯化物或金属皂类制成的防水粉或浆。掺入砂浆或混凝土后，能与之生成不溶性物质，填塞毛细孔道，形成憎水性壁膜，以提高其密实性。

b.采用微膨胀:在普通水泥中掺入少量的矾土水泥和二水石膏粉等所配置的细石混凝土，在结硬时产生微膨胀效应，抵消混凝土的原有收缩性，以提高抗裂性。

c.提高密实性:控制水灰比，加强浇筑时的振捣，均可提高砂浆和混凝土的密实性。细石混凝土屋面在初凝前表面用铁滚辗压，使余水压出，初凝后加少量干水泥，待收水后用铁板压平、表面打毛，然后盖席浇水养护，从而提高了面层密实性和避免了表面的龟裂。

②刚性防水屋面的构造层次和做法:如表 4.2 所示，刚性防水屋面的构造一般有防水层、隔离层、找平层、结构层等，刚性防水屋面应尽量采用结构找坡。

（3）涂膜防水屋面　涂膜防水屋面是用防水材料涂刷在屋面基层上，利用涂料干燥或固化以后的不透水性来达到防水的目的，具有防水、抗渗、黏结力强、耐腐蚀、耐老化、延伸率大、弹性好、不延燃、无毒、施工方便等优点，已广泛用于建筑各部位的防水工程中。

涂膜防水主要适用于防水等级为Ⅲ、Ⅳ级的屋面防水，也可用作Ⅰ、Ⅱ级屋面多道防水设防中的一道防水。

①涂膜防水材料:主要有各种涂料和胎体增强材料两大类。

a.涂料防水:涂料的种类很多，按其溶剂或稀释剂的类型可分为溶剂型、水溶型、乳液型等;按施工时涂料液化方法的不同则可分为热熔型、常温型等。

表4.2　刚性防水屋面构造做法

名　称	构造做法
刚性防水屋面	①防水层:采用不低于C20的细石混凝土整体现浇而成,其厚度不小于40 mm。为防止混凝土开裂,可在防水层中配直径4~6 mm、间距100~200 mm的双向钢筋网片,钢筋的保护层厚度不小于10 mm。为提高防水层的抗裂和抗渗性能,可在细石混凝土中掺入适量的外加剂,如膨胀剂、减水剂、防水剂等。 ②隔离层:位于防水层与结构层之间,其作用是减少结构变形对防水层的不利影响。结构层在荷载作用下产生挠曲变形,在温度变化作用下胀缩变形。由于结构层较防水层厚,刚度相应也较大,当结构产生上述变形时容易将刚度较小的防水层拉裂。因此,宜在结构层与防水层间设一隔离层使二者脱开。隔离层可采用铺纸筋灰、低强度等级砂浆,或薄砂层上干铺一层油毡等做法。 ③找平层:当结构层为预制钢筋混凝土屋面板时,其上应用1:3水泥砂浆做找平层,厚度为20 mm。若屋面板为整体现浇混凝土结构时则可不设找平层。 ④结构层:一般采用预制或现浇的钢筋混凝土面板。结构应有足够的刚度,以免结构变形过大而引起防水层开裂

防水层:40厚C20细石混凝土内配φ4 @100~200双向钢筋网片
隔离层:纸筋灰、低强度等级砂浆或铺油毡
找平层:20厚1:3水泥砂浆
结构层:钢筋混凝土板

　　b.胎体增强材料:某些防水涂料(如氯丁胶乳沥青涂料)需要与胎体增强材料(即所谓的布)配合,以增强涂层的贴附覆盖能力和抗变形能力。目前,使用较多的胎体增强材料为0.1 mm×6 mm×4 mm或0.1 mm×7 mm×7 mm的中性玻璃纤维网格布或中碱玻璃布、聚酯无纺布等。

　　②涂膜防水屋面的构造及做法:

　　a.氯丁胶乳沥青防水涂料屋面:氯丁胶乳沥青防水涂料以氯丁胶乳和石油沥青为主要原料,选用阳离子乳化剂和其他助剂,经软化和乳化而成,是一种水乳型涂料。其构造做法如表4.3所示。

　　b.焦油聚氨酯防水涂料屋面:焦油聚氨酯防水涂料又名851涂膜防水胶,是以异氰酸酯为主剂和以煤焦油为填料的固化剂构成的双组分高分子涂膜防水材料,其甲、乙两液混合后经化学反应能在常温下形成一种耐久的橡胶弹性体,从而起到防水的作用。做法为:将找平以后的基层面吹扫干净并待其干燥后,用配制好的涂液(甲、乙二液的质量比为1:2)均匀涂刷在基层上。不上人屋面可待涂层干后在其表面刷银灰色保护涂料;上人屋面在最后一遍涂料未干时撒上绿豆砂,3 d后其上做水泥砂浆式浇混凝土贴地砖的保护层。

　　c.塑料油膏防水屋面:塑料油膏以废旧聚氯乙烯塑料、煤焦油、增塑剂、稀释剂、防老化剂及填充材料等配制而成。做法为:先用预制油膏条冷嵌于找平层的分格缝中,在油膏条与基层的接触部位和油膏条相互搭接处刷冷粘剂1~2遍,然后按产品要求的温度将油膏热熔液化,按基层表面涂油膏、铺贴玻纤网格布、压实、表面再刷油膏、刮板收齐边沿的顺序进行。根据设计要求可做成一布二油或二布三油。

表4.3 涂膜防水屋面构造做法

名　称	构造做法
涂膜防水屋面	①找平层:先在屋面板上用1∶2.5或1∶3的水泥砂浆做15~20 mm厚的找平层并设分格缝,分格缝宽20 mm,其间距不大于6 m,缝内嵌填密封材料。找平层应平整、坚实、干燥,方可作为涂料施工的基层。 ②底涂层:然后将稀释涂料(按质量,防水涂料∶0.5~1.0的离子水溶液=6∶4或7∶3)均匀涂布于找平层上作为底涂,干后再刷2~3遍涂料。 ③中涂层:为加胎体增强材料的涂层,要铺贴玻纤网格布,有干铺和湿铺两种施工方法:a.干铺法:在已干的底涂层上干铺玻纤网格布,展开后加以点粘固定,当铺过两个纵向搭接缝以后依次涂刷防水涂料2~3遍,待涂层干后按上述做法铺第二层网格布,然后再涂刷1~2遍涂料。干后在其表面刮涂增厚涂料(按质量,防水涂料∶细砂=1∶1~1.2)。 b.湿铺法:在已干的底涂层上边涂防水涂料边铺贴网格布,干后再刷涂料。一布二涂的厚度通常大于2 mm,二布三涂的厚度大于3 mm。 ④面层:根据需要可做细砂保护层或涂覆着色层。细砂保护层是在未干的中涂层上抛撒20目浅色细砂并辊压,使砂牢固地黏结于涂层上;着色层可使用防水涂料或耐老化的高分子乳液作胶粘剂,加上各种矿物颜料配制成成品着色剂,涂布于中涂层表面

涂膜防水屋面的细部构造要求及做法类同于卷材防水屋面,如图4.10和图4.11所示。

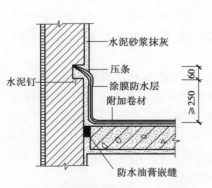

图4.10 涂膜防水屋面的女儿墙泛水

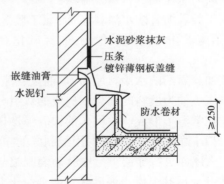

图4.11 涂膜防水屋面高低屋面的泛水

4.2.5 坡屋顶构造

坡屋顶一般由屋面构件、支承构件和顶棚等部分组成。坡屋顶的屋面是由一些坡度相同的倾斜面相互交接而成,交线为水平线时称为正脊;当斜面相交为凹角时,所构成的倾斜交线称为斜天沟;斜面相交为凸角时的交线称为斜脊。

坡屋顶的基层主要支撑屋面荷载,一般包括檩条、椽子、屋面板等。在寒冷地区设有保温层,在炎热地区则设通风、隔热层等。

坡屋顶支撑结构

1)坡屋顶的支承结构

不同的材料和结构可以设计出各种形式的屋顶,同一种形式的屋顶也可采用不同的结构方式。为了满足功能、经济、美观的要求,必须合理地选择支承结构。在亭、廊的坡屋顶中常采用的支承结构有屋架承重、梁架承重、伞法承重等。

(1)屋架承重　屋架是由一组杆件在同一平面内互相结合成整体的构件。其每个杆件承受拉力或压力,各轴心交会于一点,称为节点。节点之间称为节间。屋架由上弦、下弦及腹杆组成。上弦又称为人字木,是受压杆件;下弦是受拉杆件。腹杆分为斜杆和直杆,分别受压或受拉(图4.12)。

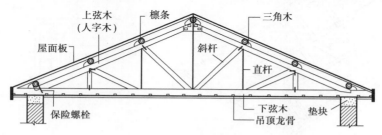

图 4.12　屋架组成

屋架布置方式视建筑形式而定。双坡屋顶的布置较简单,一般沿建筑纵长方向等距离排列在柱上。亦可选用三支点或四支点屋架,以减小屋架跨度(图4.13)。

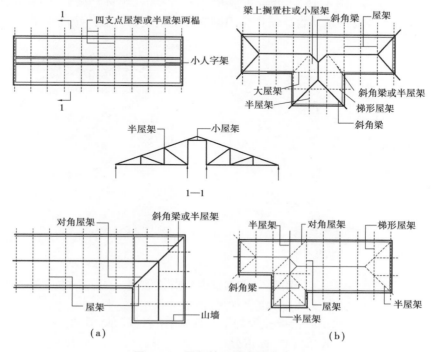

图 4.13　屋架的几种布置方式

(a)两落水屋顶;(b)四落水屋顶

四坡顶、丁字形交接屋顶和转角屋顶的布置则较复杂(图4.14)。

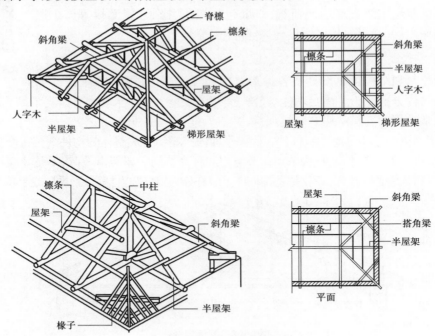

图4.14　四坡顶屋架布置

(2)梁架承重　梁架承重是由柱和梁组成梁架,檩条搁置在梁间,承受屋面荷载,并将各梁架联系为一完整的骨架(图4.15)。梁架交接处为榫卯结合,整体性较好,但耗用木料较多,防火、耐久性均较差。今在一些仿古建筑中常用钢筋混凝土梁架仿效传统的木梁架。

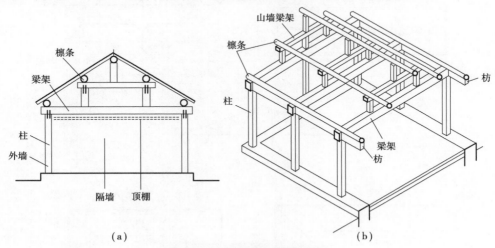

图4.15　梁架传统木结构坡屋顶

(a)剖面图;(b)示意图

(3)伞法承重　伞法承重即指模拟伞的结构模式,用斜戗(qiàng,指支撑用的木头)及枋组成亭的攒顶架子,由老戗支承灯心木(即雷公柱),边缘靠柱支撑(图4.16)。伞法的构造方式会因自重而形成向四周作用的横向推力,此横向推力由檐口处一圈檐梁(枋)和柱组成的排架来承受。伞法屋顶结构整体刚度较差,一般用于屋顶较小,自重较轻的小亭、草亭、竹亭上,或在亭

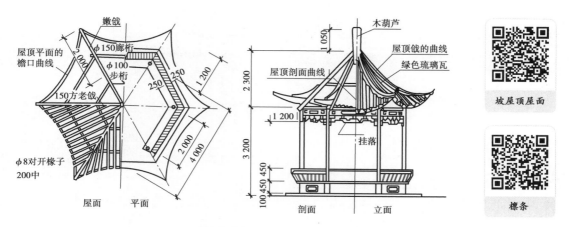

图 4.16　伞法构架亭

顶内上部增加一圈拉结圈梁,以减小横向推力,增强屋顶的刚度。

2)坡屋顶的屋面构造

屋面是屋顶结构层的上覆盖层,直接承受风雨、冰冻和太阳辐射等大自然气候的作用;防水材料为各种瓦材及与瓦材配合使用的各种涂膜防水材料和卷材防水材料。屋面的种类根据瓦的种类而定,如块瓦屋面、油毡瓦屋面、块瓦形钢板彩瓦屋面等。

(1)坡屋顶屋面基层　屋面基层按组成方式分为有檩和无檩体系两种。无檩体系是将屋面基层即各类钢筋混凝土板直接搁在山墙、屋架或屋面梁上;有檩体系的基层由檩条、椽条、屋面板、顺水条、挂瓦条等组成。为铺设面层材料,应首先在其下面做好基层。

①檩条:檩条支承于横墙或屋架上,其断面及间距根据构造需要由结构计算确定。木檩条可用圆木或方木制成,以圆木较为经济,长度不宜超过 4 m。用于木屋架时可利用三角木支托;用于硬山搁檩时,支承处应用混凝土垫块或经防腐处理(涂焦油)的木块,以防潮、防腐和分布压力。为了节约木材,也可采用预制钢筋混凝土檩条或轻钢檩条。采用预制钢筋混凝土檩条时,各地都有产品规格可查,常见的有矩形、L 形和 T 形等截面。为了在檩条上钉屋面板,常在顶面设置木条,木条断面呈梯形,尺寸 40 ~ 50 mm 对开(图 4.17)。

②椽条:当檩条间距较大,不宜在上面直接铺设屋面板时,可垂直于檩条方向架立椽条,椽条一般用木制,间距一般为 360 ~ 400 mm,截面为 50 mm × 50 mm 左右。

③屋面板:当檩距小于 800 mm 时,可在檩条上直接铺钉屋面板,檩距大于800 mm 时,应先在檩条上架椽条,然后在椽条上铺钉屋面板。

(2)坡屋顶屋面铺材与构造

①平瓦屋面:平瓦有水泥瓦和黏土瓦两种。其外形按防水及排水要求设计制作,机平瓦的外形尺寸约为 400 mm × 230 mm,其在屋面上的有效覆盖尺寸约为 330 mm × 200 mm。按此推算 1 m² 屋面约需 15 块瓦。平瓦屋顶的主要优点是瓦本身具有防水性,不需特别设置屋面防水层,瓦块间搭接构造简单,施工方便。缺点是屋面接缝多,如不设屋面板,雨、雪易从瓦缝中飘进,造成漏水。为保证有效排水,瓦屋面坡度不得小于 1 : 2(26°34′)。在屋脊处需盖上鞍形脊瓦,在屋面天沟下需放上镀锌铁皮,以防漏水。

平瓦屋顶的构造方式有以下几种:

a.有椽条有屋面板的平瓦屋面　在屋面檩条上放置椽条,椽条上稀铺或满铺厚度在 8 ~ 12 mm 的木板(稀铺时在板面上还可铺芦席等),板面(或芦席)上方平行于屋脊方向干铺油毡

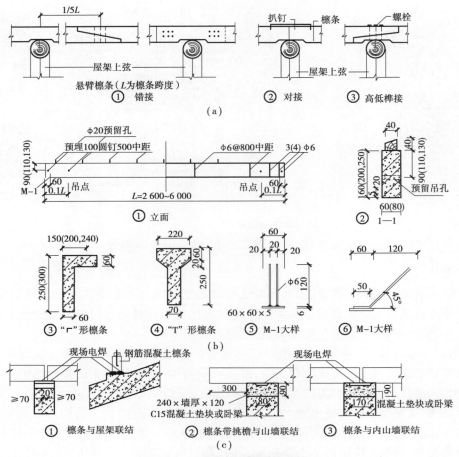

图 4.17　木及钢筋混凝土檩条

(a)木檩条;(b)钢筋混凝土檩条;(c)钢筋混凝土檩条与屋架或山墙连接

一层,钉顺水条和挂瓦条,安装机平瓦。采用这种构造方案,屋面板受力较小,因而厚度较薄。顺水条断面为 8 mm×38 mm,挂瓦条断面一般为 20 mm×20 mm 或 20 mm×25 mm。椽条断面由檩条斜距而确定,檩条斜距大,椽条断面也相应增大,一般为 35 mm×60 mm,椽条中距在 500 mm 以内(图 4.18(a))。

b.无椽条有屋面板的平瓦屋面　在檩条上钉厚度为 15～25 mm 的屋面板(板缝不超过 20 mm),平行于屋脊方向铺油毡一层,钉顺水条和挂瓦条,安装机制平瓦。这种方案屋面板与檩条垂直布置,为受力构件,因而厚度较大(图 4.18(b))。

c.冷摊瓦屋面　这是一种构造简单的瓦屋面。在檩条上钉上断面 35 mm×60 mm、中距 500 mm 的椽条,在椽条上钉挂瓦条(注意挂瓦条间距符合瓦的标志长度),在挂瓦条上直接铺瓦。由于构造简单,它只用于简易或临时建筑(图 4.18(c))。

d.波形瓦屋顶　波形瓦包括水泥石棉波形瓦、钢丝网水泥瓦、玻璃钢瓦、钙塑瓦、金属钢板瓦、石棉菱苦土瓦等。根据波形瓦的波浪大小又可分为大波瓦、中波瓦和小波瓦 3 种。波形瓦具有重量轻、耐火性能好等优点,但易折断,强度较低。波形瓦在安装时应注意下列几点:第一,波形瓦的搭接开口应背着当地主导风向;第二,波形瓦搭接,上下搭长不小于 100 mm,左右搭接不小于一波半;第三,波形瓦在用瓦钉或挂瓦钩固定时,瓦钉及挂瓦钩帽下应有防水垫圈,以防

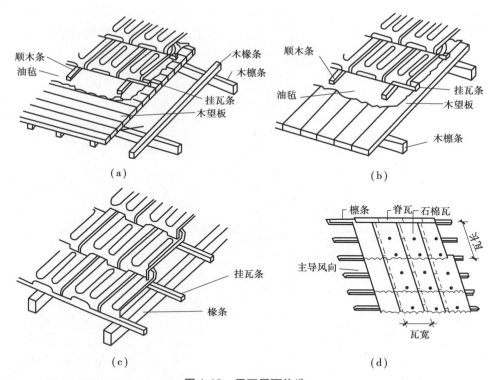

图4.18　平瓦屋面构造
(a)有椽条有屋面板平瓦屋面构造;(b)无椽条有屋面板平瓦屋面构造;
(c)冷摊瓦屋面构造;(d)波形瓦铺设示意

瓦钉及瓦钩穿透瓦面缝隙处渗水;第四,相邻4块瓦搭接时应将斜对的下两块瓦割角,以防4块重叠使屋面翘曲不平,否则应错缝布置(图4.18(d))。

②小青瓦屋面:小青瓦屋面在我国传统建筑中采用较多,目前有些地方仍然采用。小青瓦断面呈弧形,尺寸及规格不统一。铺设时分别将小青瓦仰俯铺排,覆盖成垅,仰铺成沟,俯铺瓦盖于仰铺瓦纵向接缝处,与仰铺瓦间搭接瓦长1/3左右;上下瓦间的搭接长在少雨地区为搭六露四;在多雨区为搭七露三。小青瓦可以直接铺设于椽条上,也可铺于望板(屋面板)上。小青瓦屋面的常见构造方式如图4.19所示。

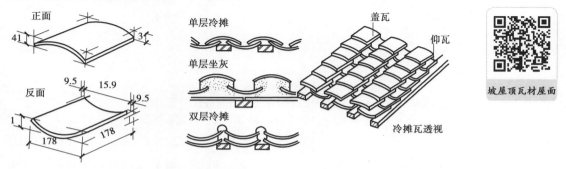

图4.19　小青瓦屋面构造

③玻璃纤维油毡瓦(简称油毡瓦)屋面:油毡瓦为薄而轻的片状瓦材。油毡瓦以玻璃纤维为基架,覆以特别沥青涂层,上附石粉,表面为隔离保护层组成的片材。一般分单层和双层两

种,其色彩和重量各异。单层油毡瓦采用较普遍,规格为 1 000 mm×333 mm×2.8 mm。铺瓦方式采用钉粘结合,以钉为主的方法。铺设时基层必须平整,上下两排采取错缝搭接,并用钉子固定每片油毡瓦,见图 4.20。

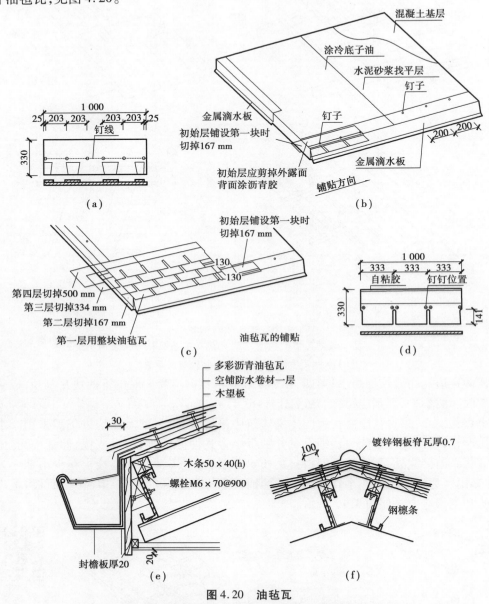

图 4.20　油毡瓦

(a)单层多彩瓦上钉子的位置;(b)沿边首层铺钉;(c)叠层铺钉;
(d)双层多彩瓦上钉子的位置;(e)檐口部位;(f)屋脊部位

3)坡屋顶的细部构造——挑檐

　　建筑物屋顶与外墙的顶部交接处称为檐口。坡屋顶的檐口一般分挑檐和包檐两种。挑檐是将檐口挑出在外墙外,做成露檐头或封檐头形式,要求挑出部分的坡度与屋面坡度一致。而包檐是将檐口与檐墙齐平或用女儿墙将檐口封住。

　　(1)砖挑檐　砖挑檐的挑长不能太大,一般不超过墙体厚度的 1/2,且不大于 240 mm;每层砖挑长为 60 mm,砖可平挑出,也可把砖斜放用砖角挑出,挑檐砖上方瓦伸出 50 mm[图 4.21(a)]。

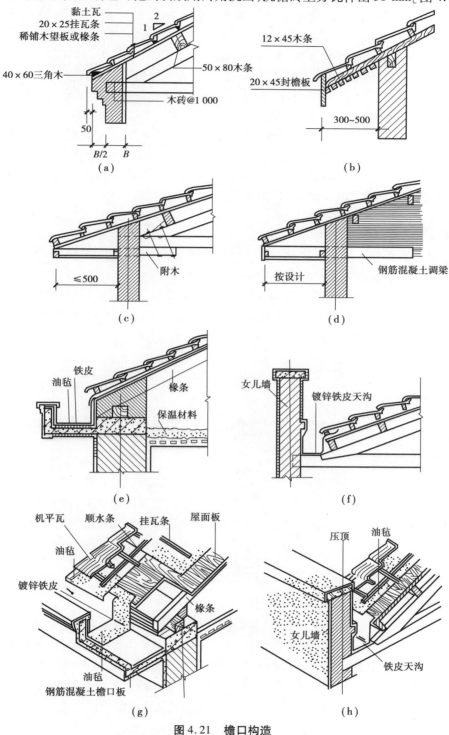

图 4.21 檐口构造

(a)砖挑檐;(b)椽条挑檐;(c)附木挑檐;(d)钢筋混凝土挑檐;(e)钢筋混凝土挑天沟;

(f)女儿墙檐口;(g)钢筋混凝土挑天沟示意图;(h)女儿墙檐口示意图

（2）椽木挑檐　当屋面有椽条时,可以用椽子出挑,以支撑挑出部分的屋面。挑出部分的椽条,外侧可钉封檐板,底部可钉木条并油漆。椽木挑檐的挑长一般为 300～500 mm[图4.21(b)]。

（3）屋架端部附木挑檐或檐木挑檐　如需要较大挑长的挑檐,可以沿屋架下弦伸出附木,支撑挑出的檐口木,并在附木外侧面钉封檐板,在附木底部作檐口吊顶,这种构造檐口挑长可达 500～800 mm[图4.21(c)]。对于不设屋架的房屋,可以在其横向承重墙内压砌挑檐木并外挑,用挑檐木支撑挑出的檐口。其他构造类似于附木挑檐[图4.21(d)]。

（4）钢筋混凝土挑天沟　当屋面集水面积大,檐口高度高、降雨量大时,坡屋面的檐口可设钢筋混凝土天沟,并采用有组织排水[图4.21(e),(g)]。

（5）女儿墙檐口　有些园林建筑为了立面处理的需要,将檐墙凸出屋面形成女儿墙,为了组织排水,屋面与女儿墙之间应做天沟[图4.21(f),(h)]。

4.3　楼板层

楼板层是建筑物的主要水平承重构件。它把荷载传到墙、柱及基础上,同时它对墙、柱起着水平约束作用。在水平荷载(风、地震)作用下,协调各竖向构件(柱、墙)的水平位移,增强建筑物的刚度和整体性。楼板层把建筑物沿高度方向分成若干楼层,同时也发挥了相关的物理性能,如隔声、防水、防火、美观等。建筑物最底层与土壤交接处的水平构件称为地坪。它承受着地面上的荷载,并均匀直接地传给地坪以下的土壤。

4.3.1　楼板层的组成及分类

1)楼板层的组成

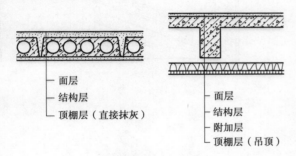

图 4.22　楼板层的组成

楼板层一般由若干层组成,各层所起的作用不同(图4.22)。

（1）面层　面层是楼板层上面的建筑层,也是室内空间下部的装饰层,俗称地面或楼层。地面种类很多,如实木地面、复合木地面、橡胶地面、地砖、天然或人造石材、普通水泥地面等,根据使用功能不同选用不同的面层。

（2）结合层　该层将地面的面层与结构层(楼板)牢固地结合起来,同时又起找平作用,故又称为找平层。

（3）结构层　结构层位于面层和顶棚层之间,是楼板层的承重构件。它由楼板或楼板与梁组成,承受着整个楼层的荷载,并将其传至柱、墙及基础。结构层也对隔声、防火起重要作用。

（4）附加层　附加层通常设置在面层和结构层之间,或结构层和顶棚之间,是根据不同的要求而增设的层次,主要有保温隔热层、隔声层、防水层、防潮层、防静电层和管线敷设层等。

（5）顶棚层　顶棚层是楼板下部的装修层,有直接式顶棚和吊顶棚之分。

2)楼板的类型

根据使用材料的不同,楼板可分为木楼板、钢筋混凝土楼板和钢衬板组合楼板等几种类型。

（1）木楼板　该种楼板是用木龙骨架在主梁或墙上,上铺木板形成的楼板[图4.23(a)]。

木楼板优点:构造简单,自重轻,保温性能好。缺点是耐火性和耐久性较差,消耗木材量大。木材是自然生态资源,是一种十分重要的工业及民用原材料。目前除在产木区或特殊要求的建筑外较少采用木楼板。

(2)钢筋混凝土楼板 目前,最常用的是钢筋混凝土楼板[图4.23(b)]。它具有强度高、刚度大、耐久性和耐火性好等优点,且具有良好的可塑性。缺点是自重较大。

(3)钢衬板混凝土组合楼板 钢衬板组合楼板是利用压型钢板作为衬板与现浇混凝土组合而成的楼板,钢衬板既是楼板受拉部分,也是现浇混凝土的衬模[图4.23(c)]。这种楼板的优点是强度和刚度较高,自重较轻,利于加快施工进度。缺点是板底要进行防火处理,用钢量较多,造价高。目前普通园林建筑中应用较少,高层建筑和标准厂房中应用较多,这里不详细介绍。

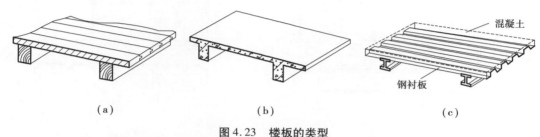

图4.23 楼板的类型
(a)木楼板;(b)钢筋混凝土楼板;(c)压型钢板与混凝土组合楼板

4.3.2 钢筋混凝土楼板

1)钢筋混凝土楼板的类型和特点

钢筋混凝土楼板有:现浇式、预制装配式、装配整体式3种。其根据建筑物的使用功能、楼面使用荷载的大小、平面规则性、楼板跨度、经济性及施工条件等因素来选用。

(1)现浇式 现浇式钢筋混凝土楼板是指在现场支模、绑扎钢筋、浇灌混凝土形成的楼板结构。它具有结构整体性好,对抗震、防水有利,且在使用时不受空间尺寸、形状限制等特点,适用于对整体性要求较高形体复杂的建筑。

(2)预制装配式 预制装配式钢筋混凝土楼板是指预制构件在现场进行安装的钢筋混凝土楼板。这种楼板使现场施工工期大为缩短,且节省材料,保证质量。唯一的问题是在建筑设计中要求平面形状规则、尺寸符合建筑模数要求。但该楼板的整体性、防水性、抗震性较差。

(3)装配整体式 装配整体式楼板,是先将预制楼板作底模,然后在上面灌注现浇层,形成装配整体式楼板。它具有现浇式楼板整体性好和装配式楼板施工简单、工期较短、省模板的优点。

2)现浇钢筋混凝土楼板构造

现浇钢筋混凝土楼板根据受力和传力情况不同有板式楼板、梁板式楼板、井式楼板、无梁楼板和钢筋混凝土组合楼板等。

(1)板式楼板 当空间跨度较小,楼板内不设梁,板直接支承在四周的墙上,荷载由板直接传递给墙体,这种楼板称为板式楼板。楼板一般是四边支承,根据其受力特点和支承情况,又可分为单向板和双向板。当板的长短边之比大于2时,板基本上沿短边方向受力,称为单向板,板中受力钢筋沿短边方向布置。当板的长短边之比小于或等于2时,板沿双向受力,称为双向板,板中受力钢筋沿双向布置。这种楼板底面平整,施工简便,适用于小跨度空间(图4.24)。

(2)梁板式楼板 当空间跨度较大时,板的厚度和板内配筋均会增大,为使板的结构经济合理,常在板下设梁以控制板的跨度,这样楼板上的荷载就先由板传给梁,再由梁传给墙或柱,这种楼板称为梁板式楼板或梁式楼板。梁有主梁和次梁之分:主梁可沿空间的横向或纵向布置;次梁通常垂直于主梁布置。主梁搁置在墙或柱上,次梁搁置在主梁上,板搁置在次梁上,次梁的间距即为板的跨度(图4.25)。

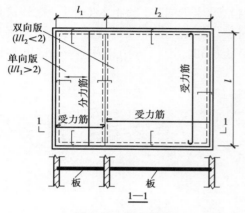

图4.24 板式楼板

图4.25 梁板式楼板

梁支承在墙上,为避免把墙压坏,保证可靠传递荷载,支点处应有一定的支承面积。规范规定了梁的最小搁置长度,在砖墙上的搁置长度与梁的截面高度有关:当梁高小于或等于500 mm时,搁置长度应不小于180 mm;当梁高大于500 mm时,搁置长度应不小于240 mm。在工程实践中,一般次梁的搁置长度宜采用240 mm,主梁宜采用370 mm。

(3)井式楼板 井式楼板是梁板式楼板的一种特殊布置形式。当空间尺寸较大,且接近正方形时,常将两个方向的梁等距离布置,不分主次梁。为了美化楼板下部的图案,梁可布置成正放、正交斜放或斜交斜放(图4.26)。

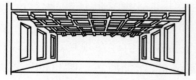

图4.26 井式楼板及梁的布置

(4)无梁楼板 无梁楼板是将板直接支承在柱上,而不设主梁或次梁的结构,当荷载较大时,为了增大柱子的支承面积和减小跨度,可在柱顶上加设柱帽。楼板下的柱应尽量按方形网格布置,间距在6 m左右较为经济,板厚不宜小于120 mm。与其他楼板相比,无梁楼板顶棚平整、室内净空大、采光通风效果好,且施工时模板架设简单(图4.27)。

3)预制装配式钢筋混凝土楼板构造

预制钢筋混凝土板可分为预应力和非预应力两种。采用预应力构件可推迟板裂缝的出现,限制裂缝的发展,从而提高构件的承载力和刚度。预应力与非预应力构件相比较,可节省钢材30%～50%,节省混凝土10%～30%,且能使自重减轻,造价降低。

(1)预制装配式钢筋混凝土楼板类型 预制装配式钢筋混凝土楼板一般有实心平板、空心板和槽形板3种类型。

①实心平板:实心平板上下板面平整、制作简单,宜用于荷载不大、小跨度空间。板的两端支承在墙或梁上,跨度一般在2.4 m以内(图4.28)。

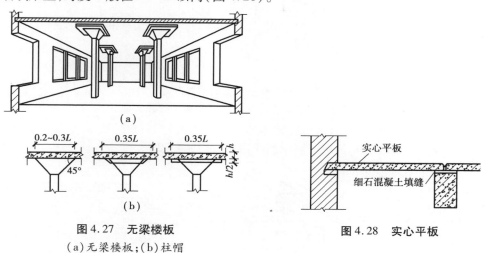

图4.27 无梁楼板
(a)无梁楼板;(b)柱帽

图4.28 实心平板

②空心板:楼板属受弯构件,当其受力时,截面上部受压、下部受拉、中部轴附近内力较小,因此为节省材料和减轻自重,可去掉中部轴附近的混凝土,形成空心板。空心板孔洞的形状有圆形、长圆形和矩形等(图4.29)。

③槽形板:槽形板是一种梁板结合的构件,即在实心板的两侧设有纵肋,形成Ⅱ形截面。为了提高板的刚度和便于搁置,在板的两端常设端肋(边肋)封闭。当板的跨度大于6 m时,在板中应每隔500~700 mm处增设横肋一道。

槽形板有正置和倒置两种:正置肋向下,受力合理,但板底不平,有碍观瞻,多用作吊顶;倒置肋向上,板底平整,但受力不合理,材料用量较多。为提高保温隔声效果,可在槽内填充保温隔声材料(图4.30)。

(2)预制装配式钢筋混凝土楼板的布置与细部构造

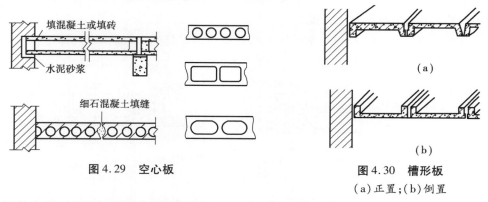

图4.29 空心板

图4.30 槽形板
(a)正置;(b)倒置

①板的布置:板的支承方式有板式和梁板式两种。板在梁上的搁置方式一般有两种:一种是板直接搁在矩形梁或T形梁上;另一种是板搁在花篮梁或十字梁肩上,板的上皮与梁顶面平齐。在梁高不变的情况下,楼板所占高度小,相当于提高了空间净高(图4.31)。

②板的搁置及板缝处理:当板搁置在墙或梁上时,必须保证楼板放置平稳,使板和墙、梁有很好的连接。首先要有足够的搁置长度,一般在砖墙上的搁置长度应不小于80 mm,在梁上的

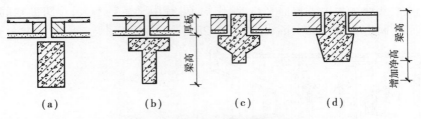

图 4.31　板在梁上的搁置方式

（a）矩形梁；（b）T 形梁；（c）十字梁；（d）花篮梁

搁置长度应不小于 60 mm；其次，必须在梁或墙上铺以水泥砂浆找平，坐浆厚度为 20 mm 左右。楼板与墙体、楼板与楼板之间常用锚固钢筋予以锚固（图 4.32）。

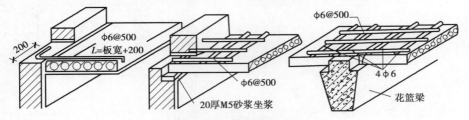

图 4.32　锚固钢筋的位置

　　板的接缝分为端缝和侧缝两种。端缝一般是以细石混凝土灌筋，使之相互连接。为了增加建筑物抵抗水平力的能力，可将板端留出钢筋交错搭接在一起，或加钢筋网片再灌以细石混凝土。板的侧缝一般有 3 种形式：V 形、U 形和凹形。其中凹形接缝抗板间裂缝和错动效果最好（图 4.33）。

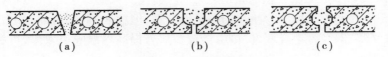

图 4.33　板的侧缝形式

（a）V 形缝；（b）U 形缝；（c）凹形缝

（3）装配整体式钢筋混凝土楼板

①密肋填充块楼板（图 4.34）：密肋填充块楼板的密肋有现浇和预制两种。

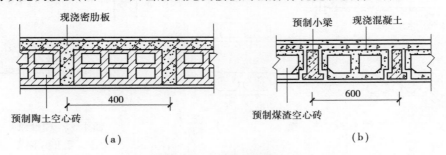

图 4.34　密肋填充块楼板

（a）现浇密肋板；（b）预制密肋板

　　②叠合楼板：叠合楼板是由预制板和现浇钢筋混凝土层叠合而成的装配整体式楼板。为保证预制薄板与叠合层有较好的连接，薄板上表面需做刻槽处理，刻槽直径为 50 mm，深 20 mm，间距 150 mm。也可在薄板上表面露出较规则的三角形结合钢筋（图 4.35）。

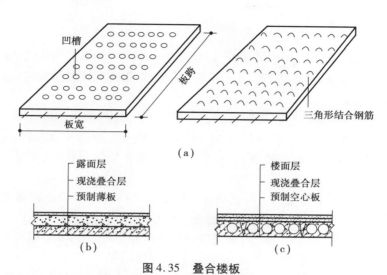

图 4.35　叠合楼板

(a)预制薄板表面处理;(b)预制实心板作底层;(c)预制空心板作底层

4.3.3　常用地面构造

1)整体式地面

(1)水泥砂浆地面　水泥砂浆地面构造简单,坚固耐磨,防潮防水,造价低廉;缺点是导热系数大,吸水性差,易结露,易起灰,不易清洁。水泥砂浆地面做法为 15 ~ 20 mm 厚 1:3 水泥砂浆找平,5 ~ 10 mm 厚 1:2 水泥砂浆抹面或者用 20 ~ 30 mm 厚 1:2 水泥砂浆抹平压光。当基层为预制楼板时取较厚的找平层和面层。

(2)细石混凝土地面　细石混凝土地面刚性好,强度高,整体性好,不易起灰。做法为 30 ~ 40 mm 厚 C20 细石混凝土随打随抹光。如在内配置纵横向钢筋φ6@200,可提高预制楼板的整体性,满足抗震要求。在细石混凝土内掺入一定量的三氯化铁,则可以提高其抗渗性,成为耐油混凝土地面。

(3)水磨石地面　水磨石地面是将天然石料(大理石、方解石)的石屑做成水泥石屑面层,经磨光打蜡制成。具有很好的耐磨性、耐久性、耐油耐碱、防火防水。

水磨石地面为分层构造,底层为 1:3 水泥砂浆 18 mm 厚找平,面层为 1:1.5 ~ 1:2 水泥石屑 12 mm 厚,石屑粒径为 8 ~ 10 mm。具体操作时先将找平层做好,然后在找平层上按设计的图案嵌固玻璃分格条(或铜条、铝条),分格条一般高 10 mm,用 1:1 水泥砂浆固定,将拌和好的水泥石屑铺入压实,经浇水养护后磨光,一般需粗磨、中磨、精磨,用草酸水溶液洗净,最后打蜡抛光(图 4.36)。普通水磨石地面采用普通水泥掺白石子,玻璃条分格;美术水磨石可用白水泥加各种颜料和各色石子,用铜条分格,可形成各种优美的图案。

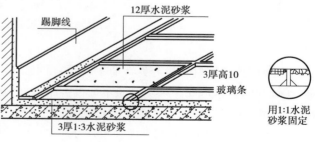

图 4.36　水磨石地面

2）块材式地面

凡利用各种人造的和天然的预制块材、板材镶铺在基层上的地面称块材地面。常用块材有陶瓷地砖、陶瓷锦砖、水泥花砖、大理石板、花岗石板等,常用铺砌或胶结材料有水泥砂浆和各种聚合物改性胶粘剂等。

（1）铺砖地面　铺砖地面有黏土砖地面、水泥大阶砖地面、预制混凝土块地面等。铺设方式有两种:干铺和湿铺。干铺是在基层上铺一层 20 ~ 40 mm 厚砂子,将砖块等直接铺设在砂上。湿铺是在基层上铺 1:3 水泥砂浆 15 ~ 20 mm 厚,将砖块铺平压实,然后用 1:1 水泥砂浆灌缝。

（2）陶瓷地砖及陶瓷锦砖地面　陶瓷地砖的做法为 20 mm 厚 1:3 水泥砂浆找平,3 ~ 4 mm 厚素水泥砂浆粘贴,校正找平后用白水泥浆擦缝[图 4.37（a）]。

陶瓷锦砖做法为 15 ~ 20 mm 厚 1:3 水泥砂浆粘贴陶瓷锦砖（纸皮砖）用辊筒压平,使水泥砂浆挤入缝隙,用水洗去牛皮纸,用白水泥浆擦缝[图 4.37（b）]。

（3）天然石板地面　常用的天然石板指大理石和花岗石板,由于它们质地坚硬,色泽丰富艳丽,属高档地面装修材料。天然石板的施工做法为在基层上刷素水泥浆一道,30 mm 厚 1:3干硬性水泥砂浆找平,面上撒 2 mm 厚素水泥（洒适量清水）,粘贴 20 mm 厚大理石板（花岗石板）,素水泥浆擦缝。

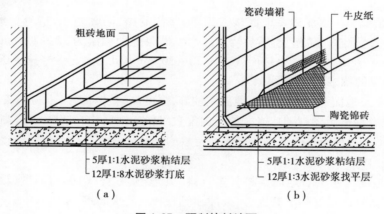

图 4.37　预制块材地面

（a）铺砖地面;（b）陶瓷锦砖地面

3）木地板地面

木地面按其用材规格分为普通木地面、硬木条地面和拼花木地面 3 种;按其构造方式有空铺、实铺和强化木地面 3 种。普通木地板常用木材为松木、杉木;硬木条地板及拼花木地板常用柞木、桦木、水曲柳等。木地板拼缝形式如图 4.38 所示。

（1）实铺木地面　实铺木地面可用于底层,也可以用于楼层,木板面层可采用双层面层和单层面层铺设。

双层面层的铺设方法为:在地面垫层或楼板层上,通过预埋镀锌钢丝或 U 形铁件,将做过防腐处理的木格栅绑扎。木格栅间距 400 mm,格栅之间应加钉剪力撑或横撑,与墙之间宜留出30 mm 的缝隙。对于没有预埋件的楼地面,通常采用水泥钉和木螺钉固定木格栅。格栅上铺钉毛木板,背面刷防腐剂,毛木板呈 45°斜铺,上铺油毡一层,以防止使用中产生声响和潮气侵蚀,毛木板上钉实木地板,表面刷清漆并打蜡。木板面层与墙之间应留10～20 mm的缝隙,并用木踢脚板封盖。为了减少人在地板上行走时所产生的空鼓声,改善保温隔热效果,通常还在格栅与格栅之间的空腔内填充一些轻质材料,如干焦渣、蛭石、矿棉毡、石灰炉渣等(图4.39)。

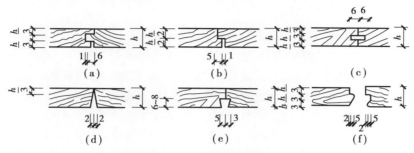

图4.38　木地面拼缝形式
(a)企口(最常用);(b)错口;(c)销板;(d)平口;
(e)截口(仅用于粘贴式);(f)企口(仅用于粘贴式)

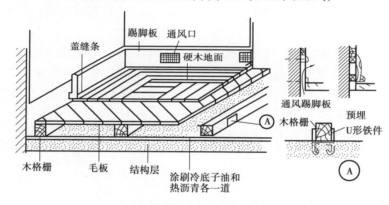

图4.39　实铺木地板构造(双层面层)

　　单层面层即将实木地板直接与木格栅固定,每块长条木板应钉牢在每根格栅上,钉长应为板厚的2～2.5倍,并从侧面斜向钉入板中。其他做法与双层面层相同(图4.40)。

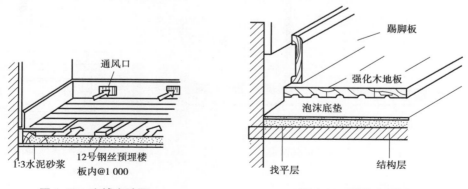

图4.40　实铺木地面　　　　　　　　　　**图4.41　强化木地面**

　　(2)强化木地面　强化木地面由面层、基层、防潮层组成。面层具有很高的强度和优异的耐磨性能,基层为高密度板,长期使用不会变形。其防潮底层更能确保地板不变形。强化木地板常用规格为1 290 mm×195 mm×(6～8)mm,为企口型条板。强化木地面做法简单、快捷,采用悬浮法安装。在楼地面先铺设一层衬垫材料,如聚乙烯泡沫薄膜、波纹纸等,起防潮、减振、隔声作用,并改善脚感。其上接铺贴强化木地板,木地板不与地面基层及泡沫底垫粘贴,只是地板块之间用胶粘剂结成整体。地板与墙面相接处应留出 8 ~ 10 mm 缝隙,并用踢脚板盖缝。强化木地板构造做法如图 4.41 所示。

4)其他类型楼地面

(1)地毯地面　地毯按其材质来分,主要有化纤地毯和羊毛地毯等。化纤地毯是我国近年来广泛采用的一种新型地毯,以丙纶、腈纶纤维为原料,采用簇绒法和机织法制作面层,再与麻布背衬加工而成。化纤地毯地面具有吸声、隔声、弹性好、保温好、脚感舒适、美观大方等优点。

化纤地毯的铺设分固定和不固定两种方式。铺设时可以满铺或局部铺设。采用固定铺贴时,应先将地毯接缝拼好,下衬一条 100 mm 宽的麻布条,胶黏剂按 0.8 kg/m 的涂布量使用。地面与地毯黏结时,在地面上涂刷 120 ~ 150 mm 宽的胶粘剂,按 0.05 kg/m 的涂布量使用。

纯毛地毯采用纯羊毛,用手工或机器编织而成。铺设方式多为不固定的铺设方法,一般作为毯上毯使用(即在化纤地毯的表面上铺装羊毛毯)。

地毯可以铺在木地面上,也可以用于水泥等其他地面上;可以用倒齿板固定,也可以不固定(图 4.42)。

(2)活动地板　活动地板又称装配式地板,是由特制的平压刨花板为基材,表面饰以装饰板和底层用镀锌钢板经黏结组成的活动板块,配以横梁、橡胶垫和可供调节高度的金属支架组装的架空地板在水泥类基层上铺设而成。活动地板广泛应用于计算机房、变电所控制室、程控交换机房、通信中心、电化教室、剧场舞台等要求防尘、防静电、防火的房间。

活动地板的板块典型尺寸为 457 mm × 457 mm,600 mm × 600 mm,762 mm × 762 mm。其构造做法为:先在平整、光洁的混凝土基层上安装支架,调整支架顶面标高使其逐步抄平,然后在支架上安装格栅状横梁龙骨,最后在横梁上铺贴活动板块(图 4.43)。

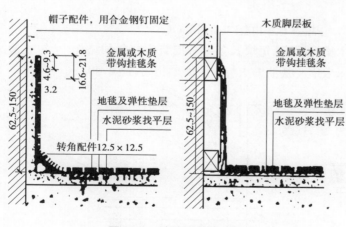

图 4.42　地毯的安装详图

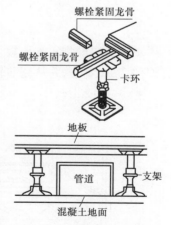

图 4.43　活动地板详图

4.3.4　顶棚装饰构造

1)顶棚的作用与分类

(1)顶棚的作用　由于建筑具有物质和精神的双重性,因此顶棚兼有满足使用功能的要求和满足人们在生理、心理等方面的精神需求的作用。

①改善室内环境,满足使用功能:要求顶棚的处理不仅要考虑室内的装饰效果、艺术风格的要求,而且还要考虑室内使用功能对建筑技术的要求。顶棚所具有的照明、通风、保温、隔热、吸声或声音反射、防火等技术性能,直接影响室内的环境与使用效果。

②装饰室内空间:顶棚是室内装饰的一个重要组成部分,它是除墙面、地面之外,用以围合成室内空间的另一个大面。它从空间、光影、材质等诸多方面渲染环境,烘托气氛。

因此,顶棚的装饰处理对室内景观的完整统一及装饰效果有很大影响。

(2)顶棚的分类

①按顶棚外观分类:按顶棚外观的不同,顶棚可分为平滑式顶棚、井格式顶棚、悬浮式顶棚、分层式顶棚等(图4.44)。

平滑式顶棚的特点是将整个顶棚呈现平直或弯曲的连续体。

井格式顶棚是根据或模仿结构上主、次梁或井字梁交叉布置的规律,将顶棚划分为格子状。

悬浮式顶棚的特点是把杆件、板材、薄片或各种形状的预制块体(如船形、锥形、箱形等)悬挂在结构层或平滑式顶棚下,形成格栅状、井格状、自由状或有韵律感、节奏感的悬浮式顶棚。

分层式顶棚的特点是在同一室内空间,根据使用要求,将局部顶棚降低或升高,构成不同形状、不同层次的小空间。

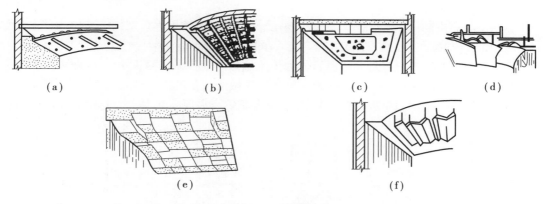

图4.44 顶棚形式

(a)平滑式;(b)井格式;(c),(d)分层式;(e),(f)悬浮式

②按施工方法分类:顶棚按施工方法的不同,可分为抹灰刷浆类顶棚、裱糊类顶棚、贴面类顶棚、装配式板材顶棚等。

2)直接式顶棚的基本构造

直接式顶棚是在屋面板或楼板的底面直接进行喷浆、抹灰、粘贴壁纸、粘贴面砖、粘贴或钉接石膏板条与其他板材等饰面材料而形成饰面的顶棚。

(1)直接抹灰、喷刷、裱糊类顶棚　这类直接式顶棚的首要构造问题是基层处理,基层处理的目的是保证饰面的平整和增加抹灰层与基层的黏结力。具体做法为:先在顶棚的基层上刷一遍纯水泥浆,然后用混合砂浆打底找平(图4.45、图4.46)。

这类直接式顶棚的中间层、面层的做法和构造与墙面装饰做法类似。

(2)直接贴面类顶棚　这类直接式顶棚有粘贴面砖等块材和粘贴石膏板(条)等,基层处理的要求和方法与直接抹灰、喷刷、裱糊类顶棚相同。

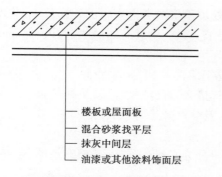

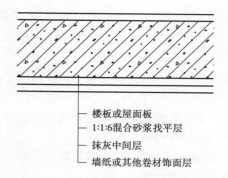

— 楼板或屋面板
— 混合砂浆找平层
— 抹灰中间层
— 油漆或其他涂料饰面层

图 4.45 喷刷类顶棚构造大样

— 楼板或屋面板
— 1:1:6混合砂浆找平层
— 抹灰中间层
— 墙纸或其他卷材饰面层

图 4.46 裱糊类顶棚构造大样

粘贴面砖和粘贴石膏板(条)宜增加中间层,以保证必要的平整度,做法是在基层上做 5 ~ 8 mm厚1:0.5:2.5 水泥石灰砂浆。

粘贴面砖做法与墙面装修相同。粘贴固定石膏板(条)时,宜采用粘贴与钉接相配合的方法。

3)悬吊式吊顶的构造

（1）吊顶的组成

①基层:基层承受吊顶棚的荷载,并通过吊筋传给屋盖或楼板承重结构。基层构件由吊筋、主龙骨(主格栅)和次龙骨(次格栅)组成。上人吊顶的检修走道应铺放在主龙骨上。

②面层:吊顶面层材料很多,大体可以分为传统做法与现代做法两大类。传统做法包括板条抹灰、苇箔抹灰、钢板网抹灰、木丝板、纤维板等。现代做法包括纸面石膏板、穿孔石膏吸声板、水泥石膏板(穿孔或不穿孔)、钙塑板、矿棉板、铝合金条板等。吊顶的基本构造关系如图4.47 所示。

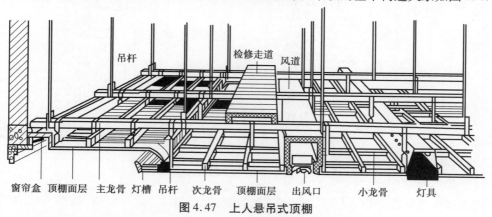

窗帘盒 顶棚面层 主龙骨 灯槽 吊杆 次龙骨 顶棚面层 出风口 小龙骨 灯具

图 4.47 上人悬吊式顶棚

（2）吊顶基层 吊顶基层通常有木基层和金属基层两大类做法。

①吊筋:

a.吊筋的材料:常用的吊筋材料有:50 mm×50 mm 的方木条,用于木基层吊顶;φ6 ~ φ8 的钢筋,可用于木基层或金属基层吊顶;铜丝、钢丝或镀锌钢丝,用于不上人的轻质吊顶。

b.吊筋的连接方式:吊筋与楼板或屋面结构层的连接方式有预埋件连接和膨胀螺栓(或射钉)连接两类。现代建筑大多采用二次装修做法,在土建过程中很难确定预埋件位置,所以,后者较为常用。吊筋与楼板的连接方式如图4.48 所示。

②龙骨:龙骨分为主龙骨(主格栅)和次龙骨(次格栅)。主龙骨为吊顶的主要承重结构,其

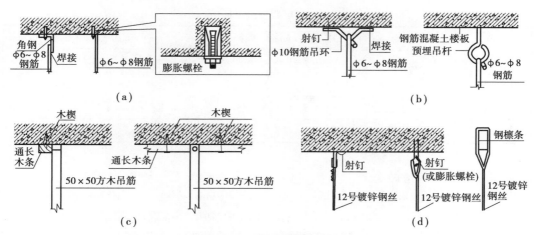

图4.48 吊筋的连接方式
（a）膨胀螺栓连接；（b）预埋件连接；（c）方木吊筋连接；（d）不上人吊顶吊筋连接

间距视吊顶的重量或上人与否而定,通常为1 000 mm左右。次龙骨用于固定面板,其间距视面层材料规格而定,间距不宜太大,一般为300～500 mm,刚度大的面层不易翘曲变形,可允许扩大至600 mm。

龙骨可用木材、轻钢、铝合金等材料制作,其断面大小视其材料品种、是否上人(吊顶承受人的荷载)和面层构造做法等因素而定。上人吊顶的检修走道应铺放在主龙骨上。常用龙骨的材料、规格及间距详见表4.4。

表4.4 常用的龙骨规格尺寸 单位:mm

	主龙骨			次龙骨		
	尺 寸	截 面	间 距	尺 寸	截 面	间 距
木龙骨	50×70 70×100		1 000左右	50×50		300～600 根据板材尺寸定
轻钢龙骨	38系列 50系列 75系列		900～1 200	38系列 50系列 75系列		400～600
铝合金龙骨	38系列 50系列 75系列		900～1 200	38系列 50系列 75系列		400～600

（3）吊顶面层 吊顶面层板材的类型很多,一般可分为植物型板材、矿物型板材、金属板材等几种。

①植物型板材:植物型板材主要有胶合板、纤维板、刨花板、细木工板等几种。

②矿物型板材:矿物型板材主要有石膏板、矿棉装饰吸声板、玻璃棉装饰吸声板、轻质硅酸盐板。

③金属板材:金属板材主要有铝合金装饰板、铝塑复合装饰板、金属微孔吸声板等几种,铝合金装饰板形状和厚度见表4.5。

表4.5　铝合金吊顶板

板　型	截面型式	厚度/mm	板　型	截面型式	厚度/mm
开放型		0.5~0.8	封闭型		0.5~0.8
开放型		0.8~1.0	方板		0.8~1.0
封闭型		0.5~0.8	方板		0.8~1.0
封闭型		0.5~0.8	矩形		1.0

(4)悬式吊顶的构造做法

①木基层吊顶构造:当龙骨的断面尺寸50 mm×70 mm~700 mm×100 mm,要通过吊筋进行固定,吊筋间距为900~1 200 mm。采用钢筋作吊筋,则吊筋前端应套丝,安装龙骨后用螺母固定;采用方木条作吊筋,则用铁钉与主龙骨固定。沿墙的主龙骨应与墙固定:可通过墙中的预埋木砖进行钉结固定或在墙上打木楔钉结固定。木砖尺寸为120 mm×120 mm×60 mm,间距为1 000 mm左右。次龙骨断面尺寸为50 mm×50 mm,间距为300~600 mm。次龙骨找平后,用50 mm×50 mm方木吊筋挂钉在主龙骨上或用φ6螺栓与主龙骨栓固。设置方木吊筋是为了便于调节次龙骨的悬吊高度,以使次龙骨在同一水平面上,从而保证吊顶面的水平。木基层吊顶构造做法如图4.49所示。

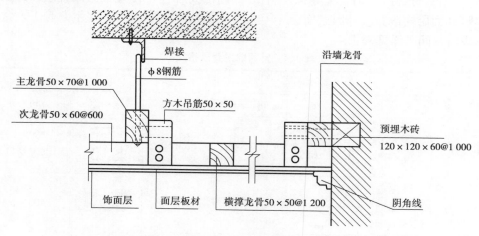

图4.49　木基层吊植物板材吊顶构造

当吊顶面积较小且重量较轻(不上人且不承受设备及灯具重量)时,可省略主龙骨,用吊筋直接吊挂次龙骨及面层,做法如图4.50所示。

②金属基层吊顶构造:

a.轻钢龙骨石膏板吊顶构造:轻钢龙骨是用薄壁镀锌钢带经机械压制而成。轻钢龙骨断面有U形和T形两大系列。现以U形系列为例作介绍。U形系列由主龙骨、次龙骨、横撑龙骨、吊挂件、接插件、挂插件等零配件装配而成。主龙骨又按吊顶上人、吊顶不上人以及吊点距离的不同分为38系列(主龙骨断面高度为38 mm)、50系列、60系列3种。轻钢龙骨石膏板的吊顶构造做法如图4.51所示。

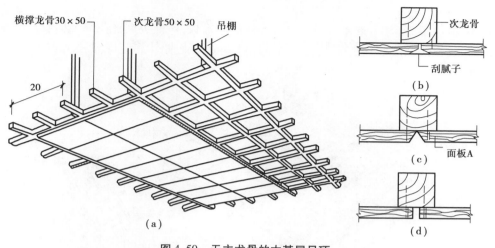

图4.50　无主龙骨的木基层吊顶

（a）仰视图；（b）密缝；（c）斜槽缝；（d）立缝

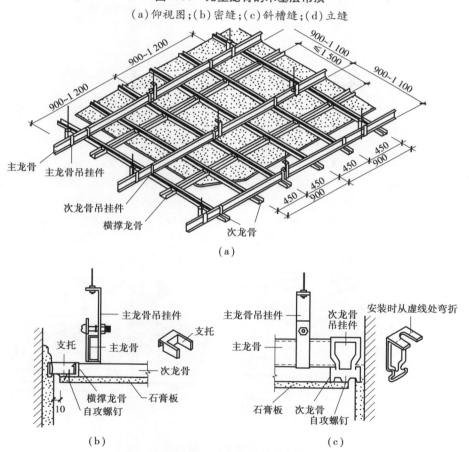

图4.51　轻钢龙骨石膏板吊顶构造

（a）龙骨布置；（b）细部构造；（c）细部构造

　　b.铝合金龙骨矿棉板吊顶构造：这种吊顶的基层由主龙骨、次龙骨、横撑龙骨、吊钩、连接件等组成。铝合金龙骨的断面有L形和T形两种，中部的龙骨为倒T形，边上的龙骨为L形，因此又称为 LT 体系。

面层板材通常为 450 mm ×(450~600) mm 的矿棉板,矿棉板搁置在倒 T 形或 L 形龙骨上,可随时拆卸或替换。按面板的安装方式不同,可以分为龙骨外露与龙骨不外露两种方式,如图 4.52 所示。

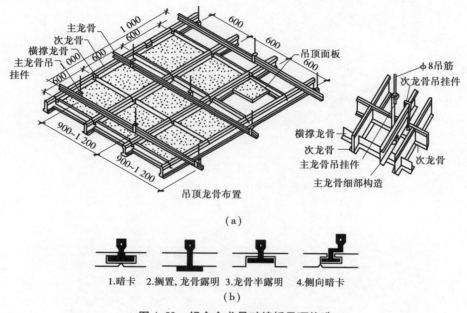

(a)

1.暗卡 2.搁置,龙骨露明 3.龙骨半露明 4.侧向暗卡

(b)

图 4.52　铝合金龙骨矿棉板吊顶构造

(a)龙骨外露的布置方式;(b)吊顶板材与 T 形铝合金龙骨的连接

c.金属板材吊顶构造:常见的有压型薄壁钢板和铝合金型材两大类。两者都有打孔或不打孔的条形、矩形、方形以及各种形式的格栅式等型材。

条形板多为槽形向上平铺,由龙骨扣住,如图 4.53 所示。也有一种折边条板,由专用扣件竖向悬挂,如图 4.54 所示。

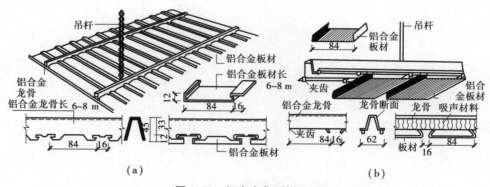

(a)　　　　　　　　　　　　　　(b)

图 4.53　铝合金条形板吊顶

(a)封闭式的铝合金条板吊顶;(b)开敞式的铝合金条板吊顶

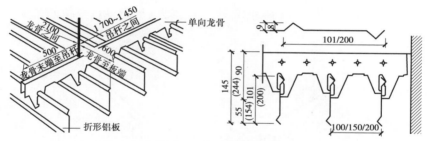

图 4.54　折形铝板吊顶

4.4　现代亭廊架的构造实例

4.4.1　亭的构造实例

亭子的柱身部分一般为几根承重立柱,形成比较空灵的亭内空间。柱的断面常为圆形或矩形,其断面尺寸一般为 $\phi(250\sim350)$ mm 或 250 mm×250 mm~370 mm×370 mm,具体数值应根据亭的高度与所用结构材料而定。基础采用独立柱基或板式柱基的构造形式,较多地使用钢筋混凝土的结构方法。基础的埋置深度一般不应小于 500 mm。现代亭是指采用现代的材料、现代造型、新的结构模式形成的亭,以下介绍几种常用的现代园林亭。

1)钢筋混凝土仿传统亭

图 4.55 为钢筋混凝土仿古亭,柱子可采用预制或现浇的方法制作,亭顶梁架的部分梁预制好后安装到设计位置上,采用电焊的方法固定,然后现浇其余的梁体,以形成一个牢固的亭顶梁架体系。屋面板采用双层钢丝网加钢筋固定成网板形体,然后采用水泥砂浆抹灰的工艺方法形成外形符合设计要求的板体。若使用橡子,则采用预制的方式制成相应的杆件,然后以电焊的方式固定于设计位置上。所有的混凝土构件外露部分,在装饰施工阶段涂刷相应的涂料,以形成逼真的古典形态。

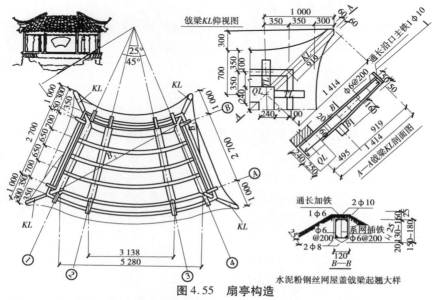

图 4.55　扇亭构造

注:1.上皮主筋2φ10伸入钢丝网封檐板与其中通长主铁1φ10电焊($d=100$);2.与外挑梓桁相交部分,不做此等腰三角

对于混凝土亭,可以进行仿竹或仿树皮的工艺处理,以形成自然野趣的艺术形象,图4.56为混凝土仿竹亭构造图。

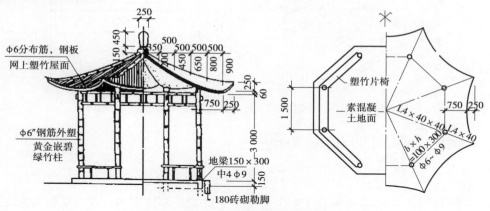

图4.56　混凝土仿竹亭

仿竹屋面的装修为:将亭顶屋面分为若干竹垅,截面仿竹搭接成宽100 mm、高60~80 mm、间距100 mm的连续曲波形条。即自宝顶往檐口处,用1:2.5的水泥砂浆堆抹成竹垅,表面抹竹色水泥砂浆,厚2 mm,做出竹带和竹芽,并压光出亮。将亭顶脊梁做成仿竹杆或仿拼装竹片。在做竹芽时,可加上石棉纱绳或铁丝,则形态更逼真。

仿树皮亭的装修为:顺亭顶坡分3~4段,弹线确定位置。自宝顶向檐口处按顺序压抹仿树皮色水泥砂浆,并用专用工具塑出树皮纹理,使其翘曲自然,无明显的接槎痕迹。

角梁戗背可仿树干,脊身不必太直,可略有所曲,表面用铁皮专用工具拉出树皮纹。对于直径较大的仿树干,可加入适量的棕丝,形象更为逼真。仿树干上应做好节疤,并画上相应的年轮。

2)平板亭

平板亭又叫板亭,一般为独柱支撑悬臂板的结构形式,如图4.57所示。

板亭的柱为现浇钢筋混凝土构件,固定于柱的独立基础上。柱的截面较多为圆形,柱身的轴向断面常有变化,柱顶覆盖现浇的钢筋混凝土板,板的造型可按景观功能要求呈多种形态。板下的净高为2 100~2 600 mm,在柱的下半身底部,较多设置300~500 mm高的固定座凳。

3)石木混合亭

此亭使用了块石、杉木等材料建成,达到了取材方便、造价便宜、结构安全等目的,体现了就地取材、造型乡土自然的特色(图4.58)。

宝顶是亭顶屋面最高部位中心处的结构装饰构件,一般由亭顶灯心木伸出亭顶,直径在180~200 mm,长度为600~1 200 mm,常与亭顶的平面尺寸大小、亭屋面的坡度等艺术造型有关。宝顶也可由砖、木、混凝土、钢丝网抹灰、玻璃材质所组成。图4.59为外表面采用水泥砂浆抹灰的构造详图。

美人靠又叫吴王靠,是紧靠固定座凳临空一侧的弯曲栏杆,在古典亭子里一般使用木材制成,也可使用钢筋混凝土制成,其垂直高度为4 00~1 200 mm,图4.60为木质与钢管组成的美人靠构造详图。

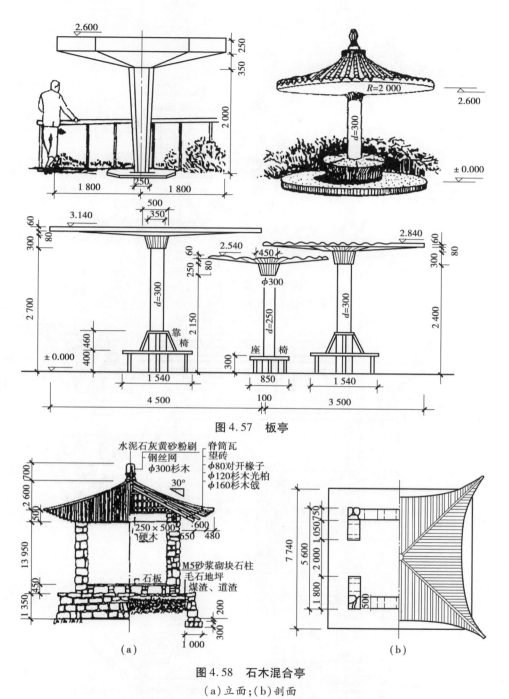

图 4.57　板亭

图 4.58　石木混合亭

（a）立面；（b）剖面

4）竹亭

　　此亭主要由各种规格的竹材所组成,形成了清新明快的南方园林特点(图 4.61)。

5）构架亭

　　构架亭是指由各细长状的杆件组成受力结构体系的亭子,细长杆的材料为型钢、方木、铝合金等。

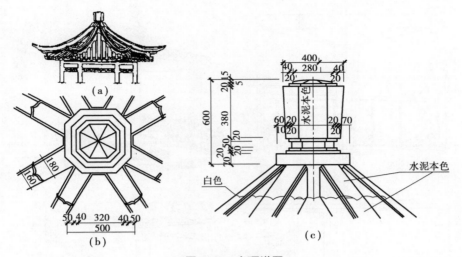

图4.59 宝顶详图

(a)立面;(b)平面大样;(c)立面大样

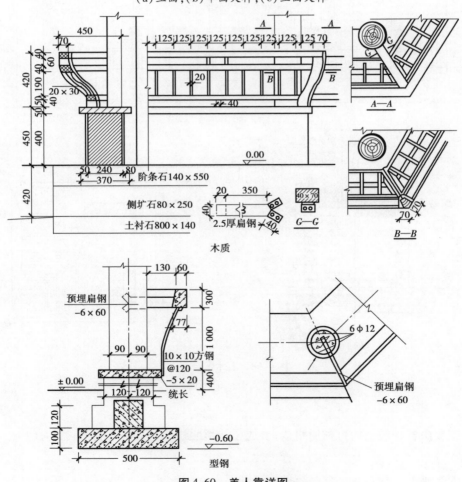

图4.60 美人靠详图

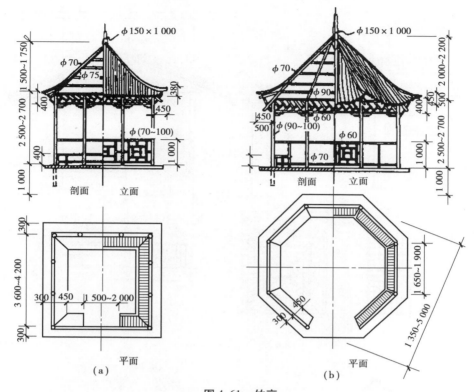

图 4.61　竹亭

(a)竹制方亭;(b)竹制八角亭

图 4.62 为由钢管构架组成的造型奇特的半封闭亭子。屋面可做成钢丝网抹灰层,或以涂塑织物覆盖。

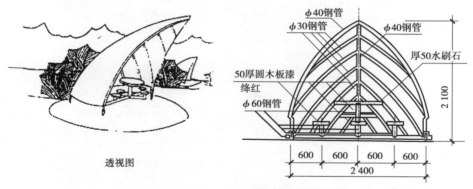

图 4.62　钢管构架亭

图 4.63 为用木材做成的亭子。木材的树种以杉木或柏木耐朽为好,其屋面表面采取竹材装饰。

6)软体结构亭

软体结构亭,一般是指采用涂塑充气织物的构件,相互连接拼装而成的亭子,或是由钢架组成简单的基本骨架,悬吊或覆盖涂塑防水织物组成的亭子,如图 4.64 所示。

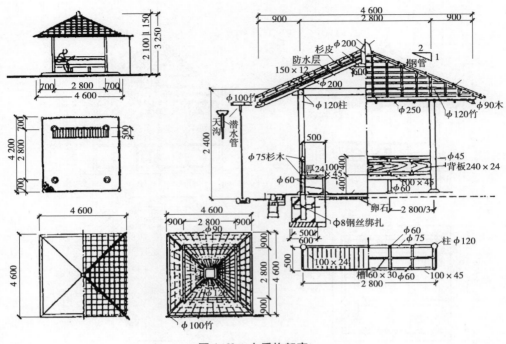

图 4.63　木质构架亭

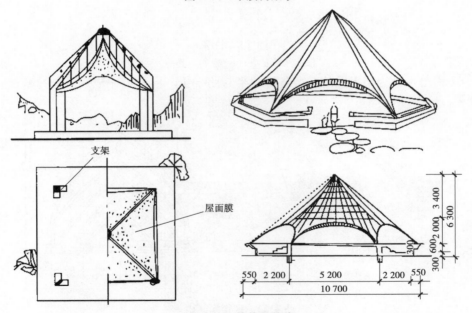

图 4.64　软体结构亭

4.4.2　廊的构造实例

　　廊的开间一般不会很大,宜在 3 000 mm 左右,柱的纵向间距应与之相匹配。廊的宽度以适应游人截面流量的需要而定,常为 1 500 ~ 3 000 mm。廊的檐口高度一般为 2 400 ~ 2 800 mm,若廊的地坪有标高起伏,则檐口也做相应的高低起落处理。

　　廊柱的直径根据柱高而确定,不应小于柱高的 1/30。当柱高为 2 500 ~ 3 000 mm,柱距为

3 000 mm 时,一般圆柱直径不小于 150 mm,方柱截面控制在 150 mm × 150 mm ~ 250 mm × 250 mm,长方形截面柱的长边不宜大于 300 mm。柱可以直接固定于台基中的柱基,也可搁置在台基上的柱础石上(图 4.65)。

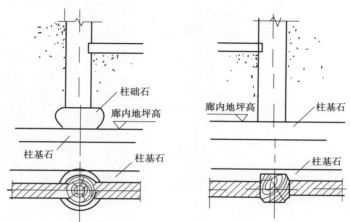

图 4.65 露地廊柱

由于廊的类型多样,其各类结构、造型、用料、装饰要求也随之有较大的区别。在此介绍最常见、最基本的竹木廊、混凝土廊、金属结构廊的部分构造做法。

1)竹结构

图 4.66 为竹结构主要部件的构造图。从图中可以看出,竹廊为双坡单道,宽度为 2 500 mm,纵向柱距为 2 500 mm,高度按常规为 2 800 mm,廊内外的地坪标高相同。有挂落、栏杆等装饰设置,在廊的转角处做发戗艺术处理。各种杆件均以竹材制作。

2)木结构

木结构的廊,结构布置比较灵活,各构造杆件之间的连接技术比较成熟,中式古典的廊,常采用木结构的构造方式,形成了特有的风格。图 4.67 为廊部分构造简图,图 4.68 为木构件平面布置位置。

3)钢筋混凝土结构

园林中现代造型形式的廊,较多采用钢筋混凝土结构。基础一般为条形或独立柱基的形式,基础的埋置深度至少为 500 mm,或埋于密实老土之上。柱及屋盖结构可采取现浇或预制装配的方式。屋面应采用较好的缸砖或卷材防水措施。图 4.69 为某廊部分结构的构造详图,图 4.70 为某披廊的详图。

4.4.3 花架的构造实例

花架的高度一般控制在 2 500 ~ 3 000 mm,多立柱花架的开间一般为 3 000 ~ 4 000 mm,进深根据梁架下的功能特点而定:以作座椅休息用为主,则进深为 2 000 ~ 3 000 mm;以作大流量的人行通道用为主,则进深跨度在 3 000 ~ 4 000 mm。下面介绍几种常用材料花架。

1)竹、木构架(图 4.71)

竹花架的立柱常用 ϕ100 mm 竹杆,主梁用 ϕ(70 ~ 100) mm 的竹杆,次梁用 ϕ70 mm 的竹杆,其余的杆件用 ϕ(50 ~ 70) mm 的竹杆制成。

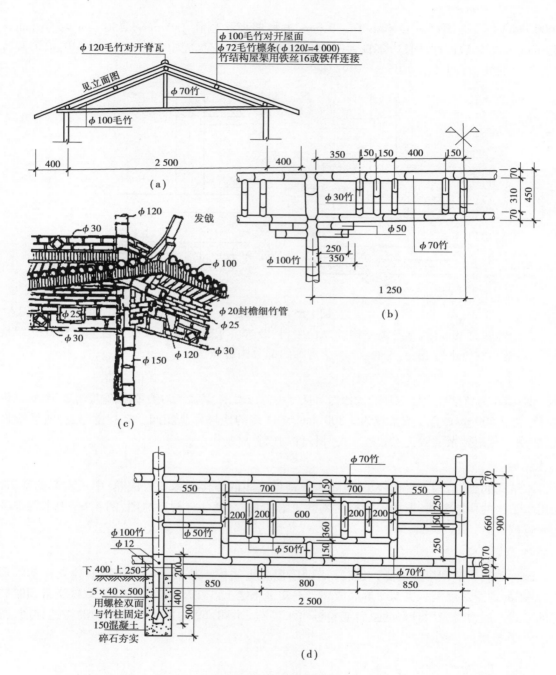

图 4.66 竹廊构造

（a）竹屋架；（b）竹挂落；（c）竹发戗；（d）竹栏杆

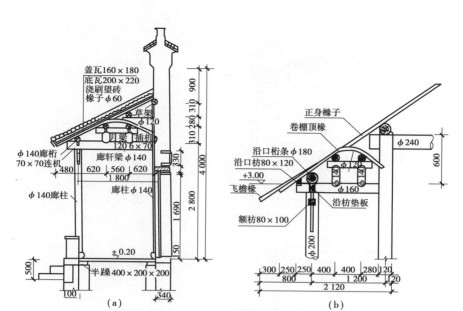

图 4.67　几种廊构造简图

（a）半廊及其结构构造；（b）走廊卷棚顶结构图

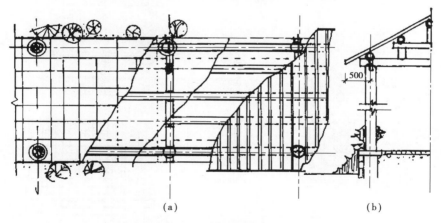

图 4.68　木构件平面布置

（a）平面；（b）剖面

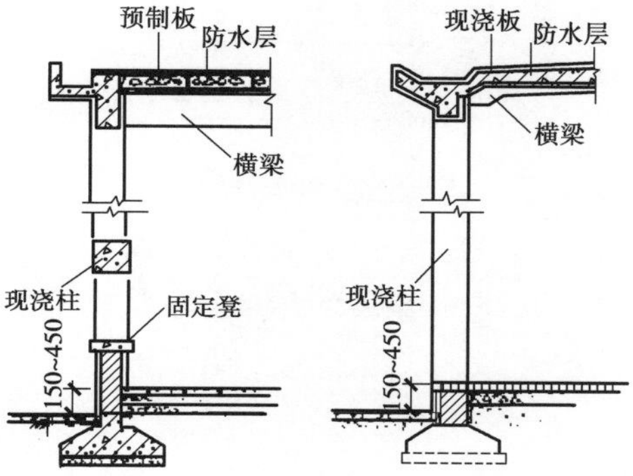

图 4.69　钢筋混凝土结构构造图

（a）预制屋面板；（b）现浇结构

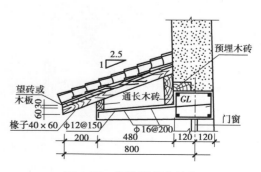

图 4.70　钢筋混凝土披廊

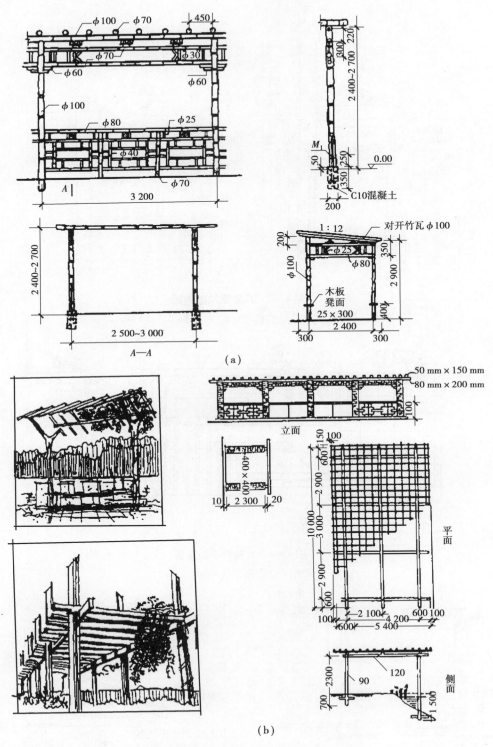

图 4.71　竹木花架

（a）竹花架;（b）木花架

木花架的木料树种最好为杉木或柏木。立柱的断面为 200 mm × 200 mm ~ 300 mm × 300 mm,主梁的断面为 100 mm × 150 mm ~ 150 mm × 200 mm,横梁断面为 50 mm × 75 mm ~ 75 mm × 100 mm。

竹木立柱一般将下端涂刷防腐沥青后埋设于基础预留口中(图 4.72)。

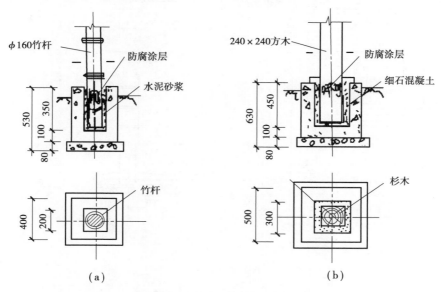

图 4.72 竹木柱与基础的固定
(a)竹柱;(b)木柱

竹立柱与竹梁的交接之处,可采用如图 4.73 所示的附加木杆连接。

木立柱与梁之间的连接,可以采用扣合榫的结合方式(图 4.74)。

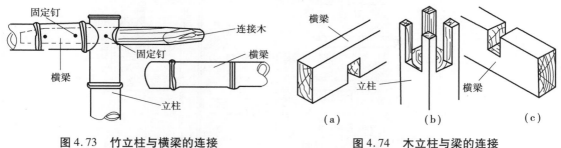

图 4.73 竹立柱与横梁的连接　　　　**图 4.74 木立柱与梁的连接**
　　　　　　　　　　　　　　　　　　　　　　(a)横梁;(b)立柱;(c)横梁

竹木花架的外表面,应涂刷清漆或桐油,以增强其抗气候腐蚀的耐久性。

对于竹木花架中的挂落物等装饰物,一般都先绘制相应的大样图,以便按图制作与安装。

2)砖石花架(图 4.75)

花架柱以砖块、块石砌成或做石板贴面处理,花架梁架以竹木、混凝土、条石制成,形成朴实浑厚的风格。立柱外表面的块材之间的缝隙,应进行勾缝处理。对于砖柱,可采用洗石子、斩假石的工艺方法处理,形成比较精细的风格。

3)钢筋混凝土花架(图 4.76)

使用钢筋混凝土材料,采用现浇或预制装配的施工方法制成的花架,即为钢筋混凝土花架。

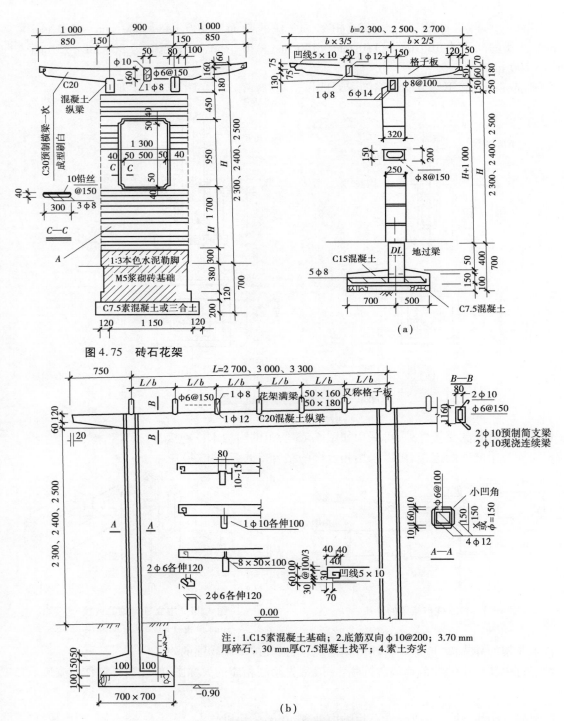

图 4.75　砖石花架

图 4.76　钢筋混凝土花架

（a）悬臂式混凝土花架；（b）简支式混凝土花架

　　立柱的截面为 150 mm × 150 mm ～ 250 mm × 250 mm，若用圆形断面，则直径在 160 ～ 250 mm，若为小八角形、海棠形带线脚则能达到秀气精细的效果。柱的垂直轴线方向，截面大小与形状可以有变化。有时将单柱设计成双柱，柱间布置小型混凝土花饰，以增强花架的景观效果。

混凝土的大梁可现浇或预制后安装,其小梁与横格栅,一般预制好后安装至设计位置。梁的截面为(75～200) mm ×(150～250) mm,格栅的截面为 50 mm × 100 mm。梁与格栅、梁与柱之间的安装应采用电焊连接。

最上面的格栅又叫条子条,可用"104"涂料或丙烯酸酯涂料,刷白两遍。梁可同上格栅一样刷白,或做装饰抹灰,立柱一般采用装饰抹灰处理,常用斩假石、洗石子或贴石板面。

4)钢花架(图 4.77)

使用各种规格的管材型钢制成的花架,造型活泼自由,轻巧挺拔。

立柱可用 φ(100～150) mm 的圆钢管或 150 mm × 150mm 的组合槽钢做成。立柱的下端固定于钢筋混凝土基础上,大梁可用轻钢桁架的形式,格栅可用 φ48 mm 的钢管做成。

各钢杆件之间一般采用电焊连接固定,所有钢杆件的表面必须作防锈涂料处理。

图 4.77 钢花架

4.5 钢筋混凝土结构施工图的绘制

结构施工图是表示建筑物的各承重构件(如基础、承重墙、柱、梁、屋架、屋面板等)的位置、形状、大小、数量、类型、材料做法以及相互关系和结构形式等图样。

4.5.1 钢筋的分类和表达方法

1)钢筋的作用和分类

钢筋混凝土中的钢筋,有的是因为受力需要而配置的,有的则是因为构造需要而配置的,这些钢筋的位置、形状及作用各不相同,一般分为以下几种:

(1)受力钢筋(主筋) 在构件中以承受拉应力和压应力为主的钢筋称为受力钢筋,用于梁、板、柱等各种钢筋混凝土构件中。按形状一般可分为直筋和弯起筋;按弯矩分正弯矩钢筋和负弯矩钢筋两种。

(2)箍筋 承受斜拉应力(剪应力),并固定受力筋、架立筋的位置而设置的钢筋称为箍筋,一般用于梁和柱中。

(3)架立钢筋 架立钢筋又称架立筋,固定梁内钢筋的位置,把纵向受力钢筋和箍筋绑扎成骨架。

(4)分布钢筋 分布钢筋简称分布筋,用于各种板内。

(5)其他钢筋 因构造要求或者施工安装需要而配置的钢筋,一般称为构造钢筋,如腰筋、拉钩、拉接筋等。腰筋用于高度大于 450 mm 的梁中;拉钩在梁、剪力墙中可加强结构的整体性;拉接筋用于钢筋混凝土柱上与墙体的构造连接,起拉接作用,所以叫拉接筋。各种钢筋的形式及在梁、板、柱中的位置及形状如图4.78所示。

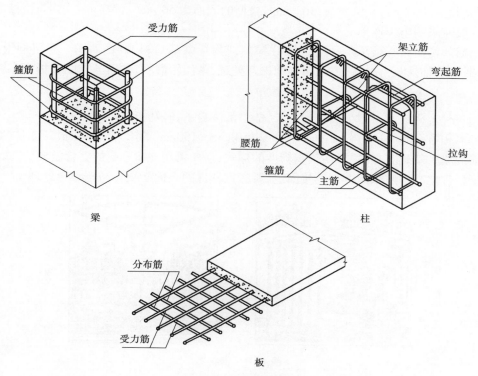

图4.78　钢筋的形式

　　为了使钢筋在构件中不被锈蚀,增强钢筋与混凝土的黏结力,在各种构件的受力筋外面,必须有一定厚度的混凝土,这层混凝土就被称为保护层。一般情况下,梁和柱的保护层厚为25 mm;板的保护层厚为10~15 mm。

2)钢筋的表示符号

　　为了便于标注和识别钢筋,每一种类钢筋都用一个符号表示,表4.6中列出的是常用钢筋符号。

表4.6　常用钢筋符号

钢筋等级	钢号或外形	符　号	钢筋等级	钢号或外形	符　号
I	Q235 光圆钢筋	Φ	IV	圆或螺纹钢筋	Φ
II	16 锰人字纹钢筋	Φ	V	螺纹钢筋	Φ^t
III	25 锰硅人字纹钢筋	Φ	VI	冷拔低碳钢丝	Φ^b

注:II级钢筋已不再使用。

4.5.2　钢筋混凝土结构图的内容和表达方法

　　钢筋混凝土结构图由结构布置平面图和构件详图组成。结构布置平面图表示承重构件的布置、类型和数量。构件详图分为模板图、配筋图、预埋件详图及材料用量表等。配筋图着重表示构件内部的钢筋配置、形状、数量和规格，包括立面图、截面图和钢筋详图。模板图只用于较复杂的构件，以便于模板的制作和安装。

1）钢筋混凝土构件结构详图绘制内容

①构件代号、比例、施工说明。常用构件代号见表4.6。

②构件定位轴及其编号、构件的形状、大小和预埋件代号及布置（模板图）。

③梁、柱的结构详图通常由立面图和断面图组成，板的结构详图一般只画它的断面图或剖面图，也可把板的配筋直接画在结构平面图中。

④构件外形尺寸、钢筋尺寸和构造尺寸以及构件底面的结构标高。

⑤各结构构件之间的连接详图。

2）梁的模板图

梁的模板图是为浇筑梁的混凝土绘制的，主要表示梁的长、宽、高和预埋件的位置、数量。然而对外形简单的构件，一般不必单独绘制模板图，只需在配筋图中把梁的尺寸标注清楚即可。当梁的外形复杂或预埋件较多时（如单层工业厂房中的吊车梁），需要单独画出模板图（图4.79）。

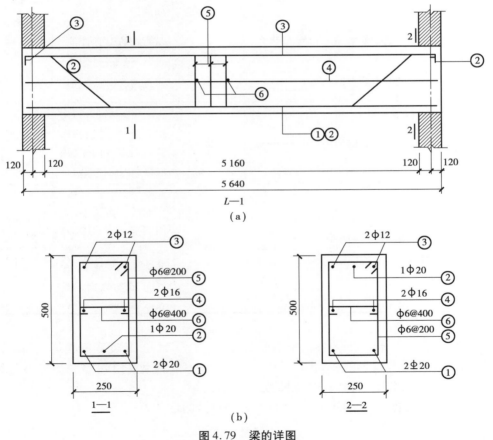

图 4.79　梁的详图

（a）模板图；（b）梁的配筋图

模板图的绘图要求:模板图外轮廓线一般用细实线绘制。梁的正立面图和侧立面图可用两种比例绘制。图4.79中梁的长度用1:40绘制,梁的高度和宽度用1:20绘制,这样的图看上去比较协调。

3)梁的配筋图

配筋图为了表示构件内部钢筋的配置情况,假定混凝土是透明体,在图样上只画出构件内部钢筋的配置情况,这样的图称为配筋图。

配筋图通常由立面图和断面图组成。立面图中构件的轮廓线用细实线画出,钢筋简化为单线,用粗实线表示,并对不同形状、不同规格的钢筋进行编号,编号用阿拉伯数字顺次编写,并将数字写在圆圈内。圆圈用直径为6 mm 的细实线绘制,并用引出线指到被编号的钢筋。断面图中剖到的钢筋圆截面画成黑圆点,其余未剖到的钢筋仍画成粗实线,并规定不画材料图例。钢筋在配筋图中的具体画法见表4.7。

表4.7 钢筋画法图例

序 号	名 称	图 例	序 号	名 称	图 例
1	钢筋横断面	●	6	带半圆形弯钩的钢筋搭接	
2	带丝口的钢筋端部		7	带直钩的钢筋端部	
3	无弯钩的钢筋端部		8	带直钩的钢筋搭接	
4	无弯钩的钢筋搭接		9	在平面图中配置双层钢筋时,底层钢筋弯钩应向下或向左,顶层钢筋则向下或向右	顶层 底层
5	带半圆形弯钩的钢筋端部		10	配双层钢筋的墙体,在配筋立面图中,远面钢筋的弯钩应向上或向左,而近面钢筋则向下或向右(GM 表示近面;YM 表示远面)	GM YM / GM YM

钢筋的标注法在配筋图中,要标注出钢筋的等级、数量、直径、长度和间距等。一般采用引出线标注,通常有两种标注形式。如图4.79所示的梁中有6种钢筋,其中①②③④⑥号钢筋的标注方法一致,而⑤号钢筋的标注方法则是另一种形式。

第1种为①号钢筋,在梁的底部,是主筋。标注符号的含义为:

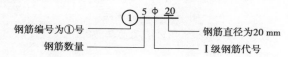

钢筋编号为①号 —— ① 5 φ 20 —— 钢筋直径为20 mm
钢筋数量 —— I 级钢筋代号

第2种为②号钢筋,为弯起筋;

第 3 种为③号钢筋,在梁的上部,为架起筋;

第 4 种为④号钢筋,为腰筋;

第 5 种为⑤号钢筋,称为箍筋,其标注格式为:

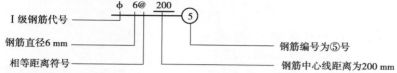

第 6 种为⑥号钢筋,称为拉钩。

4)钢筋明细表

　　钢筋混凝土梁结构图除了配筋图外,还需将构件中所采用的钢筋列出一个详细的表格。钢筋明细表包括钢筋编号、形状尺寸、规格、根数。钢筋明细表是钢筋施工下料、设计计算构件用钢量及编制预算的主要依据。在实际操作中,由于钢筋的弯曲长度有延伸,在施工时应在钢筋长度中减去其延伸长度。

实训 1

项目名称　　亭廊架构造设计

实训目的

　　(1)了解亭廊架的作用与形式;

　　(2)掌握亭廊架各组成部分的构造方法。

实训任务

　　拍摄实景亭廊架照片,绘制亭廊架平立剖面图和各细部(包括基础、柱、梁、板、屋架、屋面等)的构造详图。

操作步骤

　　①在各公园、广场、居住区等,寻找一片已经建设完毕或正在施工的实景亭廊架,亭廊架的结构与所用材料不限。对该亭廊架拍照并测量各部分尺寸与材料;

　　②绘制亭廊架的平面图、立面图、剖面图;

　　③跟随教师的课程进度,课下相应完成亭廊架各组成部分的构造详图;

　　④对以上全部图纸进行整理,排版在 1 张 A2 图幅上并打印。

图纸内容

1)总图部分

　　①顶平面图(1 个);

　　②剖平面图(1 个);

　　③屋顶构架平面图(1 个或 2 个或没有,根据需要而定);

　　④立面图(1 个或 2 个,根据需要而定);

⑤剖面图(1个或2个,根据需要而定)。

要求:标注各部分材料名称及索引符号;平面图标注完整的尺寸和剖断符号,立面图和剖面图标注完整的尺寸和标高等。

2)详图部分

①亭:屋面、宝顶、柱础、挂落、座凳、地面、台阶等节点构造;

②廊:屋面、柱础、挂落、座凳、地面、台阶等节点构造;

③花架:柱础、座凳、地面、台阶等节点构造。

要求:标注各部分尺寸、材料名称及做法等。

3)构造设计说明

对于图纸中无法标注的构造情况或需统一要求的内容,详细说明其要求。

4)纸张尺寸

A2,图中线条宽度、材料等,一律按照建筑制图标准表示。

5)各图比例

亭子顶平面图、剖平面图、屋顶构架平面图、立面图、剖面图等比例一致,采用1∶50;各详图视具体情况而定,采用1∶2~1∶10。

6)标注图名及比例

7)表达方式

墨线。

实训2

项目名称　现代亭施工图纸抄绘

实训目的

(1)了解现代亭的基本构造尺寸。

(2)了解现代亭的构造组成与做法。

操作要求

本次实训要求分组合作,3~4人为一组,分别查找一套现代亭的施工图纸,讨论其构造方法,要求在充分理解的基础上每人抄绘一份,若图纸有误则进行订正。

图纸内容

(1)总图部分　顶平面图、剖平面图、屋顶构架平面图、立面图、剖面图等。

(2)详图部分　屋面、宝顶、柱础、座凳、地面、台阶等节点构造。

本章小结

(1)亭一般小而集中,向上独立而完整,主要由亭顶、柱身和台基三部分组成,平面形式多样,屋顶变化多端,其造型主要取决于平面形式、平面组合及屋顶形式等;廊是亭的延伸,屋檐下的过道及其延伸成独立有顶的过道称为廊；用刚性材料制成一定形状的格架以供攀缘植物攀附的园林设施，又称棚架、绿廊。

（2）屋顶是建筑物最上层覆盖的外维护构件。它主要有两方面的作用：一是防御自然界风、雨、雪、太阳辐射热和冬季低温等的影响，在屋顶覆盖下的空间有一个良好的使用环境；二是承受作用于屋顶上的风荷载、雪荷载和屋顶自重等，同时还起到对建筑物上部的水平支撑作用。屋顶按屋面材料和承重结构形式不同可分为平屋顶、坡屋顶和曲面屋顶。

（3）楼板层是建筑物的主要水平承重构件。它把荷载传到墙、柱及基础上，同时对墙、柱起着水平约束作用。最常用的是钢筋混凝土楼板，具有强度高、刚度大、耐久性和耐火性好等优点，且具有良好的可塑性。钢筋混凝土楼板可分为现浇式、预制装配式和装配整体式3种。现浇钢筋混凝土楼板按受力和传力情况分板式楼板、梁板式楼板、压型钢板式楼板等；装配式钢筋混凝土楼板类型有实心板、空心板、槽形板、T形板等；装配整体式钢筋混凝土楼板常见的做法有叠合式楼板层和密肋填充式楼板层。

（4）地层按所用材料和施工方式分为整体式地面和块材式地面两种；按地层与土壤的关系分为实铺地层和空铺地层两种。

（5）顶棚不仅可以改善室内环境，满足使用功能，还能装饰内部空间。按顶棚外观的不同，顶棚可分为平滑式顶棚、井格式顶棚、悬浮式顶棚、分层式顶棚等；按施工方法的不同，可分为抹灰刷浆类顶棚、裱糊类顶棚、贴面类顶棚、装配式板材顶棚等。

（6）钢筋混凝土中的钢筋，有的是因为受力需要而配置的，有的则是因为构造需要而配置的，这些钢筋的位置、形状及作用各不相同，一般分为受力钢筋、箍筋、架立钢筋、分布钢筋等几种。

复习思考题

1. 屋顶按屋面材料和承重结构形式不同可分为哪几种形式？各有何特点？
2. 影响屋顶坡度的因素是什么？
3. 柔性防水屋面的构造层有哪些？各层的作用和常见做法是什么？
4. 刚性防水屋面的构造层有哪些？各层的作用和常见做法是什么？
5. 坡屋顶的承重结构系统有哪几种？
6. 坡屋顶屋面铺材有哪些？各自的构造做法是什么？
7. 楼板层由哪几部分组成？各自的作用如何？
8. 钢筋混凝土楼板的类型有几种？
9. 现浇钢筋混凝土楼板的类型有几种？
10. 预制钢筋混凝土楼板的构造要点是什么？
11. 地层按所用材料和施工方式分为哪几类？各种常用地面的特点和构造做法是什么？
12. 顶棚的作用是什么？有几种分类？
13. 悬吊式顶棚由哪几部分组成？常用吊顶的构造做法是什么？
14. 钢筋混凝土结构施工图中钢筋的标注法有哪两种？

5 楼梯、台阶与坡道

［学习目标］
　　通过本章的学习,了解楼梯的作用与形式,掌握钢筋混凝土结构楼梯的设计方法及各组成部分的构造方法。

［项目引入］
　　参观实景楼梯,了解楼梯的形式,在教师的指引下了解其各组成部分的构造做法。

［讲课指引］
　　阶段 1　学生在教师讲授本章之前完成的内容
　　查阅相关书籍或网络,自学"楼梯、台阶、坡道的作用与形式"等内容。
　　阶段 2　学生跟随教师的课程进度完成的内容
　　(1)测绘或设计一个楼梯,绘制楼梯的平面图与剖面图;
　　(2)对楼梯的踏步、栏杆、扶手等进行详细的构造设计。
　　阶段 3　最后成图
　　将全部图纸绘制在 1 张 A2 图纸上。

5.1　楼梯的基础知识

　　楼梯是两层以上的建筑的垂直交通设施,起着疏散人流和装点环境的作用,因而楼梯应具有使用方便、结构可靠、安全防火、造型美观等特点(图 5.1)。

图 5.1　楼梯实例

5.1.1　楼梯的组成

　　楼梯主要由梯段、平台和栏杆扶手 3 部分组成(图 5.2)。梯段是两个平台之间由若干连续踏步组成的倾斜构件,每个梯段的踏步数量一般不应超过 18 级,也不应少于 3 级。

　　平台包括楼层平台和中间平台两部分。连接楼板层与梯段端部的水平构件称为楼层平台,位于两层楼(地)面之间连接梯段的水平构件称为中间平台。

　　栏杆是布置在楼梯梯段和平台边缘处有一定刚度和安全度的围护构件。扶手附设于栏杆顶部供依扶用。

5.1.2　楼梯的形式

按楼层间梯段的数量和形式不同,楼梯有多种形式(图5.3)。

(1)单跑楼梯　单跑楼梯一般用于层高较小的建筑(图5.4),中间不设休息平台,只有一个楼梯段,所占楼间宽度较小,长度较大。

(2)双跑平行楼梯　这是在一般建筑物中采用最为广泛的一种楼梯形式(图5.5)。由于双跑楼梯第二跑梯段折回,所以占用房间长度较小,楼梯间与普通房间平面尺寸大致相近,便于平面设计时进行楼梯布置。双分式、双合式楼梯相当于两个双跑楼梯并在一起,常用作公共建筑的主要楼梯。

(3)三、四跑楼梯　常用于楼梯间平面接近方形的公共建筑(图5.6),由于梯井较大,不宜用于住宅、小学校等儿童经常上下楼梯的建筑,否

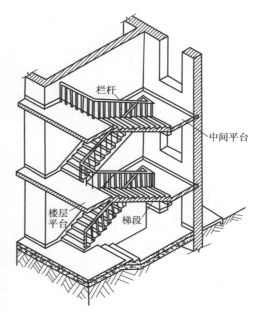

图5.2　楼梯的组成

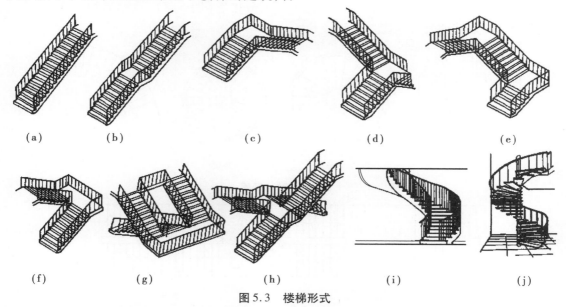

图5.3　楼梯形式

(a)直跑楼梯(单跑);(b)直跑楼梯(双跑);(c)折角楼梯;(d)双分折角楼梯;

(e)三跑楼梯;(f)双跑楼梯;(g)双分平行楼梯;(h)剪刀楼梯;(i)圆形楼梯;(j)螺旋楼梯

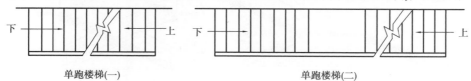

图5.4　单跑楼梯

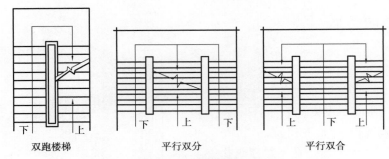

双跑楼梯　　　　　平行双分　　　　　平行双合

图 5.5　双跑平行楼梯

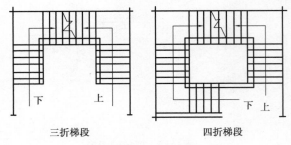

三折梯段　　　　　四折梯段

图 5.6　三、四跑楼梯

则应有可靠的安全措施。

（4）螺旋楼梯　楼梯踏步围绕一根中央立柱布置（图 5.7），每个踏步面为扇形，另外还有圆形、弧形等曲线形楼梯形式，它们造型独特、美观，但由于行走不便一般采用较少，有时公共建筑为丰富建筑空间而采用这种形式的楼梯。

（5）剪刀式楼梯　4 个梯段用一个中间平台相连（图 5.8），占用面积较大，行走方便，多用于人流较多的公共建筑。

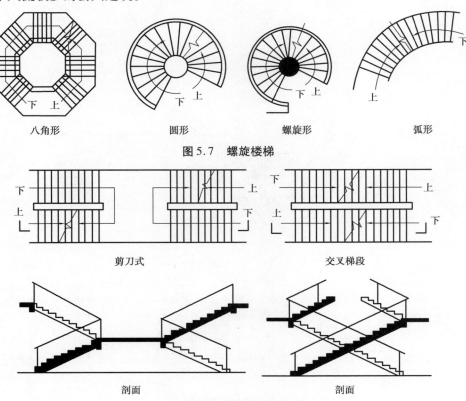

八角形　　　　　圆形　　　　　螺旋形　　　　　弧形

图 5.7　螺旋楼梯

剪刀式　　　　　　　　　　　　　交叉梯段

剖面　　　　　　　　　　　　　剖面

图 5.8　剪刀式楼梯

5.1.3 楼梯的主要尺度(图 5.9)

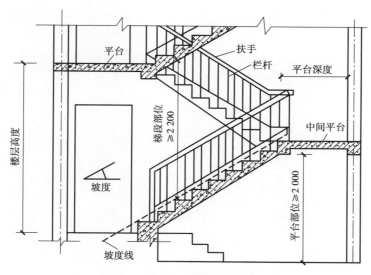

图 5.9　楼梯的主要尺度示意图

(1)楼梯的坡度　楼梯的坡度(图 5.10)是指梯段中各级踏步前缘的假定连线与水平面形成的夹角,或以夹角的正切表示踏步的高宽比。

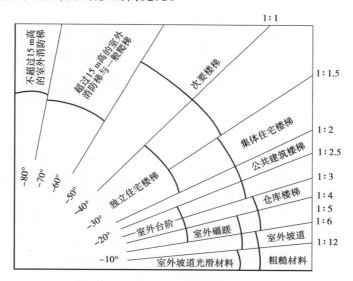

图 5.10　楼梯的坡度

楼梯坡度不宜过大或过小,坡度过大,行走易疲劳;坡度过小,楼梯占用空间大。

楼梯的坡度范围常为 23°～45°,适宜的坡度为 30°左右。坡度过小时,可做成坡道;坡度过大时,可做成爬梯。楼梯坡度一般不宜超过 38°,供少量人流通行的内部交通楼梯,坡度可适当加大。

(2)踏步尺寸　踏步是由踏步面和踏步踢板组成。踏步尺寸包括踏步宽度和踏步高度(图 5.11)。

踏步高度不宜大于 210 mm,并不宜小于 140 mm,各级踏步高度均应相同,一般常用 140～

180 mm。

踏步宽度应与成人的脚长相适应，一般不宜小于 250 mm，常用 250～320 mm。计算踏步尺寸常用的经验公式为：$2h + b = 600～620$ mm（h—踏步高度；b—踏步宽度；600～620 mm—人行走时的平均步距）。

当受条件限制，供少量人流通行的内部交通楼梯，踏步宽度可适当减少，但也不宜小于 220 mm，或者也可采用突缘（出沿或尖角）加宽 20 mm（图 5.12）。踏步宽度一般以 1/5M 为模数，如 220，240，260，280，300，320 mm 等（表 5.1）。

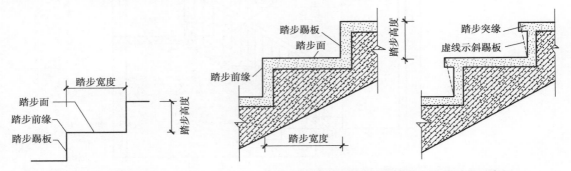

图 5.11　踏步尺寸　　　　图 5.12　有、无突缘的楼梯踏步构造对比示意图

表 5.1　楼梯踏步最小宽度与最大高度

楼梯类别	最小宽度/mm	最大高度/mm
住宅公用楼梯	260	175
幼儿园、小学等楼梯	260	150
电影院、剧场、体育馆、医院、疗养院等	280	160
其他建筑物楼梯	260	170
专用服务楼梯、住宅内楼梯	220	200

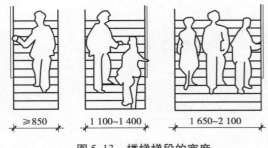

图 5.13　楼梯梯段的宽度

（3）楼梯梯段宽度　楼梯段宽度是指梯段边缘或墙面之间垂直于行走方向的水平距离（图 5.13）。

梯段宽度是根据通行的人流量大小和安全疏散的要求决定的，供日常主要交通用的楼梯的梯段净宽应根据建筑物使用特征，一般按每股人流宽为 0.55 m + （0～0.15）m 的人流股数确定，并不应少于两股人流。

（4）楼梯平台深度　楼梯平台是连接楼地面与梯段端部的水平部分（图 5.14），有中间平台和楼层平台，平台深度不应小于楼梯梯段的宽度。但直跑楼梯的中间平台深度以及通向走廊的开敞式楼梯楼层平台深度，可不受此限制。

当梯段改变方向时，平台扶手处的最小宽度不应小于梯段净宽，当平台上设暖气片或消防栓时，应扣除它们所占的宽度。

（5）栏杆扶手高度　楼梯栏杆扶手的高度（图 5.15）是指从踏步前缘至扶手上表面的垂直距

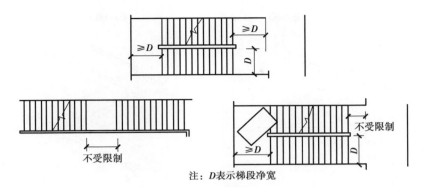

注：D表示梯段净宽

图 5.14　楼梯平台深度

离。室内楼梯栏杆扶手的高度不宜小于 900 mm。凡阳台、外廊、室内回廊、内天井、上人屋面及室外楼梯等临空处设置的防护栏杆,栏杆扶手的高度不宜小于 1 050 mm。高层建筑的栏杆高度应再适当提高,但不宜超过 1 200 mm。对儿童栏杆扶手的高度不宜大于 600 mm。

　　(6)楼梯的净空高度　楼梯的净空高度包括梯段部位的净高和平台部位的净高。梯段净高是指踏步前缘到顶棚(即顶部梯段底面)的垂直距离,梯段净高不应小于 2 200 mm。平台净高是指平台面(或楼地面)到顶部平台梁底面的垂直距离,平台净高不应小于 2 000 mm。楼梯梯段最低、最高踏步的前缘线与顶部凸出物的内边缘线的水平距离不应小于 300 mm(图5.16)。

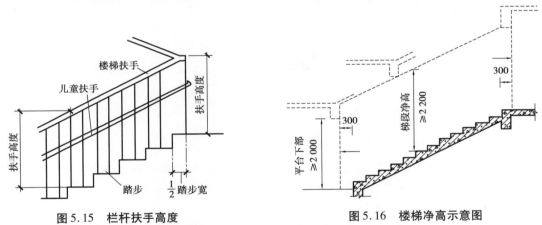

图 5.15　栏杆扶手高度　　　　　　**图 5.16　楼梯净高示意图**

当楼梯底层中间平台下做通道时,为使平台净高满足要求,常采用以下几种处理方法:

　　①增加楼梯底层第一个梯段踏步数量,即抬高底层中间平台[图 5.17(a)]。

　　②降低楼梯中间平台下的地面标高,即将部分室外台阶移至室内。但应注意两点:

　　a.降低后的室内地面标高至少应比室外地面高出一级台阶的高度,即 100 ~ 150 mm;

　　b.移至室内的台阶前缘线与顶部平台梁的内边缘之间的水平距离不应小于 300 mm [图 5.17(b)]。

　　③将上述两种方法结合,即降低楼梯中间平台下的地面标高的同时,增加楼梯底层第一个梯段的踏步数量[图 5.17(c)]。

　　④底层用直行梯段直接从室外上到二楼[图 5.17(d)]。

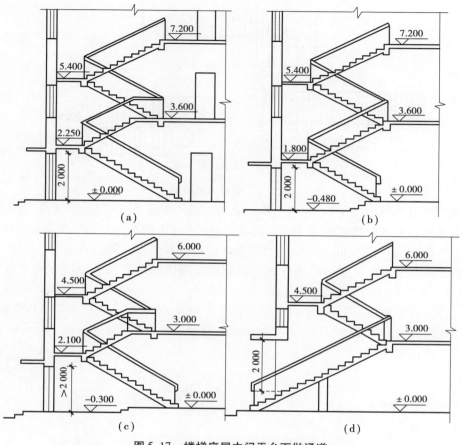

图 5.17　楼梯底层中间平台下做通道

5.2　钢筋混凝土楼梯构造

钢筋混凝土楼梯按施工方法的不同有现浇整体式和预制装配式两种类型。现浇钢筋混凝土楼梯由于整体性好、刚度大、抗震性能好等特点,目前应用最为广泛。

5.2.1　现浇式钢筋混凝土楼梯

现浇式钢筋混凝土楼梯按梯段的结构形式不同,有板式楼梯和梁式楼梯两种。

(1)板式楼梯　板式楼梯通常由梯段板、平台梁和平台板组成[图 5.18(a)],梯段板承受梯段的全部荷载,并且传给两端的平台梁,再由平台梁将荷载传到墙上。平台梁之间的距离即为板的跨度。另外也可不设平台梁,将平台板和梯段板连在一起,荷载直接传给墙体。

板式楼梯底面光洁平整,外形美观,便于支模施工。但是当梯段跨度较大时,梯段板较厚,混凝土和钢筋用量也随之增加,因此板式楼梯在梯段跨度不大(一般在 3 m 以下)时采用。

(2)梁式楼梯　梁式楼梯由梯段板、梯段斜梁、平台板和平台梁组成[图 5.18(b)]。梯段荷载由梯段板传给梯梁,梯梁两端搭在平台梁上,再由平台梁将荷载传给墙体。

梯段板靠墙一边可以搭在墙上,省去一根梯梁,以节省材料和模板,但施工不便。另一种做法是在梯段板两边设两根梯梁。梯梁在梯段板下,踏步外露,称为明步;梯梁在梯段板之上,踏步包在里面,称为暗步。

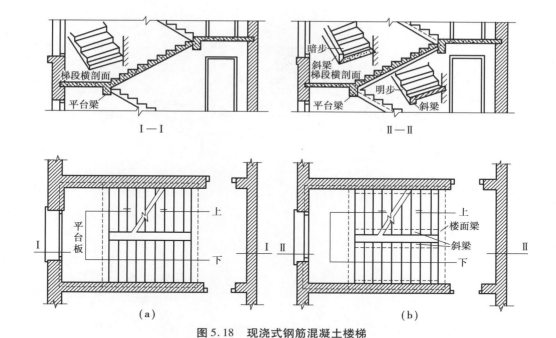

图 5.18 现浇式钢筋混凝土楼梯

（a）板式；（b）梁式

梁式楼梯传力路线明确，受力合理。当楼梯的跨度较大或荷载较大时，采用梁式楼梯较经济。

5.2.2 预制装配式钢筋混凝土楼梯

装配式钢筋混凝土楼梯根据生产、运输、吊装和建筑体系的不同，有许多不同的构造形式，由于构件尺度的不同，大致可分为小型构件装配式、中型构件装配式和大型构件装配式三大类。

1）小型构件装配式楼梯

小型构件装配式楼梯的主要预制构件是踏步和平台板。

（1）预制踏步   预制踏步的断面形式有三角形、L 形和一字形等。三角形踏步有实心和空心两种。L 形踏步可将踢板朝上搁置，称为正置；也可将踢板朝下搁置，称为倒置。一字形踢步只有踏板没有踢板，拼装后漏空、轻巧，也可用砖补砌踢板（图 5.19）。

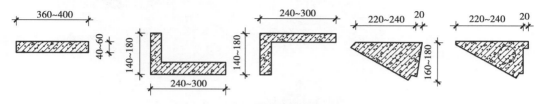

图 5.19 小型构件装配式楼梯的预制踏步

（2）预制踏步的支承方式   预制踏步的支承方式主要有梁承式、墙承式和悬挑式 3 种。

①梁承式：指预制踏步支承在梯梁上，而梯梁支承在平台梁上（图 5.20）。预制踏步梁承式楼梯在构造设计中应注意两个方面：

a. 踏步在梯梁上的搁置构造：踏步在梯梁上的搁置构造主要涉及踏步和梯梁的形式。三角形踏步应搁置在矩形梯梁上，楼梯为暗步时，可采用 L 形梯梁。L 形和一字形踢步应搁置在锯

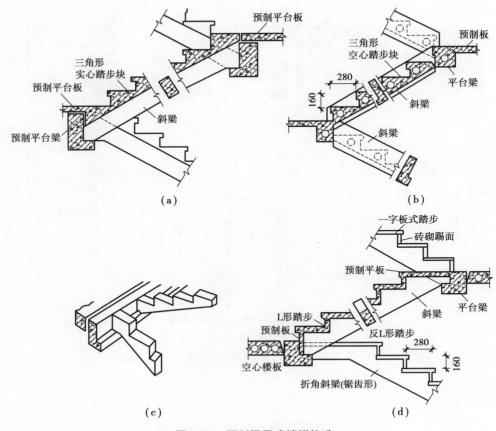

图 5.20　预制梁承式楼梯构造

齿形梯梁上。

　　b. 梯梁在平台梁上的搁置构造:梯梁在平台梁上的搁置构造与平台处上下行梯段的踏步相对位置有关。平台处上下行梯段的踏步相对位置一般有 3 种:

　　●上下行梯段同步[图 5.21(a)];

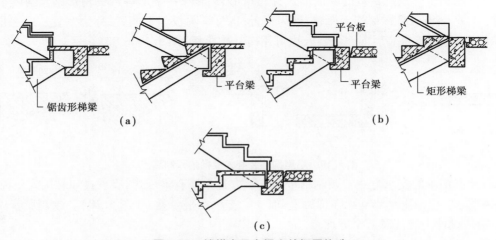

图 5.21　楼梯在平台梁上的搁置构造

●上下行梯段错开一步[图5.21(b)];

●上下行梯段错开多步[图5.21(c)]。

平台梁可采用等截面的L形梁,也可采用两端带缺口的矩形梁。

②墙承式:指预制踏步的两端支承在墙上。预制踏步墙承式楼梯不需要设梯梁和平台梁,预制构件只有踏步和平台板,踏步可采用L形或一字形。对于双跑平行楼梯,应在楼梯间中部设墙(图5.22)。

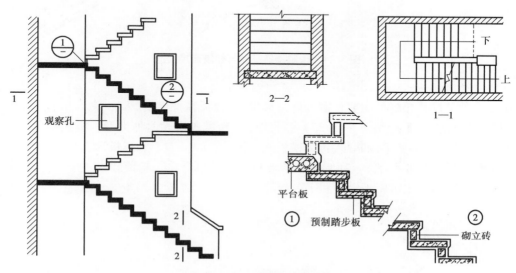

图5.22 预制墙承式楼梯构造

③悬挑式:指预制踏步的一端固定在墙上,另一端悬挑。楼梯间两侧墙体的厚度不应小于240 mm,悬挑长度一般不超过1 500 mm,预制踏步可采用L形或一字形(图5.23)。

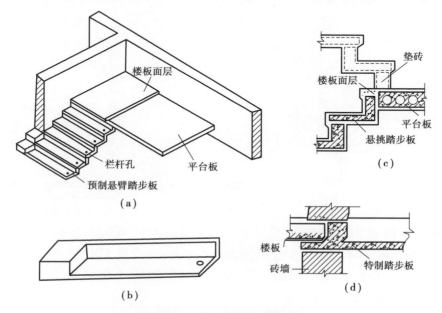

图5.23 预制悬臂踏步楼梯构造

（3）预制平台板　常用预制钢筋混凝土空心板、实心平板或槽形板（图5.24），板通常支承在楼梯间的横墙上，对于梁承式楼梯，板也可支承在平台梁和楼梯间的纵墙上。

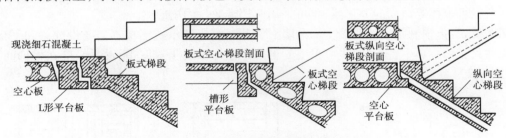

图5.24　预制楼梯平台与梯段连接构造

2）中型构件装配式楼梯

中型构件装配式楼梯的主要预制构件是梯段、平台板和平台梁。

（1）预制梯段　预制梯段（图5.25）有板式梯段和梁式梯段两种类型。板式梯段分实心和空心两种；梁式梯段一般采用暗步，称为槽板式梯段，有实心、空心和折板形3种。

（2）预制平台板和平台梁　通常将平台板和平台梁组合在一起预制成一个构件，形成带梁的平台板（图5.26），也可将平台梁和平台板分开预制。

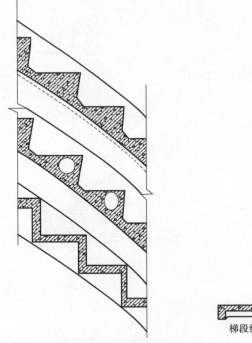

图5.25　中型构件装配式楼梯的预制梯段

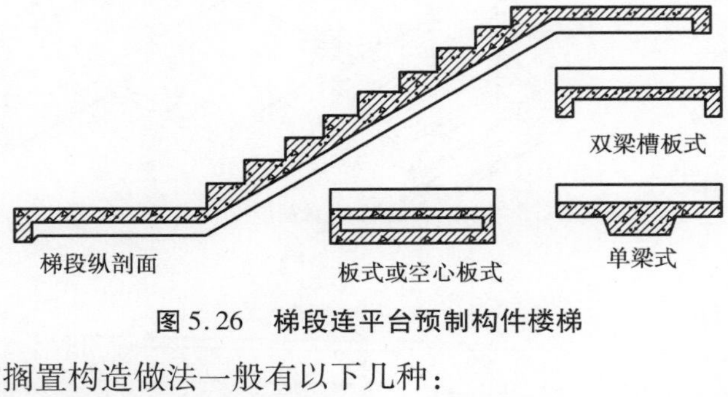

图5.26　梯段连平台预制构件楼梯

（3）梯段的搁置　梯段在平台梁上的搁置构造做法一般有以下几种：

①上下行梯段同步时，采用埋步做法。平台梁可采用等截面的L形梁，为便于安装，L形平台梁的翼缘顶面宜做成斜面。梯段上下两端各有一步与平台标高一致，即埋入平台内［图5.27（a）］。

②上下行梯段同步时，也可采用不埋步做法。这种做法的平台梁应设计成变截面梁［图5.27（b）］。

③上下行梯段错开一步的做法[图5.27(c)]。

④上下行梯段错多步的做法。楼梯底层中间平台下做通道时,常将两个梯段做成不等跑的,这样,二层楼层平台处上下行梯段的踏步就有可能形成较多的错步。此时,踏步较少的梯段应做成曲折形。楼梯第一跑梯段的下端应设基础或基础梁,以支承梯段[图5.27(d)]。

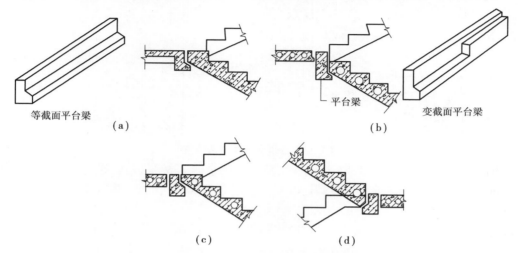

图5.27　梯段在平台梁上的搁置构造

3)大型构件装配式楼梯

这种装配式楼梯是将整个梯段和平台组合在一起预制成一个构件,有板式和梁式两种类型。此种楼梯在风景园林建筑中应用甚少,因此书中不再作详细介绍。

5.3　楼梯的细部构造

5.3.1　踏步表面处理

(1)踏步面层构造　踏步面层的构造做法与楼地面相同,可整体现抹,也可用块材铺贴。面层材料应根据建筑装修标准选择,标准较低时,可用水泥砂浆面层[图5.28(a)];一般标准时可做普通水磨石面层[图5.28(b)];标准较高时,可用缸砖面层(适用于较高标准的室外楼梯面层)[图5.28(c)]、大理石板或预制彩色水磨石板铺贴[图5.28(d)]。

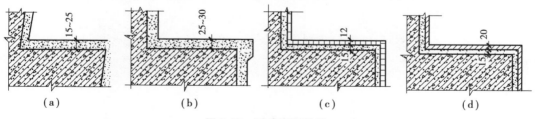

图5.28　踏步面层构造

(2)踏步突缘构造　当踏步宽度取值较小时,前缘可挑出形成突缘(图5.29),以增加踏步的实际使用宽度,踏步突缘的构造做法与踏步面层做法有关。整体现抹的地面,可直接抹成突缘,突缘宽度一般为20~40 mm。

(3)踏面防滑处理　防滑处理的方法通常有两种(图5.29)。

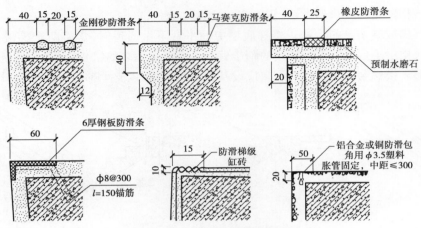

图 5.29　踏步突缘和防滑构造

　　①设防滑条:可采用金刚砂、橡胶、塑料、马赛克和金属等材料,其位置应设在距踏步前缘 40～50 mm 处,踏步两端接近栏杆或墙处可不设防滑条,防滑条长度一般按踏步长度每边减去 150 mm。

　　②设防滑包口:即用带槽的金属等材料将踏步前缘包住,既防滑又起保护作用。

5.3.2　栏杆和扶手构造

1)栏杆的形式和材料

　　栏杆的形式通常有空透式栏杆[图 5.30(a)]、栏板式栏杆[图 5.30(b)]和组合式栏杆 3 种 [图 5.30(c)]。

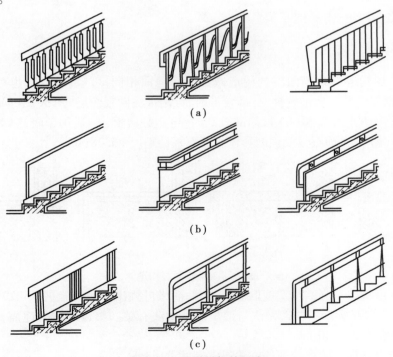

(a)

(b)

(c)

图 5.30　楼梯栏杆的形式

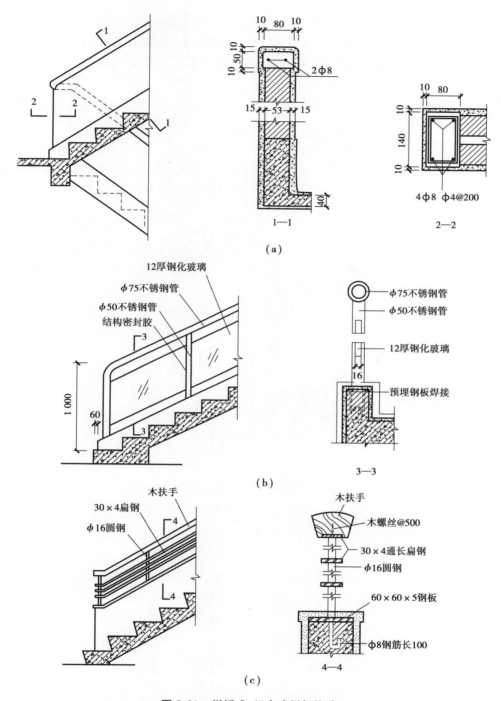

图 5.31 栏板式、组合式栏杆构造

(a)1/4 砖砌栏板;(b)钢化玻璃栏板;(c)组合式栏杆

(1)空透式栏杆　空透式栏杆以竖杆作为主要受力构件,常用钢、木材、钢筋混凝土或其他金属等制作。方钢的断面一般在 16 mm×16 mm～20 mm×20 mm,圆钢采用 $\phi16 \sim \phi18$ 为宜。还可采用钢化玻璃、穿孔金属板或金属网等装饰性材料。

(2)栏板式栏杆　栏板是实心的,有钢筋混凝土预制板或现浇栏板、钢丝网抹灰栏板和砖砌栏板,厚度为 80~100 mm。钢丝网抹灰栏板是在钢筋骨架的两侧焊接或绑扎钢丝网,然后抹水泥砂浆而成。砖砌栏板是用黏土砖砌成 60 mm 厚的矮墙。为增加其牢固性和整体性,一般需在砖的两侧增加钢筋网片,然后抹水泥砂浆,顶部现浇钢筋混凝土扶手以增加牢固性[图5.31(a),(b)]。

　　(3)组合式栏杆　组合式栏杆是以上两种的组合,通常是上部用空花栏杆,下部用实心栏板[图5.31(c)]。

2)扶手的材料和断面形式

　　(1)扶手的材料　扶手常用硬木、塑料和金属材料制作(图5.32)。硬木扶手和塑料扶手目前应用较广泛;金属扶手,如钢管扶手、铝合金扶手一般用于装修标准较高时。

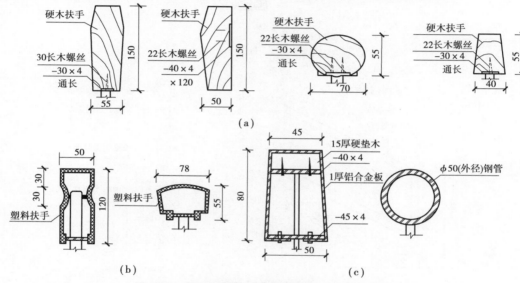

图 5.32　扶手断面形式和尺寸及与栏杆的连接构造

　　(2)扶手的断面形式　扶手断面形式很多,可根据扶手材料、功能和外观需要来选择。为便于手握抓牢,扶手顶面宽度宜为 60~80 mm。

3)栏杆和扶手的节点构造

　　(1)栏杆与梯段的连接　基本的连接方法有 3 种:锚固法[图5.33(a)]、焊接法[图5.33(b)]和栓接法[图5.33(c)],其中焊接法和锚固法应用较广泛。

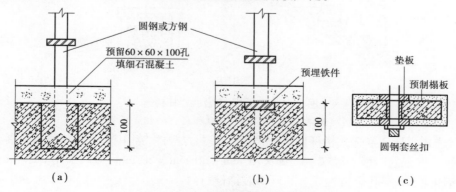

图 5.33　栏杆与梯段的连接构造

①锚固法:在梯段中预留孔洞,将端部制成开脚插入预留孔洞内,用水泥砂浆、细石混凝土或快凝水泥、环氧树脂等材料灌实。预留孔洞的深度一般不小于 60 ~ 75 mm,距离梯段边缘不小于 50 ~ 70 mm。

②焊接法:在梯段中预埋钢板或套管,将栏杆的立杆与预埋铁件焊接在一起。

③栓接法:用螺栓将栏杆固定在梯段上,固定方式有若干种。

(2)栏杆与扶手的连接　硬木扶手通常是用木螺丝将焊接在金属栏杆顶端的通长扁钢拧在一起;塑料扶手带有一定的弹性,通过预留的卡口直接卡在栏杆顶端焊接的通长扁钢上;金属扶手一般直接焊接在金属栏杆的顶面上(图 5.34)。

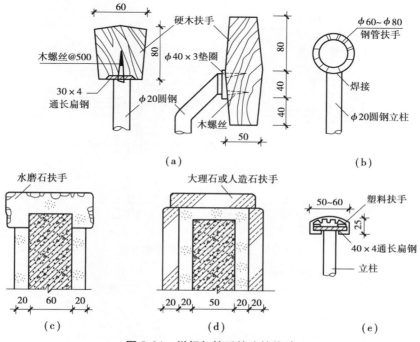

图 5.34　栏杆与扶手的连接构造

(3)栏杆扶手与墙的连接　楼梯顶层的楼层平台临空一侧应设置水平栏杆扶手,扶手端部与墙应有可靠的连接。一般将连接扶手和栏杆的扁钢插入墙上的预留孔内,并用水泥砂浆或细石混凝土填实。若为钢筋混凝土墙或柱,可将扁钢与墙或柱上的预埋铁件焊接(图 5.35)。

(4)栏杆、扶手的转弯处理　在双折式楼梯的平台转弯处,当上下行楼梯的第一个踏步口平齐时,两段扶手在此不能方便地连接,需延伸一段后再连接,或做成"鹤颈"扶手[图 5.36(b)]。这种扶手使用不便且制作麻烦,应尽量避免,可改用倾斜硬接[图 5.36(c)],但使用也不方便。一般的改进方法有:

①将平台处栏杆向平台伸进半个踏步距离,可顺当连接。其特点是连接简便,易于制作,省工省料,但是由于栏杆扶手伸入平台,使平台净宽变小[图 5.36(a)]。

②将上下行的楼梯段的第一个踏步相互错开,扶手可顺当连接。其特点是简便易行,但必须增加楼梯间的进深[图 5.36(e),(f)]。

③将上下行扶手在转折处断开各自收头。因扶手断开,栏杆的整体性受到影响,需在结构上互相连牢[图 5.36(d)]。

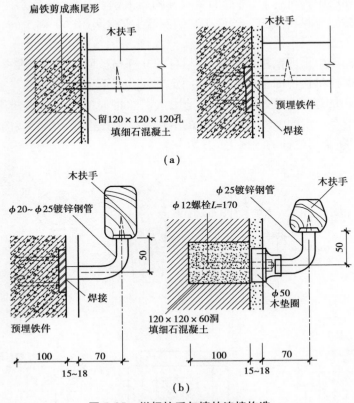

图 5.35　栏杆扶手与墙的连接构造

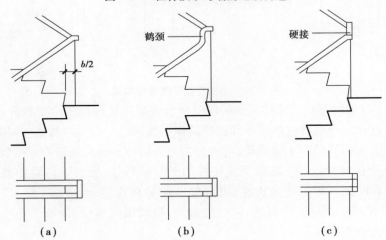

(a)　　　　　　　　(b)　　　　　　　　(c)

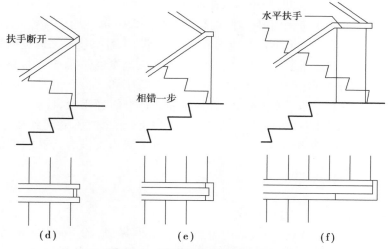

图 5.36　栏杆转折处栏杆扶手处理

(a)栏杆前伸半个踏步;(b)鹤颈扶手;(c)整体硬接;(d)拼接;(e),(f)错开踏步的扶手处理

5.4　室外台阶与坡道

台阶与坡道多是设置在建筑物出入口处的辅助构件,根据使用要求的不同在形式上有所区别。一般民用建筑中,在车辆通行及专为残疾人使用的特殊情况下,才设置坡道;有时在走廊内为解决小尺寸高差也用坡道。台阶和坡道在入口处对建筑的立面还具有一定的装饰作用,因此设计时既要考虑实用,又要考虑美观(图 5.37)。

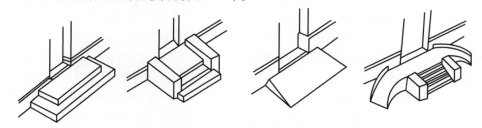

图 5.37　台阶与坡道的形式

5.4.1　室外台阶

台阶有室内台阶和室外台阶之分,室内台阶主要用于室内局部的高差联系,室外台阶主要用于联系室内外地面,在园林环境中室外台阶应用广泛。室内台阶步宽不宜小于 300 mm,步高不宜大于 150 mm,连续踏步数不宜小于二级。当高差不足二级时,需设计成坡道。由于室外台阶使用较多,本节仅介绍室外台阶。

为防潮、防水,一般要求首层室内地面至少要高于室外地坪 150 mm。这部分高差要用台阶联系。

1)台阶的形式

台阶由踏步和平台组成,其平面形式有单面踏步式、两面踏步式和三面踏步式等。台阶坡度较楼梯平缓,每级踏步高为 100～150 mm,踏面宽为 300～400 mm,当台阶高度超过 1 m 时,宜设有护栏。在出入口和台阶之间设平台,平台应与室内地坪有一定高差,一般为 40～50 mm,

且表面应向外倾斜 1% ~3% 坡度,避免雨水流向室内。

在园林环境中,有时为了夸张山势,台阶的高度可增至 250 mm 以上,以增加趣味。在广场、河岸等较平坦的地方,有时为了营造丰富的地面景观,也要设计台阶,使地面的造型更加富有变化。每一级踏步的宽度最好一致,不要忽宽忽窄。每一级踏步的高度也要统一,不得高低相间。

一般情况下,园林中的台阶梯道都要考虑伤残人轮椅车和自行车推行上坡的需要,要在梯道两侧或中部设置斜坡道。梯道太长时,应当分段插入休息缓冲平台,使梯道每一段的梯级数最好控制在 25 级以下;缓冲平台的宽度应在 1.58 m 以上,太窄时不能起到缓冲作用。在设置踏步的地段上,踏步的数量至少应为 2 ~3 级,如果只有 1 级而又没有特殊的标记,则容易被人忽略,使人绊跤。

2) 台阶的构造

台阶构造由面层、结构层和基层构成。

面层应耐磨、光洁、易于清扫,一般采用耐磨、抗冻材料做成,常用的有水泥砂浆、水磨石、缸砖以及天然石板等。水磨石在冰冻地区容易造成滑跌,应慎用,如使用必须采取防滑措施。缸砖、天然石板等也应慎用表面光滑的材料。

结构层承受作用在台阶上的荷载,应采用抗冻、抗水性能好且质地坚实的材料,常用的有黏土砖、混凝土、天然石材等。普通黏土砖抗冻、抗水性能差,砌做台阶整体性也不好,容易损坏,即使做了面层也会剥落,故除次要建筑或临时性建筑中使用外,一般很少用。大量的民用建筑多采用混凝土台阶。

基层是为结构层提供良好均匀的持力基础,一般较为简单,只要挖去腐殖土,做一垫层即可。在严寒地区如台阶下为冻胀土(黏土或亚黏土)可采用换土法(砂土)来保证台阶基层的稳定。

为预防建筑物主体结构下沉时拉裂台阶,应将建筑主体结构与台阶分开,待主体结构有一定沉降后,再做台阶;或者把台阶基础和建筑主体基础做成一体,使二者一起沉降,这种情况多用于室内台阶或位于门洞内的台阶;也有将台阶与外墙连成整体,做成外墙的挑出式结构。

台阶根据使用的结构材料和特点可分为砖石阶梯踏步、混凝土踏步、山石蹬道、攀岩天梯梯道等(图 5.38),其结构设计如下:

(1)砖石台阶　以砖或整形毛石为材料,用 M2.5 混合砂浆砌筑台阶与踏步,砖踏步表面按设计可采用 1:2 水泥砂浆抹面,也可做成水磨石踏面,或者用花岗石、防滑釉面砖作贴面装饰。

(2)混凝土台阶　一般将斜坡上素土夯实,坡面用 1:3:6 三合土(加碎砖)或 3:7 灰土(加碎砖石)作垫层并夯实,厚 60 ~100 mm;其上采用 C10 混凝土现浇做踏步。踏步表面的抹面可按设计进行。每一级踏步的宽度、高度以及休息缓冲平台、轮椅坡道的位置等要求,都与砖石阶梯踏步相同,可参照进行设计。

(3)山石蹬道　在园林土山或石假山及其他一些地方,为了与自然山水园林相协调,梯级道路不采用砖石材料砌筑成整齐的阶梯,而是采用顶面平整的自然山石,依山随势地砌成山石蹬道。山石材料可根据各地资源情况选择,砌筑用的结合材料可用石灰砂浆,也可用 1:3 水泥砂浆,还可采用山土垫平塞缝,并用片石刹垫稳当。踏步石踏面的宽窄允许有些不同,可在 300 ~500 mm 变动。踢面高度还应统一起来,一般采用 120 ~200 mm。设置山石蹬道的地方本身就是供登攀的,所以踢面高度大于砖石阶梯。

(4)攀岩天梯梯道　这种梯道是在风景区山地或园林假山上最陡的崖壁处设置的攀登通道。一般是从下至上在崖壁上凿出一道道横槽作为梯步,如同天梯一样。梯道旁必须设置铁链

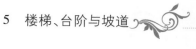

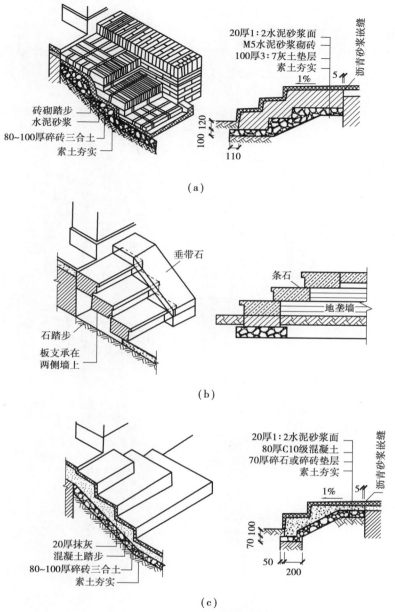

图 5.38　台阶的构造

（a）砖台阶的构造；（b）条石台阶的构造；（c）混凝土台阶的构造

或铁管矮栏并固定于崖壁壁面，作为登攀时的扶手。

5.4.2　坡道

　　当室外门前有车辆通行及特殊的情况下，要求设置坡道。坡道多为单面坡形式。有些大型公共建筑为考虑车辆能在出入口处通行，常采用台阶与坡道相结合的形式。在有残疾人轮椅车通行的建筑门前，应在有台阶的地方增设坡道，以便出入。坡道的坡度一般在 1∶8～1∶12。室内坡道不宜大于 1∶8，室外坡道不宜大于 1∶10；供轮椅使用的坡道不应大于 1∶12。当坡度大于

1:8时须做防滑处理,一般做锯齿状或做防滑条。

自行车坡道不宜大于1:5,并应辅以踏步。

坡道也是由面层、结构层和基层组成,要求材料耐久性、抗冻性好,表面耐磨。常用的结构层材料有混凝土或石块等,面层以水泥砂浆居多,基层也应注意防止不均匀沉降和冻胀土的影响(图5.39)。

在坡度较大的地段上,一般纵坡超过15%时,本应设台阶,但为了能通行车辆,将斜面做成锯齿形坡道,称为礓磋。其形式和尺寸如图5.40所示。

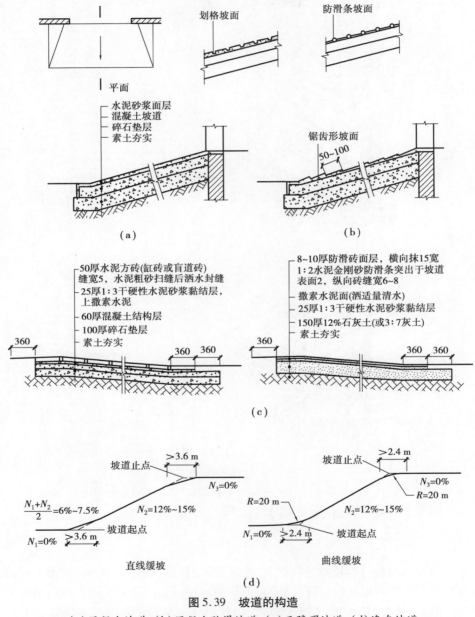

图 5.39 坡道的构造

(a)混凝土坡道;(b)混凝土防滑坡道;(c)无障碍坡道;(d)汽车坡道

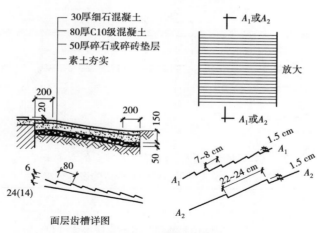

面层齿槽详图

图 5.40　礓磋的构造

5.5　有高差处无障碍设计的构造处理

1）无障碍通道

有高差处无障碍设计的服务对象是下肢残疾及视力障碍的人员。无障碍设计的主要方式是采用坡道来代替楼梯和台阶及对楼梯采取特殊构造处理。

建筑入口为无障碍入口时,平坡出入口的地面坡度不应大于 1:20,当场地条件比较好时,不宜大于 1:30。供轮椅通行的坡道应设计成直线形、直角形或折返形,不宜设计成弧形。坡道的两侧应设扶手,在扶手栏杆下端设高度不小于 50 mm 的坡道安全挡台。不同位置的坡道及宽度应符合表 5.2 的要求。

表 5.2　不同位置的坡道的坡度及宽度

坡道位置	最大坡度	最小宽度/m
1. 有台阶的建筑入口	1:12	≥1.20
2. 只设坡道的建筑入口	1:20	≥1.50
3. 室内走道	1:12	≥1.00
4. 室外通道	1:20	≥1.50
5. 困难地段	1:10 ~ 1:8	≥1.20

（1）坡道的尺寸　《无障碍设计规范》(GB 50763—2012)中主要供残疾人使用的走道与地面应符合下列规定:

①走道宽度不应小于 1.8 m;

②走道两侧应设扶手;

③走道两侧墙面应设高度为 0.35 m 的护墙板;

④走道及室内地面应平整,并应选用遇水不滑的地面材料;

⑤走道转弯处的阳角应为弧墙面或切角墙面等。

坡道的坡面应平整,不应光滑。坡道的起点、终点和休息平台的水平长度不应小于 1 500 mm。人行道路和室内地面应平整、不光滑、不松动、不积水。使用不同材料铺装的地面应相互取平,如有高差时不应大于 15 mm,并应以斜面过渡。如图 5.41 所示为坡道的起点、终点和休息平台的水平长度。

（2）设计要求　残疾人使用的楼梯与台阶的设计要求见表 5.3 和表 5.4。

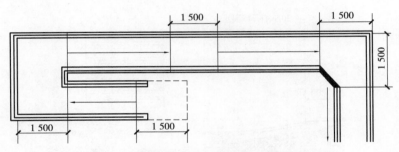

图 5.41　坡道的起点、终点和休息平台的水平长度

表 5.3　残疾人使用的楼梯与台阶的设计要求

类　别	设计要求
楼梯与台阶形式	①应采用有休息平台的直线形梯段和台阶 ②不应采用无休息平台的梯段和弧形楼梯 ③不应采用无踢面和突缘为直角形的踏步
宽度	①公共建筑的梯段宽度不应小于 1.50 m ②居住建筑的梯段宽度不应小于 1.20 m
扶手	①楼梯两侧应设扶手 ②从三级台阶起应设扶手
踏面	①应平整而不光滑 ②明步踏面应设高度不小于 50 mm 的安全挡台
盲道	距踏步起点和终点 25～30 cm 处应设提示盲道
颜色	踏面与踢面的颜色应有区分和对比

表 5.4　不同坡度的高度和水平长度

坡　度	1:20	1:16	1:12	1:10	1:8
最大高度/m	1.50	1.00	0.75	0.60	0.35
水平长度/m	30.00	16.00	9.00	6.00	2.80

2)无障碍楼梯形式及栏杆扶手

（1）无障碍楼梯形式及尺度　残疾人使用的楼梯应采用有休息平台的直线形梯段,如图 5.42 所示。

（2）踏步细部处理　梯段凌空一侧翻起不小于 50 mm;踏步无突缘,如图 5.43 所示。

3)楼梯、坡道的扶手、栏杆

楼梯在两侧均设高度为 850 mm 的扶手,设两层扶手时,下层扶手高度应为 650 mm;扶手在梯段起点处及终点处外伸大于或等于 300 mm,栏杆式扶手应向下呈弧形或延伸到地面上固定,如图 5.44 所示。

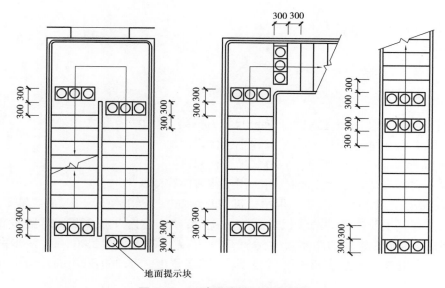

地面提示块

图 5.42　无障碍楼梯形式及尺度

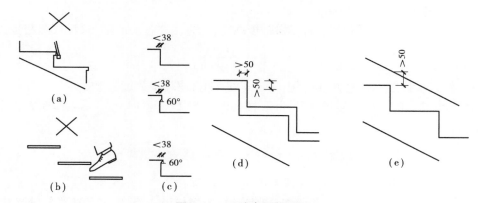

(a)　　　　(b)　　　　(c)　　　　(d)　　　　(e)

图 5.43　无踏步细部处理

（a）有直角突缘不可用；（b）踏步无踢面不可用；（c）踏步线形光滑流畅，可用；（d）立橡；（e）踢脚板

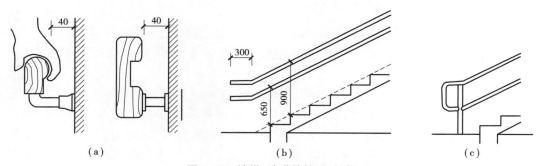

(a)　　　　　　(b)　　　　　　(c)

图 5.44　楼梯、坡道的扶手、栏杆

（a）扶手截面应便于抓握；（b）扶手高度及起始、终结步处外伸尺寸；（c）扶手末端向下

5.6 楼梯构造设计

5.6.1 楼梯构造设计步骤及方法

1)已知楼梯间开间、进深和层高,进行楼梯设计

(1)选择楼梯形式　根据已知的楼梯间尺寸,选择合适的楼梯形式。

①进深较大而开间较小时,可选用双跑平行楼梯;

②开间和进深均较大时,可选用双分式平行楼梯;

③进深不大却与开间尺寸接近时,可选用三跑或四跑楼梯。

(2)确定踏步尺寸和踏步数量　根据建筑物的性质和楼梯的使用要求,确定踏步尺寸。

通常公共建筑主要楼梯的踏步尺寸适宜范围为:踏步宽度 300,320 mm,踏步高度 140 ~ 150 mm;公共建筑次要楼梯的踏步尺寸适宜范围为:踏步宽度 280,300 mm,踏步高度 150 ~ 170 mm;住宅公用楼梯的踏步尺寸适宜范围为:踏步宽度 250,260,280 mm,踏步高度 160 ~ 180 mm。

设计时,可选定踏步高度,由经验公式 $2h + b = 600$ mm(h 为踏步高度,b 为踏步宽度),可求得踏步高度,且各级踏步高度应相同。

根据楼梯间的层高和初步确定的楼梯踏步高度,计算楼梯各层的踏步数量,即踏步数量为:

$$N = \frac{层高(H)}{踏步高度(h)}$$

若得出的踏步数量不是整数,可调整踏步高度 h 值,使踏步数量为整数。

(3)确定梯段宽度　根据楼梯间的开间、楼梯形式和楼梯的使用要求,确定梯段宽度。如双跑平行楼梯:

$$梯段宽度(b) = \frac{1}{2}(楼梯间净宽 - 梯井宽)$$

梯井宽度一般为 100 ~ 200 mm,梯段宽度应该用 1M 或 1/2M 的整数倍数。

(4)确定各梯段的踏步数量　根据各层踏步数量、楼梯形式等,确定各梯段的踏步数量。如双跑平行楼梯:

$$各梯段踏步数量(n) = \frac{1}{2}各层楼梯踏步数量(N)$$

各层踏步数量宜为偶数。若为奇数,每层的两个梯段的踏步数量相差一步。

(5)确定梯段长度和梯段高度　根据踏步尺寸和各梯段的踏步数量,计算梯段长度和高度,计算式为:

$$梯段长度 = [该梯段踏步数量(n) - 1] \times 踏步宽度(b)$$
$$梯段高度 = 该梯段踏步数量(n) \times 踏步高度(h)$$

(6)确定平台深度　根据楼梯间的尺寸、梯段宽度等,确定平台深度(包括中间平台深度和楼层平台深度)。平台深度不应小于梯段宽度,对直接通向走廊的开敞式楼梯间而言,其楼层平台的深度不受此限制,但为了避免走廊与楼梯的人流相互干扰并便于使用,应留有一定的缓冲余地,此时,一般楼层平台深度至少为 500 ~ 600 mm。

(7)确定底层楼梯中间平台下的地面标高和中间平台面标高　若底层中间平台下设通道,平台梁底面与地面之间的垂直距离应满足平台净高的要求,即不小于 2 000 mm。否则,应将地

面标高降低,或同时抬高中间平台面标高。此时,底层楼梯各梯段的踏步数量、梯段长度和梯段高度需进行相应调整。

(8)校核 根据以上设计所得结果,计算出楼梯间的进深。

若计算结果比已知的楼梯间进深小,通常只需调整平台深度;当计算结果大于已知的楼梯间进深,而平台深度又无调整余地时,应调整踏步尺寸,按以上步骤重新计算,直到与已知的楼梯间尺寸一致为止。

(9)绘制楼梯间各层平面图和剖面图 楼梯平面通常有底层平面图、标准层平面图和顶层平面图。

绘制时应注意以下几点:

①尺寸和标高的标注应整齐、完整。平面图中应主要标注楼梯间的开间和进深、梯段长度和平台深度、梯段宽度和梯井宽度等尺寸,以及室内外地面、楼层和中间平台面等标高。剖面图中应主要标注层高、梯段高度、室内外地面高差等尺寸,以及室内外地面、楼层和中间平台面等标高。

②楼梯平面图中应标注楼梯上行和下行指示线及踏步数量。上行和下行指示线是以各层楼面(或地面)标高为基准进行标注的,踏步数量应为上行或下行楼层踏步数。

③在剖面图中,若为平行楼梯,当底层的两个梯段做成不等长梯段时,第二个梯段的一端会出现错步,错步的位置宜安排在二层楼层平台处,不宜布置在底层中间平台处。

2)已知建筑物层高和楼梯形式,进行楼梯设计,并确定楼梯间的开间和进深

①根据建筑物的性质和楼梯的使用要求,确定踏步尺寸。再根据初步确定的踏步尺寸和建筑物的层高,确定楼梯各层的踏步数量。设计方法同上。

②根据各层踏步数量、梯段形式等,确定各梯段的踏步数量。再根据各梯段踏步数量和踏步尺寸计算梯段长度和梯段宽度。楼梯底层中间平台下设通道时,可能需要调整底层各梯段的踏步数量、梯段长度和梯段高度,以使平台净高满足不低于 2 000 mm 的要求。设计方法同上。

③根据楼梯的使用性质、人流量的大小及防火要求,确定梯段宽度。通常住宅的公用楼梯梯段净宽不应小于 1 100 mm,不超过 6 层时,可不小于 1 000 mm。公共建筑的次要楼梯梯段净宽不应小于 1 200 mm,主要楼梯梯段净宽应按疏散宽度的要求确定。

④根据梯段宽度和楼梯间的形式等,确定平台深度。设计方法同上。

⑤根据以上设计所得结果,确定楼梯间的开间和进深。开间和进深应以 3M 为模数。

⑥绘制楼梯各层平面图和楼梯剖面图。

5.6.2 楼梯构造设计例题分析

如图 5.45 所示,某内廊式综合楼的层高为 3.60 m,楼梯间的开间为 3.30 m,进深为 6 m,室内外地面高差为 450 mm,墙厚为 240 mm,轴线居中,试设计该楼梯。

[解]

(1)选择楼梯形式

对于开间为 3.30 m,进深为 6 m 的楼梯间,适合选用双跑平行楼梯。

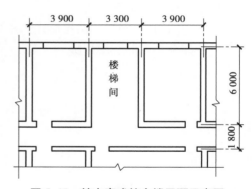

图 5.45 某内廊式综合楼平面示意图

（2）确定踏步尺寸和踏步数量

作为公共建筑的楼梯，初步选取踏步宽度 $b = 300$ mm

由经验公式 $2h + b = 600$ mm，求得踏步高度 $h = 150$ mm，初步取 $h = 150$ mm

各层踏步数量 $N = \dfrac{\text{层高}(H)}{h} = \dfrac{3\ 600}{150} = 24$（级）

（3）确定梯段宽度

设梯井宽为 160 mm，楼梯间净宽为 $(3\ 300 - 2 \times 120)$ mm $= 3\ 060$ mm

则梯段宽度为：$B = \dfrac{1}{2}(3\ 060 - 160)$ mm $= 1\ 450$ mm

（4）确定各梯段的踏步数量

各层两梯段采用等跑，则各层两个梯段踏步数量为：

$$n_1 = n_2 = \frac{N}{2} = \frac{24}{2} = 12（级）$$

（5）确定梯段长度和梯段高度

梯段长度 $L_1 = L_2 = (n - 1)b = (12 - 1) \times 300$ mm $= 3\ 300$ mm

梯段高度 $H_1 = H_2 = n \times h = 12 \times 150$ mm $= 1\ 800$ mm

（6）确定平台深度

中间平台深度 B_1 不小于 1 450 mm（梯段宽度），取 1 600 mm，楼梯平台深度 B_2 暂取 600 mm。

（7）校核

$L_1 + B_1 + B_2 + 120$ mm $= (3\ 300 + 1\ 600 + 600 + 120)$ mm $= 5\ 620$ mm $< 6\ 000$ mm（进深）

将楼层平台深度加大至 600 mm $+ (6\ 000 - 5\ 620)$ mm $= 1\ 080$ mm。

由于层高较大，楼梯底层中间平台下的空间可有效利用，作为贮藏空间。为增加净高，可降低平台下的地面标高至 -0.300 m。根据以上设计结果，绘制楼梯各层平面图和楼梯剖面图（图 5.46，此图按 3 层综合楼绘制。设计时，按实际层数绘图）。

实训 1

项目名称　楼梯构造设计 1

实训目的

通过楼梯构造设计要求学生掌握以下内容：

（1）楼梯布置的基本原则。

（2）楼梯设计的计算方法。

（3）楼梯的组成、楼梯的结构形式选择和结构布置方案。

（4）楼梯施工图的绘制方法。

实训任务

根据提供的已知条件，进行某室内楼梯的构造设计；绘制楼梯的平面图、剖面图及栏杆扶手等细部构造详图。

操作步骤

参照 5.6 楼梯构造设计。

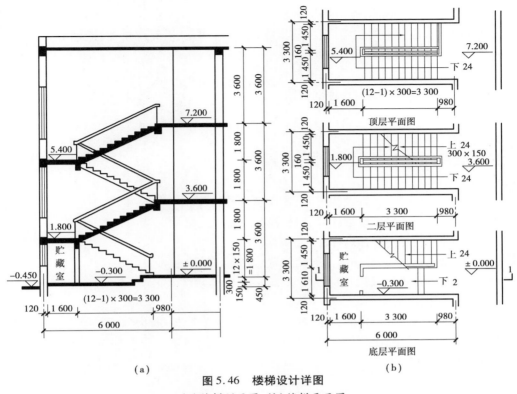

（a）

图5.46 楼梯设计详图

（a）楼梯剖面图；（b）楼梯平面图

设计及图纸要求

1）设计条件

某砖混结构3层建筑,开敞式平面的楼梯间,其平面如图5.47所示。楼梯间的开间为3.6 m,进深为6.0 m,层高为3.6 m,室内外地面高差450 mm,楼梯间外墙厚370 mm,内墙厚240 mm,轴线内侧墙厚均为120 mm,走廊轴线宽2.4 m。

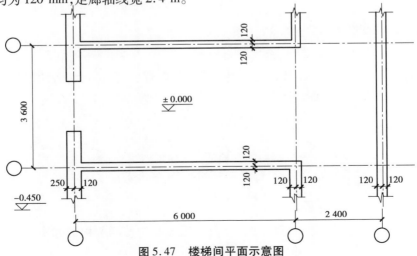

图5.47 楼梯间平面示意图

2）设计内容

（1）通过计算确定楼梯的主要尺度：踏步数、踏步高和宽、楼梯段宽度、楼梯平台深度、楼梯的净空高度、栏杆扶手高度等。

（2）确定梯段形式、栏杆形式及采用材料。

（3）绘制楼梯各层平面图及楼梯剖面图。

3）设计深度及表达方式

（1）认真书写楼梯构造设计计算书。

（2）绘制楼梯（包括底层、标准层、顶层）平面图。

尺寸标注要求如下：

①楼梯开间方向两道尺寸：轴线尺寸、梯段及梯井尺寸。

②楼梯进深方向两道尺寸：轴线尺寸、梯段长度及平台尺寸。

③上下方向标注、各平台标高标注（建筑标高）。

④在底层平面图中引出楼梯剖面剖切位置、方向及剖面编号。

（3）楼梯剖面图　内容及尺寸标注要求如下：

①设计并绘制楼梯剖面图。

②水平方向两道尺寸：楼梯的定位轴线及进深尺寸、底层梯段和平台尺寸。

③垂直方向两道尺寸：建筑总高度、楼梯对应的楼层层高。

④标注各楼层标高：各平台标高、室内外标高。

（4）详图设计

①设计并绘制栏杆立面图：标明栏杆总高度及各部分尺寸、材料。

②设计栏杆扶手形式、扶手与墙面连接方式、栏杆与踏步连接方式，绘制构造详图，标注尺寸及材料。

③设计踏步防滑形式，绘制构造详图，标注尺寸及材料。

（5）纸张尺寸　A2，图中线条宽度、材料等，一律按照建筑制图标准表示。

（6）各图比例　楼梯平面图 1∶50、楼梯剖面图 1∶50、栏杆立面 1∶30、扶手与踏步等详图1∶5。

（7）标注图名及比例。

（8）表达方式　墨线。

4）补充说明

（1）如果图纸尺寸不够，可在节点与节点之间用折断线断开，也可将各阶段独立布图。

（2）要求字体工整，线条粗细分明。

实训 2

项目名称　楼梯构造设计 2

实训目的

（1）掌握楼梯的类型、组成和尺度，了解钢筋混凝土结构楼梯的构造方法。

（2）掌握楼梯的计算方法与步骤。

（3）掌握楼梯各细部节点的构造方法。

实训任务

选择校园建筑内一个楼梯进行测量拍照,绘制楼梯构造图。

操作要求

本次实训要求分组考察,3~4人为一组,分别在校园建筑内选择一个楼梯,测量各部分尺寸与材料,并按照要求绘制楼梯的构造设计图。

1）测量对象

测量对象为本校校园建筑内部消防疏散楼梯。

2）测量内容

（1）楼梯间尺寸　开间、进深、层高、室内外地面高差、墙身厚度、门窗宽度与高度等。

（2）楼层平台与中间平台　宽度、长度。

（3）楼梯梯段　踏步数量、踏步高度与宽度、梯段宽度、楼梯井宽度。

（4）栏杆与扶手　栏杆形式;栏板式栏杆的高度与宽度;空透式栏杆的杆件高度与截面尺寸、杆件之间的间距;组合式栏杆的杆件高度与截面尺寸、杆件之间的间距及连接材料的高度、长度与厚度、扶手的截面尺寸等。

3）图纸要求

绘制楼梯平面图、剖面图及各部分详图,具体参考实训1。

本章小结

（1）楼梯是建筑中楼层间的垂直交通联系的构件,应满足交通和疏散要求,还应符合结构、施工、防火、经济和美观等方面的要求。楼梯主要由梯段、平台和栏杆扶手3部分组成。楼梯的各部分需要满足必要的规定尺寸。

（2）钢筋混凝土楼梯应用最为广泛,有现浇式和预制装配式两种。现浇钢筋混凝土楼梯按梯段的结构形式不同,有板式楼梯和梁式楼梯两种;装配式钢筋混凝土楼梯根据生产、运输、吊装和建筑体系的不同,有许多不同的构造形式,由于构件尺度的不同,大致可分为小型构件装配式、中型构件装配式和大型构件装配式三大类。

（3）楼梯的细部包括踏步表面处理和栏杆扶手构造。踏步的防滑以及转弯处扶手的形式等需要重点掌握。

（4）室外台阶和坡道是连接不同标高地面的构件,应具有较好的耐久性、抗冻性和抗水性。园林环境中的台阶根据使用的结构材料和特点可分为砖石阶梯踏步、混凝土踏步、山石嶝道、攀岩天梯梯道等。

（5）有高差处无障碍设计的服务对象是下肢残疾及视力障碍的人员。无障碍设计的主要方式是采用坡道来代替楼梯和台阶及对楼梯采取特殊构造处理。

复习思考题

1.楼梯主要由哪些部分组成? 常见的楼梯形式有哪些?

2.楼梯的坡度、踏步尺寸和梯段尺寸如何确定?

3. 确定楼梯平台深度、栏杆扶手高度和楼梯净高时有何要求？

4. 当楼梯底层中间平台下做通道而平台净高不满足要求时,常采用哪些办法解决？

5. 现浇钢筋混凝土楼梯有哪几种结构形式？各有何特点？

6. 小型构件装配式楼梯的预制踏步有哪几种断面形式和支承形式？

7. 中型构件装配式楼梯的预制梯段和平台各有哪几种形式？

8. 楼梯踏面如何进行防滑处理？

9. 楼梯栏杆有哪几种形式？栏杆与梯段、扶手如何连接？

10. 栏杆扶手在平行双跑楼梯的转弯处如何处理？

11. 室外台阶的组成、尺寸和构造做法各是什么？

12. 坡道在不同情况下的坡度限制各是多少？

13. 无障碍坡道的构造要求有哪些？

14. 无障碍楼梯的构造要求有哪些？

6 中国传统园林建筑

[学习目标]

通过本章的学习,了解中国传统园林建筑的结构形式,掌握传统凉亭和游廊木构架的构造方法。

[项目引入]

参观中国传统园林建筑,了解其结构形式,在教师的指引下掌握木构架的构造做法。

[讲课指引]

阶段1 学生在教师讲授本章之前完成的内容

查阅相关书籍或网络,自学"中国传统园林建筑结构形式、传统凉亭和游廊木构架的构造方法"等内容。

阶段2 学生跟随教师的课程进度完成的内容

(1)携带描述木构架各部位名称及构造做法的图片,参观中国传统园林建筑,重点参观凉亭和游廊,教师现场讲解木构架的构造方法;

(2)学生对实景凉亭和游廊拍照,分析其各部位构造名称及搭接方式。

阶段3 最后成图

选择清晰的若干张照片有机布局在1张A2图纸上,引线标注其各部位构造名称。

6.1 中国传统园林建筑的结构形式

中国传统的园林建筑多采用木构架结构体系。构架就是建筑的结构和骨架,一般由柱、梁、檩、枋、椽以及斗拱等构件组成。这些构件按位置、大小和要求等合理排列布置,构成所要营造建筑的整体支撑框架。它起到稳固建筑整体与承托屋顶等部分重量的作用,是我国传统建筑中最重要的部分。其突出优点有:一是木构架承重,它使得木构架外围墙体的设置可以自由变化,既可以砌筑实墙、开设门窗作为一般房屋使用,也可以四面砌筑实墙作为仓储建筑使用,还可以四面皆不砌筑墙体而作为开敞通透的四面厅,这显然丰富了我国传统建筑的形式;二是木构架具有伸缩性,可以让它对某些自然现象产生较强的抵抗力。如发生地震时,因为木构架的节点属于柔性连接,之间有一定的伸缩余地,所以可以在一定限度内抵消地震对建筑的危害。总而言之,中国传统建筑的木构架体系,其建筑的质量是由木构架承受,墙体不承重。木构架由屋顶、柱身的立柱及横梁组成,是一个完整又独特的体系,近似于现代的框架结构体系,素有"墙倒屋不塌"之称(图6.1)。

中国传统的木构架结构体系,按结构特点及工作原理又可分为抬梁式和穿斗式两种形式。本书主要以抬梁式木构架为例进行介绍。

图 6.1　故宫太和殿(最高形制的屋顶)

6.1.1　抬梁式

　　抬梁式又称叠梁式,由柱、梁、檩、枋四大类基本构件组成,就是在屋基上立柱,柱上支梁,梁上放短柱,其上再置梁,梁的两端并承檩;如是层叠而上,在最上的梁中央放脊瓜柱承脊檩。这种结构属于梁柱体系,在我国应用很广,多用于官式和北方民间建筑,北方更是如此(图6.2)。

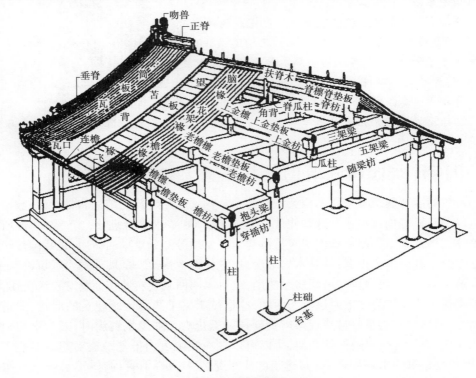

图 6.2　抬梁式木构架示意图

　　(1)抬梁式木构架的优点　构架结实牢固、经久耐用;室内少柱或无柱,可获得较大的空间;结构开敞稳重,受力合理,传力途径清晰明确。因此,此类构架具有较突出的功能性和实用性,同时又毫无掩饰地展示出其自身的结构骨架和宏伟的气势,亦具有真实的结构之美和造型之美。

（2）抬梁式木构架的缺点　这种结构用柱较少,故柱受力较大,消耗木材较多。而且其结构复杂,因此,要求加工细致,搭建时要严格按照规矩进行,否则其坚固性和美观性都受影响。

6.1.2　穿斗式

穿斗式又称立贴式,由柱、檩、穿、挑四大类基本构件组成,用穿枋把柱子串联起来,形成一榀榀的房架,檩条直接搁置在柱子上,在沿檩条方向,再用斗枋把柱子串联起来。由此形成了一个整体框架。穿斗式构架柱距较密,柱径较细的落地柱与短柱直接承檩,柱间不施梁而用若干穿枋联系,并以挑枋承托出檐。这种结构属于檩柱体系,广泛用于江西、湖南、四川等季风较多的南方地区(图6.3)。

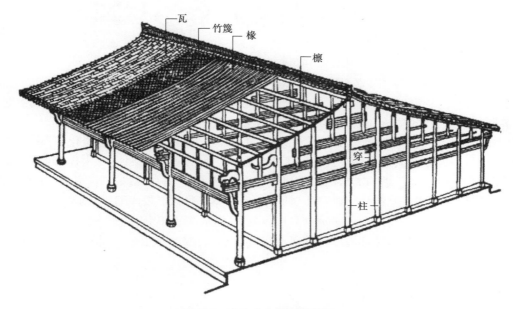

图6.3　穿斗式木构架示意图

（1）穿斗式木构架的优点　用料较小,可以用较小的木材建造较大的房屋,这在大木料缺乏时期或是对于大型树木较少的地区十分有利。因此,此种构架中的柱子与木穿整齐排列,形成了细密的网状结构,自然加强了构架整体的稳定性,而且山面抗风性能较好。

（2）穿斗式木构架的缺点　室内柱密而空间不开阔,不能形成相互连通的大空间。

穿斗式和抬梁式有时会混合使用,如抬梁式用于中跨,穿斗式用于山面,发挥各自的优势,适用不同的地势及建筑类型。

6.2　中国传统园林建筑的构造组成

中国传统建筑上、中、下三分,即由屋顶、柱身、台基3部分组合构造而成,且在单体形式上素有正式和杂式之分。平面投影为长方形,屋顶为硬山、悬山、庑殿或歇山做法的砖木结构建筑称为"正式建筑";其他形式的建筑统称为"杂式建筑"(图6.4)。中国传统的园林建筑也符合此规律。

从形态学的角度看正式与杂式的不同特点如下:

（1）正式建筑特点　规范、平面长方、四方屋顶形式,品格规整、端正、纯正,等级严格,是严

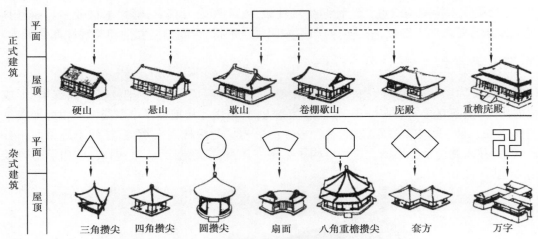

图6.4　中国传统建筑单体形式示意图

格的木构架技术体系。其空间实用,适合多种功能,宫殿、宗庙、坛、陵,以及厅、厢、苑、堂、斋、室等。建筑单体亦具有良好的组合性,可用于主体建筑,也可用于厢房,前后檐分别构成了庭园内外的界限。因此,正式建筑在官式建筑中应用较多,而在园林建筑中应用有限。

　　(2)杂式建筑特点　平面屋顶多样,品格自由、活泼、随宜,等级模糊、淡化,可用木、砖、石等结构材料。其游乐性、观赏性突出。除了正方形、工字形、圆形平面有时用作宫殿、坛庙等殿堂外,其他多用于亭、榭、塔等类型的园林建筑。体型多变,空间富特色,个性显著,外观活泼,品种多。建筑单体形式以及结构与构造相对固结,多只能按照原形放大缩小,调节功能有限,只能以品种来对应不同的需要。杂式建筑自身形体独立性强,主次不分,适于在庭院正中,不适在周边,难以围合庭院,宜与自然环境结合的散点布置,以其自身造型表现形体美,故在园林建筑中应用较多。

6.2.1　屋顶

　　中国传统园林建筑的外观特征主要表现在屋顶,屋顶的形式不同,体现的建筑风格及构造做法就不同,常见的屋顶形式有以下几种(图6.5):

　　(1)硬山　两坡屋顶,屋顶两端与山墙平齐不出挑。

　　(2)悬山　又称"挑山",两坡屋顶,屋檐两端悬伸在山墙以外(保护山墙不被风吹雨淋),五脊、两坡屋顶的早期做法。

　　(3)歇山　由正脊、四条垂脊、四条戗脊组成,又称"九脊殿"。

　　(4)庑殿　有正中的正脊和四角的垂脊,共五脊,又称"五脊殿"。

　　(5)卷棚式屋顶　将正脊去掉,改为圆弧状,形成卷棚,造型较柔和,多用于皇家园林。卷棚式屋顶又可分为卷棚硬山、卷棚悬山、卷棚歇山。庑殿顶不可做成卷棚形式,因为正脊结束的两端不是垂直脊。

　　(6)各式攒尖顶　屋面较陡、无正脊,以数条垂脊交合于顶部,其上再覆以宝顶,多用于塔、亭、阁。

　　(7)其他形式　如盔顶、十字脊顶、勾连搭、套方、套圆等。

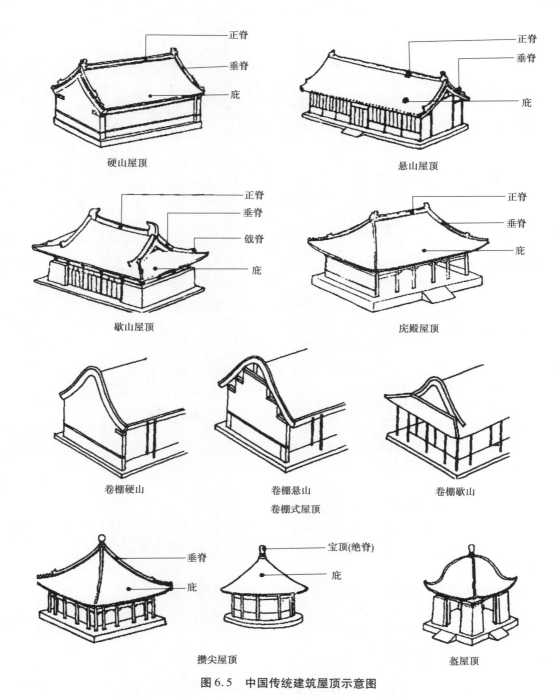

图 6.5　中国传统建筑屋顶示意图

6.2.2　柱身

柱身是指位于建筑的屋顶之下、台基之上的部位,包括立柱、横梁、斗拱、檩、枋等构件(图 6.6、图 6.7)。

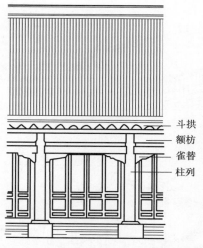
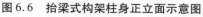

图 6.6　抬梁式构架柱身正立面示意图

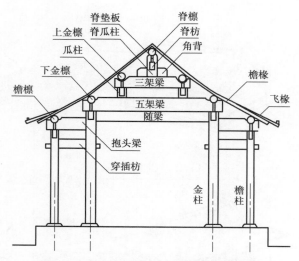

图 6.7　抬梁式构架柱身结构与构造示意图

（1）柱　柱的断面早期为圆形，秦代开始有方形，南北朝时受佛教影响出现高莲瓣柱础等，宋以圆形为最多。宋、辽建筑的檐柱由当心间向两端升高，称"升起"，这种做法未见于汉、南北朝，明清也不使用。为使建筑有较好的稳定性，宋代建筑规定外檐柱在前后檐向内倾斜，角柱则向两个方向均倾斜，称"侧角"，明清基本不用。

柱按所处位置不同分为以下几种：

①檐柱：檐下最外一列支撑屋檐的柱子。

②中柱：纵中线上的柱子。

③金柱：檐柱与中柱之间的柱子。

④角柱：山墙两端角上的柱。

⑤山柱：山墙上的柱子。

⑥瓜柱（童柱）：两层梁架之间的短柱。

（2）梁　梁的外观分直梁和月梁，月梁的梁肩呈弓形。经唐宋至今在我国南方建筑中还在使用。梁的断面多为矩形，宋高宽比 3∶2，明清近方形。梁头在汉代坐垂直截割，宋、元用蚂蚱头，明清用卷云或挑尖。

梁按所处位置及作用的不同分为以下几种：

①三架梁：承托 2 个步架，3 个檩子。

②五架梁：承托 4 个步架，5 个檩子。

③七架梁：承托 6 个步架，7 个檩子。

④抱头梁：小式檐柱与金柱之间的短梁。

⑤挑尖梁：大式带檐廊的建筑中，连接金柱和檐柱的短梁，梁头常做成复杂的形式。此梁不承重，只起拉接联系作用。作用同小式抱头梁。

⑥单步梁：双步梁上瓜柱之上的短梁。

⑦双步梁：挑尖梁一般不承重，如廊子太宽，其梁上正中加一根瓜柱，使梁有载重功能，成双步梁。

（3）檩　平行屋脊方向的构件，呈圆形，其上承椽木。它与柱子相连，故其名称与柱子相关，如檐檩、金檩、脊檩等。

（4）枋　连接构件，分两个方向，与梁平行方向的枋，以及与梁垂直方向的枋。

①与梁平行方向的枋（进深方向）：如穿梁枋、随梁枋等。

②与梁垂直方向的枋（面阔方向）：如脊枋、金枋、额枋等。

（5）斗拱　中国古代木构架是最具代表性、最有特点的构件（图6.8），是屋顶和柱身的过渡部分，由若干方形的斗、矩形的拱和斜的昂木垒叠而成，主要作用如下：

①结构作用：

a.承挑外部屋檐。

b.承受上部构架、屋面荷载，并将荷载传到柱子上，再由柱子传到基础，具有承上启下、传导荷载的作用。

c.缩短梁枋跨度，分散梁枋节点处剪力。

d.组合使用的斗拱群，纵横联结，可以与现代建筑的圈梁相媲美，对保持木构架的整体性及抗震起到了关键作用。

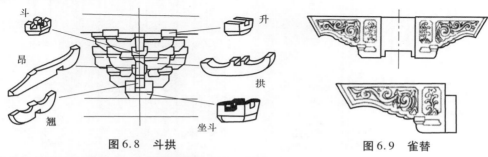

图6.8　斗拱　　　　　　　　　　图6.9　雀替

②装饰作用：美化和丰富立面形象和建筑色彩。

③标志作用：如标志建筑等级、标志建筑时代、标志建筑的地域或民族性等。

④模数作用：是木构架建筑重要的尺度衡量标准。

（6）雀替　梁（额枋）与柱的交接处的构件（图6.9）。主要用途如下：

①增加挤压面和受剪断面。

②减少净距。

③改善节点构造。

④艺术上的过渡。

（7）门窗　门窗主要由槛、框、扇组成，起流通和防护作用（图6.10）。

6.2.3　台基

台基是指建筑下突出的平台。最早是为了御潮防水，后来则出于外观及等级制度的需要。传统台级分为：台明、月台、台阶、栏杆4个部分，其中台明和月台的结构与构造方式基本相同（图6.11—图6.13）。主要功能如下：

①构造功能：防水防潮。

②结构功能：稳固屋基。

③扩大体量：木构局限，虚延体量。如阿房宫台高8 m，天坛祈年殿、太和殿都是三层台阶。

④调度空间：庭院式布局，核心为建筑物，台基是过渡物，划分庭院层次与深度。

⑤标志功能：如标志建筑等级、功能等。

⑥形成中介：是室内外空间"柔顺的过渡"，使空间连续而深邃。

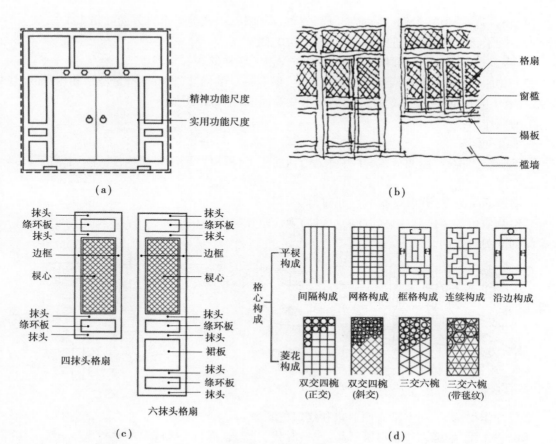

图6.10 门窗
(a)大门;(b)普通门窗;(c)扇的构成;(d)格心构成

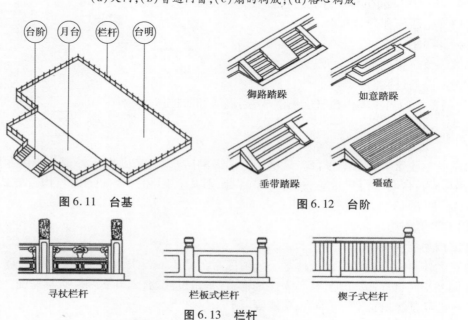

图6.11 台基　　　　　　　　图6.12 台阶

图6.13 栏杆

6.3　中国传统凉亭建筑的基本构造

园林建筑中的凉亭,其基本构造是由建造在台明上的木构架、屋顶和座凳栏杆等组成。

6.3.1　凉亭建筑的木构架

园林建筑的凉亭,虽然形式很多,但其木构架依其垂向构造,总的分为单檐亭木构架和重檐亭木构架。

1)单檐亭的木构架

单檐亭的木构架可以分为下架、上架、角梁3部分。以檐檩为界,檐檩以下部分为下架,檐檩本身及其以上部分为上架,转角部位为角梁。

(1)单檐亭的下架结构　单檐亭下架是一种柱枋结构的框架,除装饰性的吊挂楣子和座凳楣子外,主要构件是立柱、横枋、花梁头和檐垫板等,如图6.14所示。

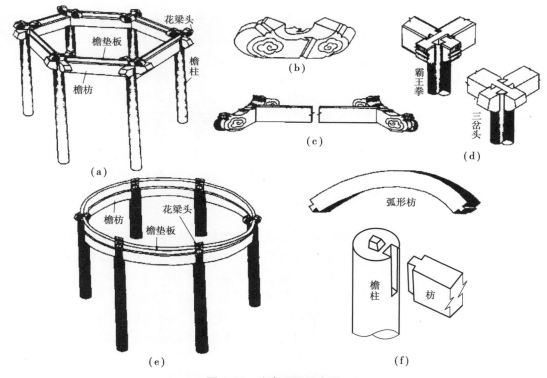

图6.14　凉亭下架示意图

(a)多边形下架;(b)花梁头;(c)花梁头与檐垫板;
(d)立柱与额枋连接;(e)圆形下架;(f)圆形构件的连接

①立柱:凉亭立柱又称为"檐柱",是整个构架的承重构件。

②横枋:它是将檐柱连接成整体框架的木构件,清制在一般建筑中均称为"檐枋",但对重檐建筑,为了区别起见,下架的檐枋称为"额枋",上架的檐枋称为"檐枋"。

多边亭横枋尽端做成箍头形式,其中大额枋一般采用霸王拳形式箍头,小额枋常采用三叉头形式箍头。圆形亭横枋为弧形,做凸凹榫相互连接,与柱作燕尾榫连接。

③花梁头:花梁头又称"角云"(因它两边雕刻有云纹状花纹),它是搁置檐檩的承托构件。

④檐垫板：它是填补檐檩与檐枋之间空当的遮挡板。

（2）单檐亭的上架结构　单檐亭上架是亭子攒尖屋顶的屋架结构，它一般由檐檩、井字梁或抹角梁、金枋及金檩、太平梁及雷公柱等4层木构件垒叠而成，如图6.15所示。

①檐檩：檐檩是攒尖顶木构架中最底层的承重构件，它按亭子的平面形状分边制作，然后在柱顶位置相互搭交在花梁头的凹槽上。檐檩一般为圆形截面，搭交形式如图6.15（j）所示。

②井字梁或抹角梁：井字梁是搁置在檐檩上，用来承托其上面金檩的承托构件，一般用于四、六、八边形和圆形的亭子上，因为梁的两端一般作成阶梯榫趴置在檩的榫卯上，故又称为"井字趴梁"。井字梁由长短二梁组成，长梁趴在檐檩上，短梁趴在长梁上，如图6.15（b），（d），（e），（f）所示。

抹角梁是斜跨转角趴置在檩上的承托梁，故又称为"抹角趴梁"。一般用于单檐四边亭和其他重檐亭上。

③金檩和金枋：金檩是与檐檩共同承担屋面椽子，形成屋顶形状的承托构件，金檩的构造与截面尺寸同檐檩，只是长度要较檐檩长度短。

金枋在这里是对金檩起垫衬作用的枋木，因为金檩一般不直接搁置在井字梁或抹角梁上，它的下面要垫有托墩或瓜柱，一方面作为垂直支撑，另一方面借以增加金檩的垂直距离，这样金檩与井字梁或抹角梁之间，就出现一空当，这个空当一般用垫板填补。由于亭子上架一般不会太大，所以可用枋木来兼替托墩和垫板，但有些亭子屋面做得比较陡峻时，仍需采用托墩和垫板。

④太平梁和雷公柱：太平梁是承托雷公柱，保证其安全太平的横梁，一般用于宝顶构件重量比较大的亭子上，若宝顶构件比较轻小时，可不用此构件。太平梁横搁在金檩上，其高厚截面尺寸，与短井字梁截面相同。

雷公柱是支撑宝顶并形成屋面攒尖的柱子，在小型亭子中，由于宝顶构件重量比较轻小，雷公柱只需靠每个方向上的角梁延伸构件"由戗"支撑住而悬空垂立着，故有的称它为"雷公垂柱"。但当宝顶构件比较重大时，雷公柱应落脚于太平梁上。雷公柱一般为圆形截面，也可做成多边形截面。

（3）亭子的角梁和椽子　亭子的角梁，是多角亭形成屋面转角的基本构件。对于角梁的制作，我国北方地区多按清制官式做法，南方地区常按《营造法原》民间做法。圆形亭因为无角，故没有角梁，只有由戗，用来支撑雷公柱。由戗是角梁的延伸构件，故有的称为"续角梁"，它是斜插接在雷公柱上，形成攒尖顶的支撑构件，其截面尺寸与角梁相同。

①清制官式角梁做法：清制官式作法分老、仔角梁，老角梁是转角处的基本承重构件，仔角梁是使转角檐口起翘和伸出的构件。仔角梁叠在老角梁上，老角梁的前支点是檐檩，后支点是金檩或金柱。角梁根据后支点的制作方法不同，分为"压金法""扣金法""插金法"3种做法，如图6.16所示。其中"插金法"只用于重檐亭的构架，而在单檐亭中多用压金法和扣金法。

②南方民间角梁做法：南方民间角梁做法常以江浙一带最为代表，它是采用《营造法原》所说的嫩老发戗法。老戗相似于老角梁。嫩戗相似于仔角梁，但形状与仔角大不相同，嫩戗是一个底大头尖的矩形截面，斜立于老戗的檐口端，其长按3倍正身飞椽长，截面尺寸的根部为老戗的0.8倍，上端为根部的0.8倍。嫩老戗端头用千斤销固定，中间用箴木、菱角木和扁担木连接，其截面尺寸可参考老戗规格，依弯起度的大小灵活掌握，如图6.17所示。

③屋面椽子：椽子是屋面基层的承托构件，屋面基层由椽子、望板、飞椽、压飞望板等铺叠而成。在屋面檐口部位还有小连檐木、大连檐木、瓦口木等，在有些亭廊建筑中也可省去大连檐和小连檐木，适当增加瓦口木高度，如图6.18所示。其中椽子根据所处步架位置有不同的名称，处在

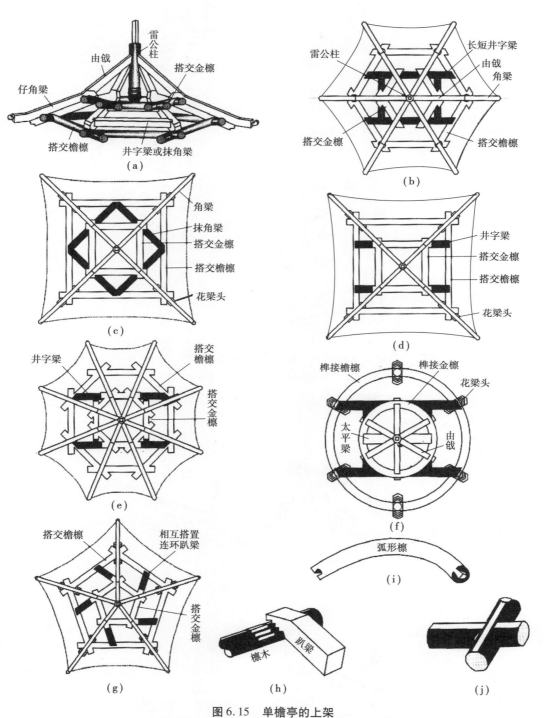

图 6.15　单檐亭的上架

(a)六边亭上架示意图;(b)六边亭上架俯视图;(c)四边亭抹角梁俯视图;

(d)四边亭井字梁俯视图;(e)八边亭井字梁俯视图;(f)圆形亭井字梁俯视图;

(g)五边亭连环趴梁俯视图;(h)趴梁端头;(i)弧形檩;(j)搭交檩

园林建筑材料与构造

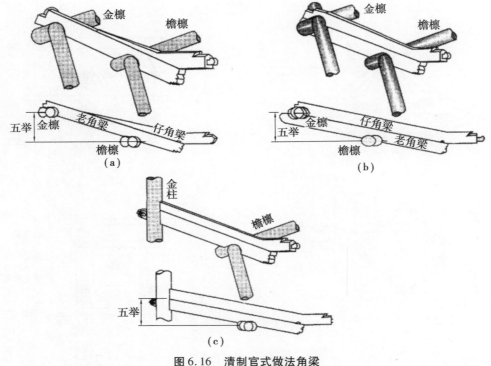

图 6.16　清制官式做法角梁

(a)压金法;(b)扣金法;(c)插金法

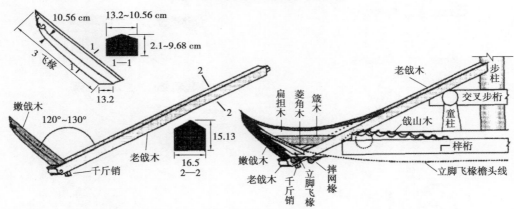

图 6.17　嫩老戗做法

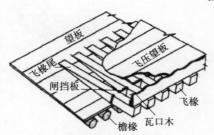

图 6.18　屋面板基层构造

脊步的称"脑椽",处在檐步的称"檐椽",在脊步与檐步之间的称"花架椽"。为了美化屋顶造型,一般在檐椽之上还安装一层起翘椽子,称为"翘飞椽",一般简称为"翘飞""椽飞""飞椽"。

脑椽、檐椽一般为圆形截面,飞椽为方形截面,但也可以均为方形截面。脑椽、檐椽分段跨置在檐檩、金檩上,并在其上装钉望板,在望板上再安装飞椽,如图6.19(a)所示。

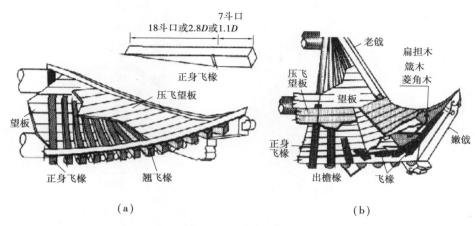

图 6.19　屋面椽子
（a）官式做法；（b）民间做法

而南方地区发戗做法的飞椽，是由正身飞椽逐渐向嫩戗方向斜立，如图 6.19（b）所示，然后用"压飞望板"连成整体。

2）重檐亭的木构架

重檐亭的木构架可以分为：上层檐构架和下层檐构架两大部分，依立童柱法和双围柱法各有不同。

（1）立童柱法的木构架

①下层檐构架：立童柱法的下层檐构架，是在单檐亭下架之上，加设承重抹角梁或井字梁，它们的截面尺寸均与单檐亭相同。其中抹角梁多用于六边形重檐上，作为搁置角梁的后支撑点，使角梁后尾悬挑，并插入童柱下端，成为童柱的支撑。而井字梁多用于八边形重檐亭上，作为支立上层檐童柱的承托构件，角梁后尾也插入童柱，但柱的主要着力点是通过墩斗作用在井字梁上，而不完全是靠角梁悬挑。

对四边形重檐亭，抹角梁和井字梁都可采用，但每边必须在角柱旁增加两根檐柱，用于支撑该梁所传递来的作用力，如图 6.20（d）所示，其他构造与上述相同。

不管抹角梁还是井字梁，都需另用承椽枋将童柱下端连接起来，形成童柱框架底圈；此圈与单檐下架（檐柱、檐枋、花梁头、檐檩）通过角梁、檐椽的连接，即成为重檐亭的下层构架，如图 6.20（a）所示。

②上层檐构架：在童柱上，距离承椽枋之上约围脊高度之处，再安装一圈围脊枋，形成童柱框架的中圈；然后在童柱顶部安装檐枋，形成童柱的上圈，檐枋以上与单檐上架相同，如图 6.20（a），（b）所示。

（2）双围柱法的木构架　　"双围柱"是指里外两圈柱子，里圈柱子作为上层檐构架的支柱，外圈柱子作为下层檐构架的支柱。"双围柱法"的上层檐构架与"立童柱法"的上层檐构架完全一样，只是童柱向下伸长成为落地的重檐金柱而已，如图 6.20（c）所示。

"双围柱法"的下层檐构架，也基本上与"立童柱法"下层檐构架相同，只是在里外两圈柱子间，要用穿插枋和抱头梁串联成整体框架，如图 6.21 所示。

6.3.2　凉亭建筑的屋面构造

凉亭建筑屋面也是在木基层上，进行屋面瓦作，瓦作的构造由苫背、瓦面、屋脊和宝顶四大

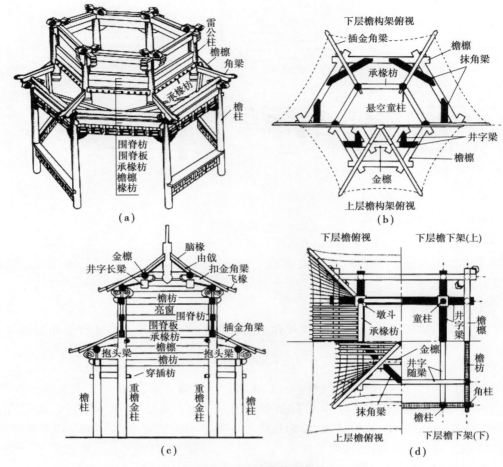

图 6.20　重檐亭的木构件

(a)立童柱法抹角梁构件示意图;(b)重檐亭下层檐抹角梁俯视图;

(c)双围柱法六边重檐亭构架剖面图;(d)四边形重檐亭构架俯视图

部分组成。

1)屋面木基层构造

亭子建筑屋面木基层的构造包括椽子、望板、飞椽、连檐木、瓦口及闸挡板等。

(1)椽子　它是搁置在檩木上用来承托望板的条木,在亭子建筑中有圆形截面,也有方形截面。

(2)望板　它是铺钉在椽子上,用来承托屋面瓦作的木板。

(3)飞椽　它是铺钉在望板上,楔尾形的檐口椽子,与檐椽成双配对,多为方形截面。

(4)大小连檐　大连檐是用来连接固定飞椽端头的木条,为梯形截面。小连檐是固定檐椽端头的木条,扁形截面,厚与望板相同。

(5)瓦口木　这是钉在大连檐上,用来承托檐口瓦的木件,按屋面的用瓦做成波浪形木板条。

2)屋面瓦作及其要求

亭子建筑的屋面瓦作包括苫背、铺瓦、做脊等泥瓦活。

（1）苫背　苫背是指在屋面木基层的望板上，用灰泥分别铺抹屋面隔离层、防水层、保温层等的操作过程(图6.22(b))。

（2）瓦面　瓦面是指凉亭建筑屋面的瓦材，如图6.22所示。

3）凉亭屋面的垂脊

凉亭屋面的屋脊，除庑殿、歇山屋顶外，一般均只有垂脊。

攒尖凉亭垂脊分为大式建筑和小式建筑，大式建筑为琉璃构件和黑活做法，小式建筑为合瓦蝴蝶瓦做法。

（1）攒尖大式建筑凉亭垂脊

①清制琉璃构件垂脊：清制琉璃构件垂脊所用的构件都是窑制定型产品，以垂兽为界，分为兽前段和兽后段而有所不同。清制垂脊兽后段的构造，由下而上由斜当沟、压当条、三连砖、扣脊瓦等构件叠砌而成，如图6.23中琉璃所示。兽前段由下而上为：斜当沟、压当条、

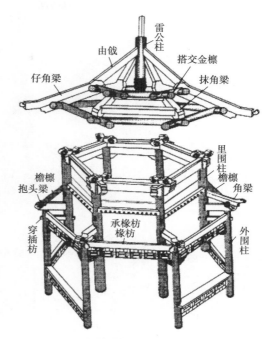

图6.21　双围柱重檐六边形构架

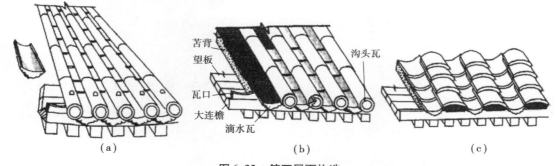

图6.22　筒瓦屋面构造
(a)竹节瓦屋面；(b)一般筒瓦屋面；(c)蝴蝶瓦屋面

小连砖、盖筒瓦，然后安装走兽、仙人。垂脊前端可安装套兽，也可不安。

②清制黑活做法垂脊：清制黑活做法的垂脊，除垂兽为素窑制品外，其他构件均可为施工用的砖瓦材料现场加工。垂兽前段的构造，是在斜当沟之上砌筑瓦条、混砖，再安装走兽；脊心空隙用碎砖灰浆填塞。垂兽形式与琉璃制品相同，只是素色而已。垂兽后段的构造，是在斜当沟之上，安装瓦条，陡板砖，盖筒瓦，并抹灰做成楣子，其构造如图6.23中黑活所示。

脊端构件由下而上为：沟头瓦、圭脚、瓦条、盘子、筒瓦坐狮。

（2）清制小式建筑凉亭垂脊　清制小式建筑凉亭垂脊均用现场的砖瓦和灰浆砌筑而成，没有垂兽和小兽，因此也不分兽前兽后，其构造由下而上为：当沟、二层瓦条、混砖、扣脊瓦做抹灰楣子。脊端做法由下而上为：沟头瓦、圭脚、瓦条、盘子、扣脊瓦做抹灰楣子，如图6.24(a)所示。

南方地区民间凉亭垂脊，一般为瓦条线砖滚筒脊，它是在脊座上用筒瓦合抱成滚筒，再在其上铺二层望砖瓦条、扣盖筒瓦，并做抹灰楣子。脊端在沟头瓦上，随滚筒做成弧面，再在其上用

瓦条砖层层挑出,做成戗尖,最后用抹灰面罩平,如图6.24(b)所示。

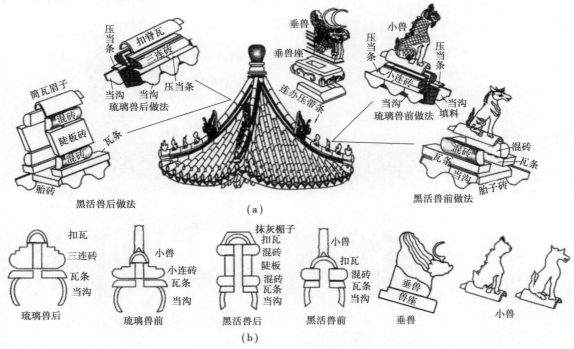

图 6.23　凉亭大式屋脊做法

(a)大式建筑凉亭屋脊做法;(b)屋脊施工图画法

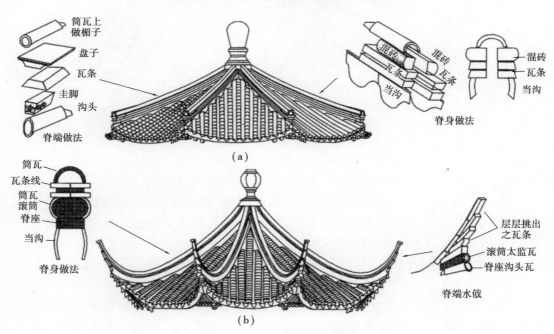

图 6.24　小式凉亭屋脊做法

(a)小式凉亭屋脊做法;(b)南方地区凉亭屋脊做法

4）凉亭屋面的宝顶

宝顶是凉亭屋面屋脊汇集之处的挡雨构件,也是凉亭的重点装饰部位。

宝顶由顶珠和顶座组成,常用的顶珠形式有:圆珠形、多面体形、葫芦形和仙鹤形等,如图6.25(a)所示。顶座为砖线脚、须弥座,或两者兼之,如图6.25(b)所示。

宝顶的大小一般没有严格规定,为了便于初学者掌握,可将珠顶至座底的高度控制在0.25~0.45倍檐柱高;宝顶宽按本身高的$\frac{2}{5}$~$\frac{1}{2}$取定,如图6.25(c)所示。

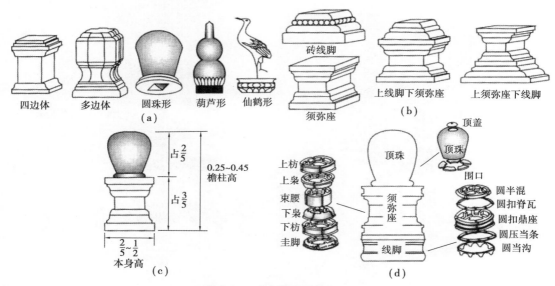

图6.25　凉亭常用宝顶形式

(a)顶珠形式;(b)顶座形式;(c)宝顶尺寸;(d)琉璃制品组合型宝顶

6.4　中国传统游廊建筑的基本构造

游廊是供游人遮风挡雨的廊道篷顶建筑,它具有可长可短、可直可曲、随行而弯、依势而曲的特点,因此,它常可蟠山围腰,或穿水渡桥,适用于各种环境之中。依其地势造型不同可命名为:直廊、曲廊、回廊、水廊、桥廊、爬山廊、跌落廊等。但按照廊的立面构造分隔情况,可以分为透空式游廊、半透空式游廊、里外式游廊和楼层式游廊4种,如图6.26所示。

6.4.1　游廊建筑的木构架

1)游廊木构架的基本构件

园林建筑中的游廊,可采用卷棚式屋顶或尖顶式屋顶,其中尖顶式木构架最简单,而卷棚式显得更加融入园林环境之中。

游廊的基本构架由左右两根檐柱和一榀屋架组成一副排架,再由枋木、檩木和上下楣子将若干副排架连接成整体长廊构架。

除上下楣子外,卷棚式游廊木构架如图6.27(a),(b)所示,尖顶式木构架如图6.27(c),(d)所示,现以卷棚式木构架的构件为例介绍如下:

(1)檐柱　游廊的檐柱,多做成梅花形截面的方柱,也可为圆形或六边形截面,柱径一般为

20~40 cm,柱高为11倍柱径,但不低于3 m。柱脚做套顶榫插入柱顶石内,如图6.27(d)所示。左右檐柱为进深,按步距确定,脊步距2~3倍檩径,檐步距4~5倍檩径。前后檐口的柱按面阔进行排列,一般可在3.3 m左右取定。

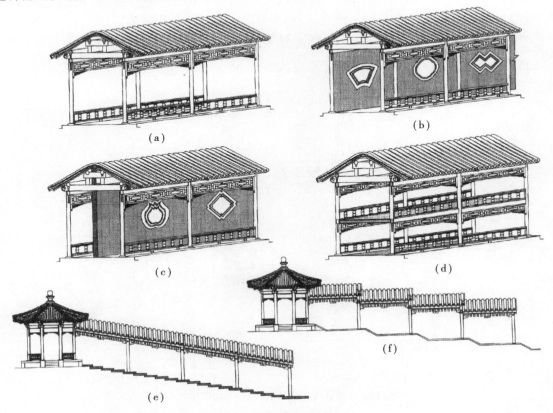

图6.26　游廊的构造形式

(a)透空式游廊;(b)半透空式游廊;(c)里外式廊;(d)楼层式廊;(e)爬山廊;(f)跌落廊

(2)屋架　屋架由屋架梁和瓜柱组成,卷棚屋架由四架梁、月梁和脊瓜柱等组成。尖顶屋架由三架梁和脊瓜柱组成,如图6.27所示。

四(三)架梁是矩形截面;月梁即为脊梁、二架梁,也是矩形截面;脊瓜柱是支撑脊檩或脊梁(即月梁)的矮柱。

(3)枋木　檐柱和屋架组成一个排架,枋木是连接各个排架的联系构件,游廊的枋木只有两种,一是在檐檩下连接各排檐柱的"檐枋",二是在脊檩下连接各排脊瓜柱的"脊枋"。

(4)檩木　檩木一般均为圆形截面,分檐檩和脊檩。

在枋木和檩木之间的空当,一般用垫板填补。

(5)屋面木基层　在檩木之上安装屋面木基层,由直椽、望板、飞椽、瓦口木等组成。其构造与其他建筑的屋面基层基本相同,其中,大小连檐可用可不用。

2)跌落廊的木构架

跌落廊木构架的构件与一般游廊的构件基本相同,所不同的是木构架随地面的跌落高差设立排架,整个排架为高低连跨衔接,如图6.28所示。

在高低连跨的排架上要增加燕尾枋,以承接高排架的悬挑檩木。并要在低跨脊檩枋的位置

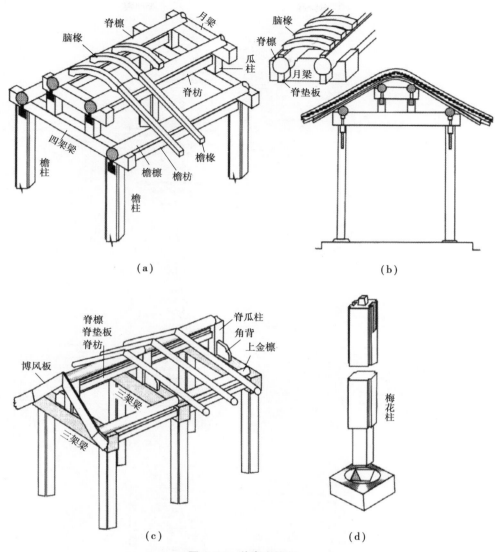

（a）　　　　　　　　　　　　　　　　　　（b）

（c）　　　　　　　　　　　　（d）

图6.27　游廊木构架

（a）卷棚式木构架图；（b）卷棚式游廊剖面图；（c）尖山式木构架；（d）檐柱构造

处,增加一根插梁,用来承接低跨的脊檩枋。根据装饰要求,可在插梁以上镶贴木板称为"象眼板",进行油漆彩画,增添装饰效果,也可不做。

最后一跨悬挑屋顶的外沿,安装博风板,其他与一般游廊构架相同。

3）木楣子

木楣子是用木棂条拼构成各种花纹图案的装饰构件,分为吊挂楣子和座凳楣子两种。

（1）吊挂楣子　吊挂楣子又称为木挂落,它是安装在檐枋之下的装饰棂条花框,广泛用于凉亭和游廊上。其基本构造由边框、棂条芯和花牙子等组成,如图6.29所示。

楣子边框的框料称为"大边",由上下左右4根组成,框高一般为30~50 cm,框长多按柱间距离。大边截面尺寸,看面宽为4~4.5 cm,进深厚为5~6 cm。

棂条芯是用棂条做成各种不同的花纹图案,有时为了加强棂条芯的整体作用,在其外配制

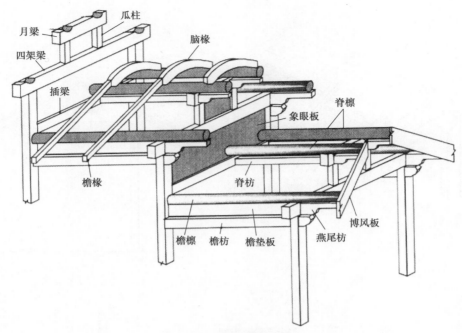

图 6.28　跌落廊的木构架

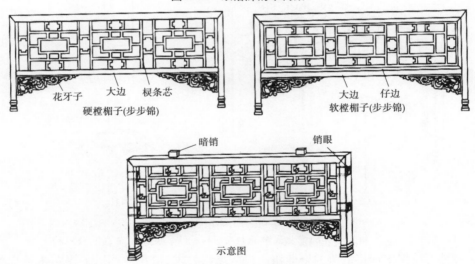

图 6.29　吊挂楣子

一圈边框,称为"仔边"。带有仔边的楣子称为"软棂楣子",不带仔边的楣子称为"硬棂楣子"。

　　棂条芯的花纹图案很多,较常见的有:步步锦、万字纹、寿字纹、枴子纹、灯笼锦、金钱如意等,如图 6.30(a)所示。

　　花牙子一般用 2～3 cm 木板雕刻成各种花纹图案,如卷草、葫芦、花草木等,也可用棂条制作,如图 6.30(b)所示。

　　(2)座凳楣子　座凳楣子是由座凳面和凳下楣子所组成,它是凉亭和游廊中起围栏作用,并供游人休息的构件。

　　座凳面为一厚板,长按柱间长度,板面距地面一般为 45～55 cm,板厚为 4～5 cm,板宽可按

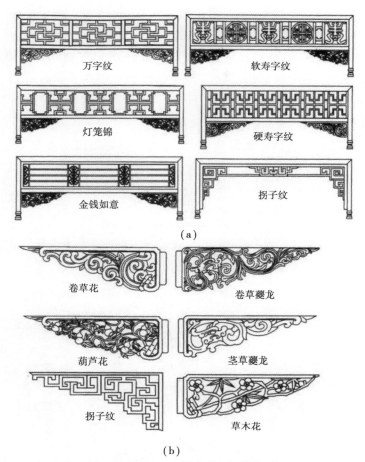

（a）

（b）

图 6.30 常用棍条芯和花牙子的种类

（a）吊挂楣子棍条芯；（b）花牙子

柱径,但一般控制在 30 cm 左右即可。

　　凳下楣子与吊挂楣子基本相同,只是将楣子两边的吊柱改成吊脚,图案形式除吊挂楣子中所示外,还经常采用更简单的直条形式,如图 6.31 中西洋瓶和直棍条所示。

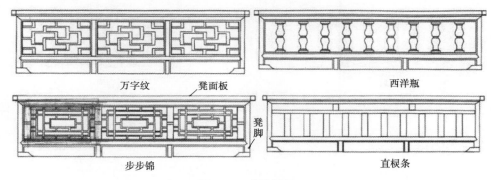

图 6.31 座凳楣子

6.4.2 游廊建筑的屋面构造

游廊的屋面构造比较简单,它只有面瓦和正脊两部分,另在长廊两个最外端的端头做披水排山脊或披水梢垄即可。

1)屋面构造及其正脊

游廊屋面仍在屋面木基层上进行苫背和铺瓦。

清制苫背在护板灰上用滑秸泥铺筑2~3层即可。即先用白麻刀灰(白灰浆:麻刀=50:1),在望板上均匀铺抹10~20 mm厚。干燥后用滑秸泥(掺灰泥:滑秸=5:1)分别铺抹3层,每层厚不超过50 mm,抹平压实,最后用大麻刀灰(白灰浆:麻刀=100:3~100:5)铺匀抹实后待自然晾干。

屋面铺瓦多采用布瓦或蝴蝶瓦,较考究的也可采用琉璃瓦。

屋面的正脊,由于多采用卷棚式木构架,所以屋面正脊应为"过垄脊",大式建筑"过垄脊"用罗锅瓦、折腰瓦做成;小式建筑用则为合瓦过垄脊,如图6.32所示。

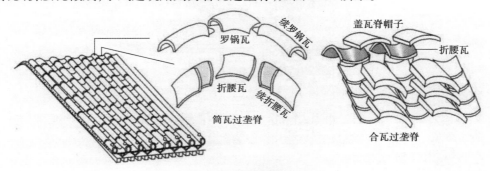

图6.32 卷棚游廊屋面

如果采用尖山式屋顶,一般都为小式做法,其正脊常用鞍子脊或扁担脊,如图6.33、图6.34所示。

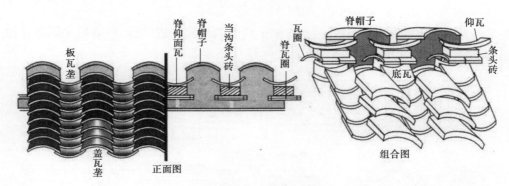

图6.33 鞍子脊

2)屋面最外端的构造

游廊屋面是一个长廊形的两坡水屋面,如图6.35所示。

在廊的最端头,是屋面的起始点或终结点,用博风板封钉檩头,博风板以上的瓦面封头,可以做较简单的披水梢垄(图6.36(a)),也可以做成披水排山脊(图6.36(b)),如果采用琉璃瓦屋面,还可以做成铃铛排山脊(图6.36(c))。

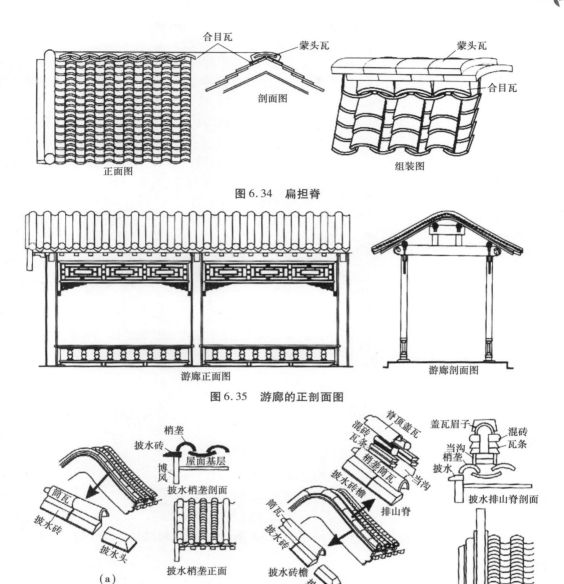

图 6.34　扁担脊

图 6.35　游廊的正剖面图

图 6.36　游廊屋面端头的做法

(a)披水梢垄的构造;(b)披水排山脊;(c)铃铛排山脊

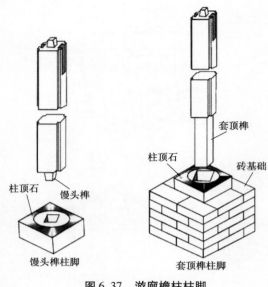

柱顶石　馒头榫

馒头榫柱脚

套顶榫

柱顶石　　砖基础

套顶榫柱脚

图 6.37　游廊檐柱柱脚

3）游廊的柱脚处理

　　游廊的柱脚不能直接埋于地下,因木材在地下很容易受潮而腐烂,因此,它同一般房屋建筑一样,应落脚到柱顶石上。

　　一般游廊的柱脚,做成馒头榫与柱顶支落榫槽连接(图 6.37),但园林中的游廊多为长廊,仅依此做法是不够的,还必须每隔 3~4 间将柱脚做成套顶榫,穿过柱顶石,埋入地下基础内(图 6.37)。

实训 1

项目名称　古典亭廊构造设计

实训目的

　　(1)了解古典亭廊的作用与形式。

　　(2)掌握传统凉亭和游廊木构架的构造方法。

实训任务

　　参观实景传统凉亭和游廊,分析其木构架构造方法,掌握各部位构造名称。

操作步骤

　　(1)搜集描述木构架各部位名称及构造做法的图片;

　　(2)参观中国传统园林建筑,重点参观凉亭和游廊;

　　(3)对实景凉亭和游廊拍照,分析其各部位构造名称及搭接方式;

　　(4)选择清晰的若干张照片有机布局在一张 A2 图纸上,引线标注其各部位构造名称。

图纸内容

1）总图部分

　　①平视全景(2 个);

　　②俯视屋顶(1 个);

　　③仰视内顶棚(1 个)。

　　要求:注明屋顶形式。

2）详图部分

　　(1)传统凉亭

　　①木构架:

　　a.下架部分:立柱、横枋、花梁头和檐垫板等;

　　b.上架部分:檐檩、井字梁或抹角梁、金枋及金檩、太平梁及雷公柱、角梁等;

②屋面：

a. 屋面木基层：椽子、望板、飞椽、连檐木、瓦口及闸挡板等；

b. 屋面瓦作：苫背、铺瓦、做脊等；

c. 屋面垂脊：斜当沟、压当条、三连砖、扣脊瓦、沟头瓦、圭脚、瓦条、盘子、筒瓦坐狮等；

d. 屋面宝顶。

③台基：台明、月台、台阶、栏杆等。

（2）传统游廊

①木构架：

a. 檐柱；

b. 枋木：檐枋、脊枋等；

c. 檩木：檐檩、脊檩等；

d. 上下楣子：吊挂楣子、座凳楣子等；

e. 屋架：三架梁、四架梁、月梁和脊瓜柱等。

②屋面：屋面苫背、屋面瓦作、披水梢垄等。

③台基：台明、月台、台阶、栏杆等。

3）构造设计说明

说明凉亭或游廊的结构形式、所属地区，简要介绍当地建筑的风格形式。

4）纸张尺寸

A2。

5）标注图名及比例

6）表达方式

照片冲洗贴于图上（照片可裁剪），标注的文字与线条采用墨线。

实训 2

项目名称　中国古典亭模型制作

实训目的

（1）能够识读中国古典亭的施工图纸。

（2）了解中国古典亭的构造特点。

操作要求

本次实训要求分组合作，3～4 人为一组，分别查找一套中国古典亭的施工图纸，参照图纸制作亭子模型。

（1）图纸识读

①木构架

a. 下架部分：立柱、横枋、花梁头和檐垫板等。

b. 上架部分：檐檩、井字梁或抹角梁、金枋及金檩、太平梁及雷公柱、角梁等。

②屋面

a. 屋面木基层:椽子、望板、飞椽、连檐木、瓦口及闸挡板等。

b. 屋面瓦作:苫背、铺瓦、做脊等。

c. 屋面垂脊:斜当沟、压当条、三连砖、扣脊瓦、沟头瓦、圭脚、瓦条、盘子、筒瓦坐狮等。

d. 屋面宝顶。

③台基:台明、月台、台阶、栏杆等。

（2）模型制作

①所需工具:KT板、裁纸刀、直尺、圆规、双面胶、小钉子等。

②模型比例:1∶10～1∶20。

③制作要求:做工精细、尺寸准确、木结构清晰、榫卯搭接正确、节点交接清晰等，并贴上字条注明每个构件的名称。

本章小结

（1）中国传统园林建筑多采用木构架结构体系，又可细分为抬梁式和穿斗式两种形式。

（2）中国传统园林建筑由屋顶、柱身、台基3部分组成。

（3）中国传统园林建筑中的凉亭，其基本构造是由建造在台明上的木构架、屋顶和座凳栏杆等组成。但其木构架依其垂向构造，总的分为单檐亭木构架和重檐亭木构架。凉亭建筑屋面也是在木基层上进行屋面瓦作，瓦作的构造由苫背、瓦面、屋脊和宝顶四大部分组成。

（4）传统凉亭中，单檐亭的木构架可以分为下架、上架、角梁3部分。以檐檩为界，檐檩以下部分为下架，檐檩本身及其以上部分为上架，转角部位为角梁；重檐亭的木构架可以分为：上层檐构架和下层檐构架两大部分，依立童柱法和双围柱法各有不同。

（5）中国传统园林建筑中的游廊，其基本构架由左右两根檐柱和一榀屋架组成一副排架，再由枋木、檩木和上下楣子，将若干副排架连接成整体长廊构架。游廊的屋面构造比较简单，它只有面瓦和正脊两部分，另在长廊两个最外端的端头做披水排山脊或披水梢垄即可。

（6）传统游廊的木楣子是用木棂条拼构成各种花纹图案的装饰构件，分为吊挂楣子和座凳楣子两种。一般游廊的柱脚，做成馒头榫与柱顶支落榫槽连接，若为长廊，还必须每隔3～4间将柱脚做成套顶榫，穿过柱顶石，埋入地下基础内。

复习思考题

1. 中国传统园林建筑的木构架体系特点是什么？

2. 中国传统园林建筑的木构架可分为哪几种类型？各自的特点是什么？

3. 中国传统园林建筑主要由哪几部分组成？

4. 传统凉亭主要由哪几部分组成？

5. 传统单檐亭的木构架由哪几部分组成？每一部分各由哪些构件组成？

6. 传统凉亭的角梁清制官式做法有哪几种？南方民间角梁做法又是怎样的？

7. 传统凉亭的屋面木基层的做法是怎样的？

8. 传统重檐亭的木构架依立童柱法和双围柱法各有哪些不同？

9. 传统游廊基本构架是怎样的？

10. 传统游廊的吊挂楣子基本构造是由哪些部分组成？

11. 传统游廊的柱脚处理方式是什么？

参考文献

［1］赵岱.园林工程材料应用[M].南京:江苏人民出版社,2011.

［2］文益民.园林建筑材料与构造[M].北京:机械工业出版社,2011.

［3］索温斯基.景观材料及其应用[M].孙兴文,译.北京:电子工业出版社,2011.

［4］高军林,等.建筑材料与检测[M].北京:中国电力出版社,2014.

［5］高颖.景观材料与构造[M].天津:天津大学出版社,2011.

［6］武佩牛.园林建筑材料与构造[M].北京:中国建筑工业出版社,2007.

［7］易军,等.园林硬质景观工程设计[M].北京:科学出版社,2010.

［8］张丹,姜虹.风景园林建筑结构与构造[M].2版.北京:化学工业出版社,2016.

［9］易军.园林工程材料识别与应用[M].北京:机械工业出版社,2009.

［10］杨维菊.建筑构造设计:上册[M].2版.北京:中国建筑工业出版社,2016.

［11］田永复.中国园林建筑构造设计[M].3版.北京:中国建筑工业出版社,2015.